U0315342

国家科学技术学术著作出版基金资助出版

固体废物循环利用技术丛书

重金属固废处理及资源化技术

张深根　刘波　编著

北 京

冶 金 工 业 出 版 社

2022

内 容 简 介

本书介绍了含重金属的固废的来源、特点和处置原则，重点介绍了重金属尾矿、钢铁冶金危险固废、有色冶金危险固废、电镀污泥、制革污泥和电子废弃物等六类典型的危险固废处理和资源化技术。全书分为 7 章，主要内容包括上述六大类典型危险固废的来源、特点、处理、资源化、高值化等，比较全面地反映了危险固废处理和资源化的研究进展，包括编著者所在团队近年来在本领域取得的研究成果。

本书可供从事废物资源化、环境科学与工程、材料科学与工程、冶金科学与工程等研究的科技工作者和研究生阅读或参考。

图书在版编目 (CIP) 数据

重金属固废处理及资源化技术 / 张深根，刘波编著. —北京：冶金工业出版社，2016. 12 （2022. 4 重印）

（固体废物循环利用技术丛书）

ISBN 978- 7- 5024- 7399- 0

Ⅰ. ①重…　Ⅱ. ①张…　②刘…　Ⅲ. ①重金属污染物—固体废物—废物处理　②重金属污染物—固体废物利用　Ⅳ. ①X705

中国版本图书馆 CIP 数据核字 （2016） 第 317714 号

重金属固废处理及资源化技术

出版发行	冶金工业出版社	**电　话**	（010）64027926
地　址	北京市东城区嵩祝院北巷 39 号	**邮　编**	100009
网　址	www. mip1953. com	**电子信箱**	service@ mip1953. com

责任编辑　俞跃春　杜婷婷　美术编辑　彭子赫　版式设计　彭子赫　孙跃红

责任校对　卿文春　责任印制　李玉山

北京虎彩文化传播有限公司印刷

2016 年 12 月第 1 版，2022 年 4 月第 2 次印刷

710mm×1000mm　1/16；15.75 印张；306 千字；240 页

定价 88.00 元

投稿电话　（010）64027932　投稿信箱　tougao@cnmip. com. cn

营销中心电话　（010）64044283

冶金工业出版社天猫旗舰店　yjgycbs. tmall. com

（本书如有印装质量问题，本社营销中心负责退换）

前　言

2003 年在中央人口资源环境工作座谈会上第一次明确提出发展循环经济的理念至今，已整整 13 年。经过 13 年的不断探索，我国在循环经济技术研发方面取得了显著的成绩，法律法规和政策体系不断完善，充分利用市场和政策杠杆调节手段，积极引导企业和科技工作者广泛参与。循环经济发展模式已经成为可持续发展战略的重要组成部分。

然而，在我国经济建设取得重大成就的同时，生态环境日益恶化，重金属污染事件频发，严重威胁人类健康。据环境保护部和国土资源部联合发布的《全国土壤污染状况调查公报》显示，2014 年我国土壤总点位超标率达 16.1%，其中镉、汞、砷、铜、铅、铬、锌、镍等 8 种重金属污染物引起的污染占全部超标点位的 82.8%。重金属污染已成为制约我国经济社会发展的重要因素之一。因此，必须进一步深入开展重金属固废处置及资源化技术研发，实现经济和环境可持续发展。

重金属固废来源广，成分复杂。矿产开采、金属冶炼、化工、电镀、印染、皮革、电子产品消费等过程会产生数量庞大的重金属固废，如铅锌尾矿、不锈钢渣、不锈钢酸洗泥、铅锌冶炼渣、电镀污泥、制革污泥、电子废弃物等。这些重金属固废的资源化利用不仅可以有效缓解资源日益短缺的问题，同时也可以防止或减轻其对环境的污染。目前，重金属固废的绿色高效处置和资源化技术研究已成为全球的研究热点，也是极具挑战性的研究领域之一。与发达国家相比，我国重金属固废的处置及资源化技术水平仍有较大差距，填埋、铺路、生产水泥等传统处置方式仍占相当大的比例，导致重金属固废资源化价值低、环境风险大。因此，大力研发重金属固废处置和资源化技术对提高我国资源化技术水平、防范重金属污染具有重要意义。

本书分为7章，全面介绍了重金属尾矿、钢铁冶金危险固废、有色冶金危险固废、电镀污泥、制革污泥和电子废弃物等六类典型重金属固废处理和资源化技术。

本书内容凝练了编著者和国内外同行近年来在重金属固废领域的主要研究成果，力图系统地反映重金属固废处置和资源化方面的前沿技术。

编著者的研究成果是在国家自然科学基金钢铁联合基金重点项目（U1360202）、面上项目（51502014、51174247）和国家科技支撑计划课题（2012BAC02B01、2011BAE13B07）资助下完成的。本书在编写过程中，北京科技大学磁功能及环境材料研究室博士研究生杨健、张柏林、郭斌、范文迪、丁云集和硕士研究生张隆燊、王芳等付出了辛勤的劳动，在此一并表示感谢！

由于编著者水平所限，书中不妥之处，敬请同行专家及广大读者赐教与指正。

编著者
2016 年 9 月

目 录

1　重金属固废概述

自然生态系统的结构中，可以天然地划分出三个角色，生产者、消费者和分解者。生产者即绿色植物，利用 CO_2 和水将太阳辐射能转化为碳水化合物，是地球第一生产力，是一切高级生命赖以生存和繁衍的基础。消费者即食草性动物、杂食性动物、食肉动物等，依靠第一生产力生存的各种生物群体，它们的规模和等级取决于生产者所能够提供的实物数量，即生存承载力。分解者是指生产者和消费者在其生命过程中所产生的废弃物和死亡体，通过分解者（主要是微生物）的作用，重新变成新一轮生产者的养分和矿物质，参与生物链的循环活动。

生产者、消费者和分解者之间是相互联系的，即生产者的产出满足消费者的消费需求，生产者和消费者这二者产生的废弃物又会通过分解者的分解作用（即通常所称的环境自净能力）将释放出的养分再重新供应于生产者的生产需要，最终形成一个良性循环，将资源有效地利用起来。

人类社会与自然界类似，可以划分为生产者、消费者和分解者三个组成部分。生产者利用资源要素的组合，获得社会需求的各类产品，同时产生了相应的废弃物，其中大部分是具有环境性质的污染物。消费者是指广大社会群体，他们在消费过程中也要产生不同的废弃物和污染物。近 100 年来，经济社会持续高速发展，经济总量接近之前人类社会历史总量，积累了大量废弃物和污染物。与此同时，由于废弃物处置和资源化技术相对滞后、"先发展、后治理"观念等影响，分解者完成不了废弃物缓冲、抗逆、自净和消纳的任务。于是，一个本应健康运行的"生产—消费—分解"循环链被打断了，失去了生产者、消费者、分解者三者之间的均衡、连续和对称，变成了生产者和消费者过于庞大，而分解者过于弱小的严重不均衡、不对称状态，从而限制了物质和能量的流畅循环和高效产出。为实现生产者、消费者、分解者三者之间的和谐均衡，人们加大环保科技投入、制定环保政策法规等，通过环境污染治理和生态恢复，努力提高环境承载能力，恢复环境自净能力。上述措施都是在帮助、弥补和增强分解者处理废弃物的能力，实现"人类对自然的索取和回馈的相对平衡"的核心目标，这就是循环经济的主要理论依据[1,2]。

依据物质形态，废弃物可分为固体废弃物、液体废弃物和气体废弃物。固体废弃物是指在生产、生活和其他活动中产生的丧失原有利用价值或者虽未丧失利用价值但被抛弃或者放弃的固态、半固态和置于容器中的气态的物品、物质以及法律、行政法规规定纳入固废管理的物品、物质[3,4]。固体废弃物可分为重金属固废和一般固废两大类。重金属固废是指含一种或多种重金属元素的固废，该重金属密度在 4.5g/cm³，主要指铜、铅、锌、锡、镍、钴、锑、汞、镉、铋等 10 种金属元素。重金属经地质和生物双循环迁移转化，最终通过大气、水和食物等对人体的健康产生负面效应，多种重金属具有致癌、致畸等作用[5,6]。

本章阐述重金属固废种类、来源、污染性和资源性。

1.1 重金属固废来源及特点

自然界中，重金属元素主要以天然矿物形式富存于地壳、土壤中，极少量的进入生态循环，不会对环境造成严重污染。随着人类的采矿、选矿、冶炼等生产活动强度日益提高，重金属固废进入生态循环的强度增加，重金属逐渐富集于生物圈并造成影响。产生重金属固废的行业主要有：

（1）矿产开发行业：主要是各种金属和非金属矿山的开采过程中剥离下来的各种围岩和选矿过程中剩余的尾渣。

（2）钢铁冶金行业：主要为钢铁生产过程中产生的不锈钢渣和酸洗污泥。

（3）有色冶金行业：有色冶金提取铜、铅、锌等金属后排出的固废。

（4）电镀行业：电镀产生的废水经处理后沉淀的污泥。

（5）皮革行业：皮革生产鞣制时产生的污泥。

（6）消费领域：失去使用价值或被淘汰的固态废物。

随着我国经济发展，产生重金属固废的行业日益增加、数量持续增长，重金属固废无害化处置和资源化利用任务日益加重。2013 年，我国工业固废综合利用率仅为 62%[7]。《国民经济和社会发展第十二个五年规划纲要》明确要求，到 2015 年，我国工业固废综合利用率要达到 72%。因此，加强重金属固废绿色处置和高值化利用技术研究，对保护自然环境、提高相关行业的资源利用水平和效率，进而推动相关行业的持续健康发展具有重要意义。

1.1.1 矿产开发行业的重金属固废

矿产资源是人类赖以生存的物质基础。据不完全统计，我国 90% 以上的能源和 80% 左右的工业原料都来源于矿产资源。矿产资源开发产生了大量的固废，其中的重金属固废主要有铅锌尾矿、黄金尾矿、铜尾矿、镍尾矿和其他尾矿等。

截止到 2012 年，我国矿山尾矿库 12273 座，尾矿积存量 120 多亿吨，且每年以 10 余亿吨的数量增加。我国铅锌矿产资源比较丰富，2015 年我国铅锌产量达到 1001 万吨。凡口铅锌矿是目前亚洲最大的特大型铅锌金属生产矿山，现每年产生的尾矿已达 60 万吨[8]。据《中国黄金年鉴 2015》显示，截至 2014 年底，我国查明黄金资源储量达到 9816.03 吨，逼近万吨大关，尾矿量一般要达到原矿量的 98% 以上。我国黄金提炼一般采用氰化提金法，导致尾矿残留一定的氰化物。尾矿的堆存是极大的安全隐患。我国铜矿储量约为 0.3 亿吨，截止 2013 年，我国铜尾矿累积量为 24 亿吨。我国镍矿储量为 300 万吨，以金川镍矿为例，截止 2003 年，尾矿积存已经累计达到了 $1500×10^4 m^3$。

尾矿含有有色金属、黑色金属、稀贵金属、稀土金属和非金属等资源，是宝贵的二次矿产资源。尾矿同时含有 S、As 及重金属 Pb、Zn、Hg、Cd、Cr、放射性元素以及尾矿中夹杂的化学药剂、酸、碱、盐、氰化物等，造成地表水、地下水、土壤和大气等污染[9]。此外，尾矿堆存压占土地，破坏森林、地貌、植被和自然景观，导致水土流失、生态环境发生变化，并潜伏着泥石流、山体滑坡、垮坝等地质灾害。

1.1.2 钢铁冶金行业的重金属固废

我国钢铁冶金行业发展迅速，产量增长迅猛。1949~2014 年我国累计生产粗钢 95.94 亿吨，其中 2001~2015 年粗钢产量 76.54 亿吨，占 79.8%，2014 年粗钢产量 8.22 亿吨。冶金固废是钢铁冶金行业产生大宗固废之一，我国累积堆存近 10 亿吨，2014 我国产生量 1 亿余吨，综合利用率仅为 10%。

冶金固废包括碳钢渣、不锈钢渣、酸洗污泥、粉尘等，其中不锈钢渣和酸洗污泥是重金属固废，属于危险固废。不锈钢渣按冶炼方式分类可分为电炉渣、转炉渣、AOD 渣和 LF 渣。上述四种渣系主要矿物为硅酸二钙、镁硅钙石，其他矿物略有差异（见表 1-1），其化学成分差异较大（见表 1-2）。不锈钢渣中 Cr 元素主要以镁铬尖晶石、三氧化二铬、亚铬酸钙和铬酸钙等形式存在。镁铬尖晶石化学性质稳定、抗氧化性强，三氧化二铬是两性氧化物，化学性质稳定，亚铬酸钙不溶于水、但微溶于酸，铬酸钙溶于水和酸，是 Cr^{6+} 的污染源。酸洗污泥是生产不锈钢的酸洗废水经石灰石中和处理产生的，含有重金属 Cr^{6+}、Ni^{2+} 等离子[10,11]，酸洗污泥中 Cr^{6+}、Ni^{2+} 离子长期稳定存在，是环境安全的不稳定因素。不锈钢渣和不锈钢酸洗污泥的 Cr^{6+}、Ni^{2+} 等离子浸出浓度是 GB 5085.3—2007 规定值的 3~10 倍（见表 1-3）。因此，含 Cr 钢渣和不锈钢酸洗污泥属于危险固废，如处置不当，将带来严重的重金属污染。

表 1-1 不锈钢渣的矿物组成

渣系	主要矿物	其他矿物
电炉渣	硅酸二钙、镁硅钙石	尖晶石固溶体、RO 相、金属铁、铬、镍
AOD 渣	硅酸二钙、镁硅钙石	尖晶石、玻璃质、方解石、硅酸三钙、氟化钙等
转炉渣	硅酸二钙、镁硅钙石	方解石、金属铁镍、磁铁矿渣
LF 渣	硅酸二钙、镁硅钙石	磁铁矿、氟化钙、碳粒等

表 1-2 某公司不锈钢渣的化学组成 (w/%)

渣系	CaO	MgO	SiO₂	Al₂O₃	Fe₂O₃	P	S	MnO	NiO	Cr₂O₃
电炉渣	47.78	7.67	28.68	4.83	3.57	0.02	0.82	0.21	1.35	4.73
AOD 渣	64.02	4.68	26.51	1.54	0.28	0.01	0.09	0.47	0.75	0.43
转炉渣	56.56	8.03	27.36	2.59	1.30	0.02	0.08	0.59	2.73	0.53
LF 渣	66.89	4.20	20.36	2.09	0.35	0.07	1.72	0.81	0.01	0.26

表 1-3 不锈钢渣和酸洗污泥的重金属浸出浓度 (mg/L)

元 素	总 Cr	Cr^{6+}	Cd^{2+}	Ni^{2+}	Zn^{2+}	Pb^{2+}
GB 5085.3—2007	≤15	≤5	≤1	≤5	≤100	≤5
不锈钢渣	40	15	0.3	20	50	3
不锈钢酸洗污泥	80	35	0.4	50	52	3.1

1.1.3 有色冶金行业的重金属固废

铜是人类最早使用有色金属材料之一。有色金属及其合金已成为机械制造业、建筑业、电子工业、航空航天、核能利用等领域不可缺少的结构材料和功能材料。我国是有色金属生产大国。1949~2015 年 10 种主要有色金属累计产量超过 4.78 亿吨,其中 2015 年为 5090 万吨,产生有色冶金固废 2 亿余吨。有色金属冶炼渣按生产工艺分为火法冶炼渣和湿法冶炼渣两大类。

有色冶金废渣的成分,因矿石性质和冶炼方法不同而异,主要含 Fe 和 Si,其次含有少量的 Cu、Pb、Zn、Ni、Cd、As、Hg 等,贵金属冶炼渣含少量 Au、Ag、Pt、Pd 等贵金属。Cu、Pb、Zn 和 Ni 等有色金属的冶炼渣一般含有 Pb、Zn、Ni、As、Cd、Hg 等有害物质,具有量大、重金属含量高、毒性大的特点,属于危险固废。有色金属冶炼渣可继续进行无害化处置,回收有价金属,高值化利用[12]。

1.1.4 电镀行业的重金属固废

电镀是利用化学的方法对金属和非金属的表面进行装饰、防护及获得某些性能的一种工艺过程。电镀过程中产生了大量的电镀废水,成分复杂,污染物可分为无机污染物和有机污染物两大类,通常含有 Cr、Zn、Cu、Ni、Cd 等多种重金属离子以及酸、碱、氰化物等,毒性大,若不经处理直接排放会对周边水体造成极大的污染。电镀污泥是电镀废水酸碱中和、絮凝沉淀处理过程中产生的排放物,其中的 Cr、Zn、Cu、Ni、Cd 等有毒重金属以氢氧化物形式存在,成分十分复杂,是典型的危险废物。如果不进行妥善处理而将污泥直接堆放在自然界,重金属元素将会在自然界中迁移和循环，引发污染，直接或间接地危害人类的健康[13,14]。

1.1.5　皮革行业的重金属固废

制革过程产生的固废主要来自于以下两个方面：一是浸水阶段产生的含菌有机污泥、脱毛阶段产生的含硫污泥、鞣制阶段产生的含铬污泥；二是用物理、化学、生物方法处理制革废水后产生的生化污泥。制革污泥中 As、Cd、Cr、Hg、Cu、Pb、Ni 等重金属元素和大量致病细菌会对环境造成严重的污染。制革污泥还含有 N、P、K 等营养元素，又是一种有效的生物能源物质。相较于其他固废的方法，污泥一般需要进行预处理，包括污泥调制、污泥浓缩、污泥消化、污泥脱水与污泥干燥等方法，最终才将污泥进行处置。目前国内外制革污泥处理方法以堆存、填埋或投海、焚烧、重金属提取等为主。随着全球性生态问题的日益严峻，污泥处理的减量化、无害化和资源化发展趋势已成为普遍的共识和新的研究热点问题[15]。

1.1.6　消费领域的重金属固废

随着生活质量的提高和生活节奏的加快，越来越多的电子设备成为废弃物，俗称"电子垃圾"。2015 年全球电子垃圾 4380 万吨，我国 603 万吨。电子废弃物的成分复杂，具有污染性和资源性的双重特性。比如，一台电脑有 700 多个元件，其中有一半元件含有 Hg、As、Cr 等各种有毒化学物质；电视机、电冰箱、手机等电子产品也都含有 Pb、Cr、Hg 等重金属。由于电子垃圾的有害性，处理和回收它们涉及严格的法律和环保要求。如果处理不当，电子垃圾会对生态环境和人体健康构成严重的危害。因此，电子垃圾无害化处置和资源化利用已成为我国乃至全世界的重大的技术和社会问题[16]。

1.1.7　其他重金属固废

生活垃圾焚烧灰、除尘灰等也是重金属固废。2015 年我国生活垃圾清运量达 1.79 亿吨，2020 年预计达 2.1 亿吨。生活垃圾若按 30% 焚烧处理、生灰量 20% 计，生活垃圾焚烧灰 2015 年和 2020 年分别为 1074 万吨和 1260 万吨。生活垃圾焚烧灰中主要成分为 SiO_2、CaO、Al_2O_3、Fe_2O_3 等，含 Zn、Mn、Cu、Pb、Cr 等重金属。

除尘灰按照除尘设置的需要和性质，大致可分成烟气除尘灰和环境除尘灰。烟气除尘灰是生产工艺过程产生的，例如烧结机头高温烟气、高炉和转炉煤气系统等除尘得到的。环境除尘灰是为减少环境粉尘污染，例如原料装卸、转运等岗位等除尘得到的。一般来说，环境除尘灰粉尘性质无大变化，比较好利用，对生产基本无危害。冶金行业的烟气除尘灰通常含有铅、锌等低熔点重金属，属于危险固废。

1.2 重金属固废的资源性和污染性

重金属固废具有资源性和污染性的双重属性。重金属固废是重金属的重要来源之一，其资源化利用可以减少原矿开采、降低能耗。污染性是指重金属污染物的存在和迁移，会导致自然和半自然生态系统（如江河和湖泊沉积物、土壤等）的环境污染，并危害人类和动植物健康。

1.2.1 重金属固废的资源性

我国自然资源禀赋较差，人均占有量少，45 种主要矿产资源中，有 19 种已出现不同程度的短缺，其中 11 种国民经济支柱性矿产缺口尤为突出；重要资源自给能力不足，石油、铁矿石、铜等对外依存度逐年提高；主要污染物排放量大大超过环境容量，一些地方生态环境承载能力已近极限。随着人口增加，工业化、城镇化进程加快，经济总量不断扩大，资源环境约束将更加突出，气候变化和能源资源安全等全球性问题加剧。

开发城市矿产是合理利用资源和减轻环境污染两个核心问题的有效途径，既有利于缓解资源匮乏和短缺问题，又有利于减少废物排放。城市矿产与原生资源相比，可以省去开矿、采掘、选矿、富集等一系列复杂的程序，保护和延长原生资源寿命，弥补资源不足保证资源永续，且可以节省大量投资，降低成本，减少环境污染，保持生态平衡，具有显著的社会效益[17,18]。

城市矿产主要用于建材[19]、原材料、金属、化工产品、农用生产资料、肥料、饲料和能源等领域。我国资源和能源需求强劲，矿业和煤炭业发展迅速，工业固废以采矿、选矿和燃煤等产生的工业固废最多，包括粉煤灰、尾矿、煤矸石、炉渣、赤泥等，占总量的 80% 左右[20]。尾矿是我国产生量最大的工业固废，主要包括黑色金属尾矿、有色金属尾矿、稀贵金属尾矿和非金属尾矿。我国尾矿年产生量超过 10 亿吨，其中主要为铁尾矿和铜尾矿，分别占到 40% 和 20% 左右。尾矿综合利用量为 2 亿吨，利用率约 16.8%，利用途径主要有再选、生产建筑材料、回填、复垦。

冶炼渣主要包括钢铁冶金渣和有色金属冶金渣两大类。主要利用途径有再选回收有价元素、生产渣粉用于水泥和混凝土、建筑和道路材料等，综合利用率约 55%，利用量约为 1.74 亿吨。近年来用冶炼渣制备的水处理材料、烟气脱硫剂、微晶玻璃、陶瓷、矿渣棉和岩棉、筑路用保水材料、多彩铺路料等高附加值产品也逐渐投入市场[20]。

随着我国燃煤电厂快速发展，粉煤灰产生量逐年增加，2015 年产生量达到 6.2 亿吨，利用量达到 3.26 亿吨，综合利用率约 70%，主要利用方式有生产水泥、混凝土及其他建材产品和筑路回填、提取矿物高值化利用等。高铝粉煤灰提取氧化铝技术研发成功并逐步产业化。三峡大坝利用粉煤灰作为混凝土掺合料，共浇注 $2800 \times 10^4 m^3$；北京奥运会场馆及配套设施工程建设利用粉煤灰 350 多万吨。大力开发粉煤灰的高附加值产品是今后粉煤灰资源化利用技术研究的主要方向。我国现在只有少部分粉煤灰用于工业、环保等高值利用领域，如制备白炭黑、沸石和用于稀有金属回收等，其比例仅占总量的不到 5%。此外，利用粉煤灰制造玻璃材料、废水废油固定剂、尾气吸附材料、固氮微生物和磷细菌的载体等高值利用技术的研究逐渐深入，特别是利用粉煤灰作为吸附剂去除有毒离子的报道日益增多[21]。

2010 年，我国从钢渣中提取出约 650 万吨钢铁，相当于减少铁矿石开采近 2800 万吨。通过综合利用各类固废累计减少堆存占地约 1.1 万公顷。截止至 2013 年底，我国工业固废利用率已经达到 62%[22]。我国作为一个发展中国家，面对经济建设所需要的巨大能源与资源严重不足的局面，推行固废的资源化无疑是降低生产成本和能耗、减少自然资源的开采、治理环境维护生态系统良性循环的有效措施。

1.2.2 重金属固废的污染性

固废的堆积存放问题日益严重，尤其是重金属固废，不仅占用了土地面积，而且环境污染风险极高，危及人们健康和生态环境。重金属固废毒性与其数量和性质密切相关。环境中的各种介质通常是不均匀的混合物（如土壤、水体沉积物），含有无机矿物质（如铁氧化物和锰氧化物）和有机物等，重金属可以通过吸附、沉淀或共沉淀、络合等方式与这些物质结合，重金属元素的迁移和转化受到这些结合相态和结合机理的控制。周边环境的变化（如 pH 值、氧化还原电位）也会改变重金属存在的形态及溶解度，从而加速或减缓重金属在环境中的迁移。由于各种重金属化合物在环境中物相多样、含量较低，与自然界中的很多无机矿物质、有机物等物质之间存在复杂的交互作用[5]。重金属固废对环境的危害主要体现在以下几个方面：

（1）对土壤产生影响。重金属固废不经处理的在露天任意堆放，堆积量越大占用的土地越多，而且会造成土壤污染。土壤是细菌、真菌等微生物的聚集场所，这些微生物与周围的环境组成了生物系统，在自然界的物质循环中肩负着重要的任务。重金属固废大量长期地在露天堆放会导致危害环境的物质随降雨和浸出液渗入土壤。重金属污染物和持续性有机污染物在土壤中难以降解和挥发，毒害土壤中的微生物，破坏土壤生物系统的平衡，降低土壤的腐解能力，改变土壤的性质和结构，进而影响植物的发育和生长，并且在植物中富集，通过食物链最终进入人体，对人的身体健康造成损害。

通过对我国 8 个城市农田土壤中 Cr、Cu、Pb、Zn、Ni、Cd、Hg 和 As 的浓度进行统计分析，发现大部分城市高于全国土壤背景值[23]，见表 1-4。农业部农产品污染防治重点实验室对我国 24 个省市土地调查显示，有 320 个严重污染区，面积约 $548 \times 10^4 hm^2$，重金属超标的农产品占污染物超标农产品总面积的 80% 以上。环境保护部基本农田保护区土壤的重金属抽测，重金属超标率达 12.1%[24]。

表 1-4　中国城市农田土壤中重金属浓度　　（mg/kg）

城市	Cr	Cu	Pb	Zn	Ni	Cd	Hg	As
北京	75.74	28.05	18.48	81.10		0.18		
广州	64.65	24.00	58.00	162.60		0.28	0.73	10.90
成都	59.50	45.52	77.27	227.00		0.36	0.31	11.27
郑州	60.67	—	17.11	—		0.12	0.08	6.69
扬州	77.20	33.90	35.70	98.10	38.50	0.30	0.20	10.20
无锡	58.60	40.40	46.70	112.90		0.14	0.16	14.30
徐州	—	35.28	56.20	149.68		2.57	—	—
兰州	—	41.63	37.44	69.58		—	—	17.33
国家背景值	61.00	22.60	26.00	74.20	26.90	0.097	0.065	11.20

（2）对水体的影响。重金属固废直接被倒入或随风迁徙落入河流、湖泊等水体时会使有毒有害物质和重金属元素进入水体，污染水源，毒害水中的生物，危害人类的身体健康。此外，固废堆积产生的滤液危害更大，它可以使地下水受到污染，造成严重的水体污染问题。近年来，我国的重金属水体污染问题越来越严重，重金属水污染事故频发。2005 年，广东北江韶关段发生了严重的镉超标事件；2006 年，湘江湖南株洲段的镉污染事故和 2009 年湖南省浏阳市发生了镉污染事件[25]。

（3）对大气的影响。颗粒度细小的废渣和粉尘可以随风飘入大气，对大气环境产生影响；有的固废在适宜的温度和湿度等条件下会释放有害气体；固废在运输和处理过程中也会产生有害气体和粉尘。

以 Hg 为例，燃煤烟气排放的气态汞中 Hg^{2+} 居多，其次为 Hg^0 和 Hg^p。燃煤烟气在排入大气前要经过污染控制系统脱汞处理，Hg^{2+} 能有效地被去除；而 Hg^p 只能被除尘器脱除一部分，Hg^0 难以被现有的大气污染控制设备去除。因此，燃煤烟气经脱汞除尘后，汞主要以气态 Hg^0 排放，约占总量的 90% 以上，气态 Hg^{2+} 和 Hg^p 质量分数较少，一般不足 10%。

Hg^0 性质相对比较稳定，在空气中平均停留时间长达半年至两年，随着大气运动长距离传播，参与全球汞循环，Hg^0 可直接从大气中沉积下来或被氧化后以水溶物形式沉积下来；Hg^{2+} 和 Hg^p 在大气中的停留时间一般仅为 5~14 天，其中气态 Hg^{2+} 可扩散到几十至几百千米，易溶于水，随降雨降至地面；Hg^p 易沉积在排放源附近。

在大气中，不同形态的 Hg 可以在不同的气象条件下相互转化，形成毒性更大的甲基汞、二甲基汞等物质，也可通过干、湿沉降以及植物叶面和茎干的吸收等多种途径转移到土壤水体植物中，使土壤水体植物及农产品中汞含量增加，通过食物链累积放大最后进入人体，危害人体健康[26]。

除了 Hg 之外，其他重金属固废如果处置不当，使重金属在人体富集后造成的影响是不容忽视的。

1）Pb：能损伤中枢神经系统、血液系统、肝肾以及生殖系统，对小孩的大脑发育有负面影响[27]。接触 Pb 的危险性比接触其他金属的危险性大。Pb 中毒者会有脸色苍白、贫血等症状。Pb 能在环境中累积，从而对动植物、微生物都有强烈而且长久的影响。

2）Cd：被人体吸收后会使许多酶系统受到抑制，影响肝、肾器官中酶系统的正常功能。产生骨痛病和肾损伤，引起缺铁性贫血等。Cd 的氧化物具有致癌性[28]。

3）Cr：Cr^{6+} 对人的呼吸道、消化道具有刺激、致癌和致突变作用，产生极大的危害。被人体吸收的 Cr^{6+} 主要沉积在肝、肾、内分泌系统和肺部。人群调查发现长期暴露于含 Cr 环境中，特别是铬酸盐生产的工人的肿瘤发病几率增加[29]。

4）Ni：研究表明，长期接触低浓度 Ni 引起的沙眼、慢性咽炎的发生率较高，而且低浓度 Ni 及镍化合物与盐酸、氨等毒物的联合作用比低浓度硫酸、盐酸、氨对人体眼、咽黏膜的刺激和损害作用更大。实验证明：Ni 及其化合物对人皮肤黏膜和呼吸道有刺激作用，可引起皮炎和气管炎，甚至发生肺炎。口服大量 Ni 会出现呕吐、腹泻等症状，发生急性胃肠炎和齿龈炎。

值得强调的是，随着社会的发展和科技的进步，重金属固废会以更复杂的形态出现，对重金属固废的管理和处置带来更严峻的挑战。

1.2.3 重金属固废的处置原则

发展循环经济，开发城市矿产意义重大：一是为经济发展开辟新的资源；二是可以有效减少污染物的排放；三是有利于提高经济效益。1995 年 10 月 30 日，经过十余次讨论修改，《中华人民共和国固体废物污染环境防护法》（以下简称固废法）在第八届人大常委会第十六次会议上通过，并于 1996 年 4 月 1 日起实施。《固废法》中确立了固体废物污染防治的"三化"原则，即固体污染防治的减量化、资源化、无害化[1]。这与循环经济提倡的"3R"原则相吻合，"3R"指的是 Reduce——减量化、Reuse——再利用和 Recycle——资源化。

（1）减量化。减量化原则（Reduce）以资源投入最小化为目标。减量化的要求不只是减少固废的数量和体积的单纯减少，还包括了尽可能地减少种类、降低危险废物有害成分的浓度、减轻或清除危害的特性等。减量化是对固废的数量、体积、种类、有害性质的全面管理，展开清洁生产。针对产业链的输入端——资源的最小投放，再通过产品全过程的清洁生产而非末端技术治理，最大限度地减少对不可再生资源的耗竭，实施对废弃物的产生规模与排放速率实行总量控制。因此，减量化是防止固废污染的优先措施。

（2）再利用。再利用原则（Reuse）以废物利用最大化为目标。针对产业链的各个环节，采取过程延续和分支创建等方法最大可能地增加产品使用方式和次数，有效延长产品和服务的时间长度，去适应资源节约型社会的要求。

（3）资源化。资源化原则（Recycle）以污染排放最小化为目标。通过对废弃物的多次回收再造，实现废物多级资源化和资源多重应用的良性循环，从而实现环境友好型社会的目标要求[30]。

资源化是指采用管理和工艺措施从固废中回收能源和物质，加速能量的循环，创造经济价值的广泛的技术方法。资源化应包括以下三个范畴：1）物质回收，即处理废物并从中回收指定的二次物质，如纸张、玻璃、金属等；2）物质转换，即利用废物制取新形态的物质，如利用飞灰生产水泥，利用炉渣生产微晶玻璃作为建筑材料，利用有机垃圾产生堆肥等；3）能量转换，即从废物处理过程中回收能量，作为热能或者电能，例如通过有机物的焚烧处理回收热能，利用垃圾厌氧消化产生沼气作为能源发电。

韩庆利等[31]认为，循环经济的根本目标是发展经济，废物的循环利用只是一种措施和手段，而投入经济活动的物质和所产生废弃物的减量化是其核心。"3R"原则的优先顺序是：减量化→再利用→资源化。减量化原则优于再使用原则，再使用原则优于资源化利用原则。本质上，再利用原则和资源化利用原则都是为减量化原则服务的。减量化是一种预防性措施，在"3R"原则中具有优先权，是节约资源和减少废弃物产生的最有效方法。再利用原则要求在生产和消费过程中一方面要减少和避免废物的产生，另一方面要防止物品过早地成为废物。资源化利用原则本质上是一种末端治理方式，相对于无害化处理而言，废物的资源化是更值得推崇的一种末端治理方式。废物资源化虽然可以减少废弃物的最终处理量，但不一定能够减少经济活动中物质和能量的流动速度和强度。

此外，西北大学的高昂、张道宏[32]提出了"物质流时滞"的概念，并将其概念界定为：从某一定数量的特定资源开始进入经济系统，到最终以工业废弃物或生活废弃物等形式离开经济系统之间的时间间隔。若将经济系统分为生产阶段和消费阶段，则物质流时滞可以进一步分解为生产阶段物质流时滞和消费阶段物质流时滞，分别代表各自阶段的物质投入与物质流出时间间隔。利用"物质流时滞"，他们建立了中短期时间尺度下的循环经济物质流单循环模型。在利用"3R"原则、运用物质流分析方法处理重金属固废的再利用及高值化处理时，应充分考虑到实际生产过程中时间作为变量对于生产过程的影响，制定合理的生产规划。

随着社会和经济的进步，人们的环保意识越来越强，社会和企业对环境的责任感越来越强，已有很多的企业积极参与"城市矿产"的开发和循环经济的发展。无论是以经济效益为目的、以发展环境友好型为目标的企业，还是奋斗在循环经济科研领域的研究人员，都应遵循安全原则，实现高值化的目标。

由于固废的迁徙与扩散较慢，它对人体和生态造成的危害在短期内体现不出来，经过较长时间的积累才会慢慢凸显，而且此时要消除这些危害就需要很大的代价，有时这些危害甚至不可逆转。最明显的就是重金属固废在储存、运输、处理与处置环节中扩散到自然环境后，重金属会随着生物链传播到食物链的各个环节，经过长时间的积累后对生态环境和人的身体造成严重损害。因此，对待重金属固废要谨守安全原则。把自然环境和人的安全放在首位，把储存、运输、处理与处置重金属固废时对环境和人造成的影响降到最小。这与我国处置固废原则中的无害化原则相辅相成，相互补充。

固废的回收利用由来已久，根据传统的回收利用方法，只是简单地将可回收利用的废弃物进行收集，未进行充分利用，也未能发挥出再生资源的全部潜力。高值化就是要将重金属固废的资源属性在保证环境安全和经济效益的前提下价值最大化。以废旧塑料的回收利用为例，按照传统的处理方法，废弃的塑料制品往往和生活垃圾或生产垃圾一起，进行填埋或者焚烧，这是一种低值化甚至是无价值的利用。而按照高值化利用的原则，废旧塑料作为一种再生资源，在进入垃圾系统之前，将其进行回收，分类，重新制成塑料母料，加工成制品。虽然这类产品相对于其废弃前的档次下降，但相对于焚烧或者填埋，这样的利用过程就属于一种高值化利用。

循环经济在遵循自然生态系统物质循环和能量流动相协调的原则下，重构循环经济系统，形成了以源头物料节省、产品清洁生产、资源循环再生和废物高效利用为特征的生态经济发展形态。它要求按照自然生态系统的循环原理和优化功能，将经济活动高效有序地组织成一个物质能量循环的多重反馈流程，保持经济增长的低投入、低消耗、低排放和高效率，从而达到人与自然和谐发展的目标要求。

参 考 文 献

[1] 周立翔. 固体废物处理处置与资源化 [M]. 北京：中国农业出版社, 2007.

［2］李国学. 固体废物处理与资源化［M］. 北京：中国环境科学出版社，2005.

［3］李传统，J. -D. Herbell，等. 现代固体废物综合处理技术［M］. 南京：东南大学出版社，2008.

［4］杨慧芬，张强. 固体废物资源化［M］. 北京：化学工业出版社，2004.

［5］章骅，何品晶，吕凡，等. 重金属在环境中的化学形态分析研究进展［J］. 环境化学，2011，30（1）：130-137.

［6］黄先飞，秦樊鑫，胡继伟. 重金属污染与化学形态研究进展［J］. 微量元素与健康研究，2008，25（1）：48-51.

［7］国务院. 中国制造2025［Z］. 2015.

［8］雷力，周兴龙，文书明，等. 我国铅锌矿资源特点及开发利用现状［J］. 矿业快报，2007，9（9）：1-4.

［9］张云国. 尾矿综合利用研究［J］. 有色金属（矿山部分），2010，5：48-52.

［10］李安东，郑皓宇. 不锈钢渣的污染特性和综合利用研究进展［C］. 第十六届全国炼钢学术会议论文集. 北京：中国金属学会，2010，659-664.

［11］那明皓. 电炉冶炼钢渣利用研究［J］. 资源节约与环保，2013，7：157.

［12］牛冬杰，孙晓杰，赵由才. 工业固体废物处理与资源化［M］. 北京：冶金工业出版社，2007.

［13］熊道陵，李英，李金辉. 电镀污泥中有价金属提取技术［M］. 北京：冶金工业出版社，2013.

［14］易龙生，冯泽平，汪洲，等. 电镀污泥资源化处理技术综述［J］. 电镀与精饰，2014，36（12）：16-20.

［15］李闻欣. 制革污染治理及废弃物资源化利用［M］. 北京：化学工业出版社，2005.

［16］Cui J，Zhang L. Metallurgical recovery of metals from electronic waste：A review［J］. Journal of hazardous materials，2008，158（2）：228-56.

［17］季晓立. "城市矿产"资源开采潜力及空间布局分析［D］. 北京：清华大学，2013.

［18］国务院. 国务院关于印发循环经济发展战略及近期行动计划的通知［Z］. 2013.

［19］Zbigniew Giergiczny，Anna Krol. Immobilization of heavy metals（Pb，Cu，Cr，Zn，Cd，Mn）in the mineral additions containing concrete composites［J］. Journal of Hazardous Materials，2008，160：247-255.

［20］孙坚，耿春雷，张作泰，等. 工业固体废弃物资源综合利用技术现状［J］. 材料导报，2012，26：105-109.

［21］张顺成，王胜春，曾武. 我国粉煤灰高值应用研究进展［J］. 再生资源与循环经济，2010，3：42-44.

［22］国家发改委环资司. 推进大宗固体废物综合利用促进资源循环利用产业发展［Z］. 2010.

［23］Wei B，Yang L. A review of heavy metal contaminations in urban soils，urban road dusts and agricultural soils from China［J］. Microchemical Journal，2010，94（2）：99-107.

［24］傅国伟. 中国水土重金属污染的防治对策［J］. 中国环境科学，2012，32：373-376.

［25］宋礼波，窦明，姚保垒. 突发重金属水污染事故环境风险评价模型研究［J］. 人民黄河，

2012，34：69-72.

[26] 路文芳，田宇，战景明，等．我国大气汞污染对人体健康的影响 [J]．环境与健康杂志，2012，29（8）：761-763.

[27] 李敏，林玉锁．城市环境污染及其对人体健康的影响 [J]．环境监测管理与技术，2006，18（5）：6-10.

[28] 荆摘，王同彦．镉与人体健康 [J]．内蒙古环境保护，1996，8（4）：32-34.

[29] Unceta N，Séby F，Malherbe J，et al. Chromium speciation in solid matrices and regulation：a review [J]．Anal Bioanal Chem，2010，397：1097-1111.

[30] 牛文元．十届人大常委会专题讲座第二十七讲：关于循环经济及其立法的若干问题 [Z]．2009.

[31] 韩庆利，王军．关于循环经济3R原则优先顺序的理论探讨 [J]．环境保护科学，2006，32：59-62.

[32] 高昂，张道宏．基于时间维度的循环经济物质流特征研究 [J]．中国人口·资源与环境，2010，20：13-17.

2 重金属尾矿处理及资源化技术

矿产资源是人类赖以生存和发展的基础，其主要特点是不可再生和短期内不可替代性，有限的矿产资源面临日渐枯竭。我国工业发展又以矿产资源为基础，目前我国90%以上的能源和80%左右的工业原料都来源于矿产资源。随着我国工业化的迅速发展，矿产资源的需求将与日俱增，但是在矿产资源开发生产过程中，资源损失和浪费非常严重，其总利用率不到30%。因此，矿产资源的综合利用是实现资源开发良性循环和可持续发展的根本措施[1,2]。充分、有效、合理地利用矿产资源是关系我国经济和社会发展的重大课题。

矿产资源综合利用是找矿、勘查、评价、开发的延伸和归宿，只有坚持矿产资源综合利用，才能更好地发挥矿产资源价值，达到保护性利用矿产资源的目的。采、选、冶等矿产资源过程中产生的尾矿、冶炼渣、废气、废水以及废弃矿山（坑）等都是具有巨大利用价值和开发潜力的二次资源。据统计[3~5]，我国有色金属工业固废回收利用率为60%，钢铁高炉渣为85%，粉煤灰和煤矸石不到50%，其中选矿尾矿回收利用率程度最差，不到10%，与国外尾矿回收利用率24%相比，尚有较大的差距[6,7]。因此，尾矿综合利用也是重要研究内容之一。

尾矿是工业固废的主要组成部分，是矿产的开采过程中产生的一种废弃物，各类尾矿的产生量也在逐年增加[8]（见表2-1）。尾矿堆存占用了大量土地、浪费了资源，造成了生态环境严重破坏等一系列问题。有些偏远地区矿山选矿厂甚至将尾矿直接排放在大自然，未复垦的尾矿库表面的沙尘可被风吹到库区周围，有时甚至形成矿尘暴，严重恶化周边地区的生活和生产条件[1,9]。其中，重金属

表 2-1　2000~2009 年尾矿产生量　　　　　　　　　（亿吨）

种　类	2000	2001	2002	2003	2004	2005	2006	2007	2008	2009	总计
铁尾矿量	1.37	1.32	1.41	1.59	1.89	2.57	3.58	4.31	4.92	5.36	28.32
黄金尾矿	0.98	1.01	1.05	1.11	1.18	1.24	1.33	1.50	1.57	1.74	12.73
铜尾矿	1.49	1.49	1.44	1.53	1.88	1.93	2.21	2.41	2.46	2.56	17.45
其他有色金属尾矿	0.65	0.65	0.63	0.67	0.82	0.85	0.97	1.06	1.08	1.12	7.65
非金属尾矿	0.42	0.46	0.51	0.60	0.68	0.74	0.87	0.95	0.97	1.14	7.34
总　计	4.91	4.93	5.04	5.50	6.45	7.33	8.96	10.23	11.00	11.92	73.49

尾矿对生态环境的破坏尤为严重，重金属污染不仅使土壤质量下降，生态系统退化，同时污染农作物，威胁到人类的健康[10]。重金属尾矿按其所含有价成分可主要分为铅锌尾矿、黄金尾矿、铜尾矿、镍尾矿及锰尾矿等。

尾矿具有污染性和资源性的双重特性，是重要的二次资源，赋存大量的有价资源。大力发展尾矿综合利用，不仅可以减少尾矿的堆存，解决工业与农业争地的矛盾，节约建坝防洪等工程费用，改善矿区的环境卫生，而且还能为国家创造财富，推动国民经济发展，促进工农协调发展，具有重要经济和政治意义[1,9,11]。

尾矿综合利用应依据其特点，在保护生态环境的前提下，研发不同层次的综合利用产品，实现尾矿资源综合效益最大化。国内外尾矿的利用大致可以概括为尾矿再选、尾矿整体利用、尾矿堆存、尾矿复垦等四种途径[1,8,9,12~18]，其综合利用和减排系统工程如图 2-1 所示[18]。

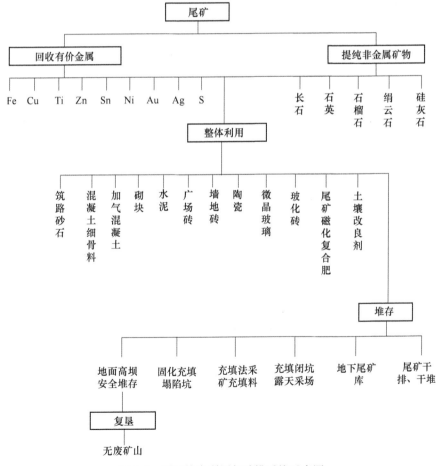

图 2-1 尾矿综合利用与减排系统示意图

（1）尾矿再选。我国矿产资源的一个重要特点是单一矿少，共伴生矿多。由于技术、设备及以往管理体制等原因，多种有价金属和矿物未得到良好利用，赋存在尾矿中，处于堆放状态[15]。我国现有的尾矿已占地 3000km²，每年要花费数十亿元，这对于我国这样一个人多地少的国家来说是非常不利的[19]。尾矿中含有多种金属矿物和非金属矿物，是重要的二次资源。从尾矿中的提取有价元素和提纯非金属矿物，可减少尾矿坝建坝及维护费用，节省破磨、开采、运输等费用。因此，尾矿再选越来越受到重视。从尾矿可以提取 Fe、Cu、Ti、Zn、Sn、Ni、Au、Ag、S 等有价元素，提纯长石、石英、石榴石、云母、硅灰石等非金属矿物等。

（2）尾矿整体利用。尾矿中主要是含有 O、Si、Al、K、Na、Ca、Mg 等大量非金属元素和 Fe、Cu、Pb、Zn、Mo、W、S 等少量的金属元素[20]，常见的非金属矿物有石英和长石，广泛用于陶瓷、玻璃、水泥、化工、磨料、机械制造等多个行业。尾矿是水泥、硅酸盐尾矿砖、瓦、加气混凝土、铸石、耐火材料、陶粒、玻璃、混凝土集料、微晶玻璃、溶渣花砖、泡沫材料和泡沫玻璃等重要原料，因此，建材是尾矿利用最重要的途径。国内外已经开发多种尾矿建筑材料，最为常见的产品有微晶玻璃、建筑陶瓷、尾矿水泥、铸石制品、玻璃制品、尾矿肥料和灰砂砖等。我国在尾矿制砖方面取得了可喜成果，既可生产建筑用砖，也可生产路面、墙面装饰用砖[21]。

（3）尾矿堆存。针对资源价值不高的尾矿，可以使用堆存的方法进行处置，主要是回填采空区。采矿使岩体的应力发生重新分布，在采空区的周边产生应力集中，使空区顶板、围岩和矿柱发生变形、破坏和移动，甚至出现顶板冒落和地表塌陷。因矿山开采诱发的地面崩塌、滑坡、塌陷等地质灾害和安全事故已十分普遍，是安全生产的重大隐患。用充填法采矿时，采空区随矿石的采出而被充填，是保护围岩不发生塌陷、实现采矿工业安全生产与环境协调发展最可靠的技术支持。

由于尾矿中含有重金属、硫、砷等污染物及残存的选矿药剂，地表堆存易造成环境污染，粒径极细（<10μm）的尾矿干燥后会随风飘扬形成飘尘，产生大气污染；尾矿风化过程中可形成溶于水的化合物或重金属离子，经地表水或地下水严重污染周围水系及土壤，危害人体健康，影响农作物、森林、农田、人类和动物的生长。

如果采用传统的尾矿库处置的方法，不仅要占用大面积的可用土地，同时还要投入巨大的成本，为了解决传统尾矿库处置尾矿存在的问题，国内外许多矿山积极探索尾矿排放新途径，包括尾矿干式堆存、尾矿井下排放和采矿充填等[22,23]。

（4）尾矿复垦。尾矿中往往含有 Zn、Mn、Cu、Mo、V、B、Fe、P 等微量元素，这正是维持植物生长和发育的必需元素。"七五"期间，马鞍山矿山研究院在国内率先进行了利用磁化铁尾矿作为土壤改良剂的研究工作。用特定设计的磁化机对磁选厂铁尾矿进行磁化处理，生产出磁化尾矿，施入土壤。研究表明，磁化尾矿施入土壤后，可提高土壤的磁性，引起土壤中磁团粒结构的变化，尤其是导致土壤中铁磁性物质活化，使土壤的结构性、空隙度、透气性均得到改善。田间小区试验和大田示范试验表明，土壤中施入磁化尾矿后，农作物增产效果十分显著，早稻平均增产 12.63%，中稻平均增产 11.06%，大豆增产 15.5%[1,9]。

2.1 铅锌尾矿

2.1.1 铅锌尾矿的特点

近年来，因铅锌尾矿堆存所引发的环境污染、生态破坏和人体健康问题，越来越受到人们的关注。铅锌尾矿堆存占用大量地面资源，造成生态环境恶化。铅锌尾矿在长期的堆放过程中，不仅在经济上带来巨大损失，还会引发重大的地质与工程灾害，如尾矿库溃坝，给社会带来极大的损失[24,25]。

铅锌尾矿的基本理化性质是物理结构不良，持水保肥能力差，极端贫瘠，N、P、K 及有机质含量极低，重金属含量过高，极端 pH 值，松散易流动。铅锌尾矿由于受到外界各种因素和内部相互作用产生了有害气体和酸性水，导致了其中的 Pb、Zn、Cu、Cd 等重金属流失，其中很大一部分随着雨水进入了尾矿库周边的地面水体和地下水，造成地表水和地下水重金属污染，并导致周边农田和作物受到重金属的污染[24]。2008 年以来，我国铅锌矿区发生了多起周围居民血铅中毒事件。如湖南省某市发生儿童血铅中毒事件后，80 多人抽检的血样中，高血铅症有 38 人，中度中毒 17 人，轻度中毒 28 人[26]。

铅锌矿中主要的金属矿物为方铅矿、闪锌矿、黄铁矿，脉石矿物为绿泥石、石英等。

（1）方铅矿（Galena）PbS。

1）化学组成：$w(Pb) = 86.6\%$，$w(S) = 13.4\%$，常含有 Ag，有时含有 Cu、Zn、Se 和 In 等，其中 Se 以类质同象方式代替 S。

2）晶体参数和结构：等轴晶系；属 $3L^4 4L^3 6L^2 9PC$—m3m 对称型；$a = 5.936$Å。晶体结构属于氯化钠型，即硫离子呈立方最紧密堆积，铅离子填充于晶胞的全部八面体中。Pb^{2+} 和 S^{2+} 的配位数为 6。

3）物理性质：铅灰色，条痕黑色，金属光泽；解理平行 {100} 完全，硬度 2.5，相对质量密度 7.4~7.6；具有弱的导电性和良好的检波性。

（2）闪锌矿（Sphalerite）ZnS。

1）化学组成：$w(Zn) = 67.1\%$，$w(S) = 32.9\%$，常含有 Fe、Mn 以及 Cd、In、Tl、Ga、Ge 等稀散元素。富含铁的闪锌矿亚种，称为铁闪锌矿［$w(Fe) > 8\% \sim 10\%$］和黑闪锌矿［$w(Fe)$ 可达 26%］。

2）晶体参数和结构：等轴晶系；属 $3L^4 i4L^3 6P$-43m 对称型；$a = 5.3958Å$。在闪锌矿的晶体结构中，硫离子呈立方体的顶角及面中心，硫占据晶胞所分成的 8 个小立方体中的呈相间排列的 4 个小立方体之中心。Zn^{2+}、S^{2-} 的配位数均为 4，由于配位体都具有相同的方位，因此，整个结构具有四面体的对称。另外，闪锌矿在（110）面网上分布着数目相等的异号离子，而且面网密度大，具有平行 ｛110｝方向的解理。

3）物理性质：闪锌矿的光学性质随着含铁量的不同而变化。当含铁量增多时，颜色由无色到浅黄、黄褐、褐，以至棕色，条痕由白色至褐色，树脂光泽至半金属光泽，透明至半透明，解理平行 ｛100｝完全，硬度 3.5～4.0，相对质量密度 3.9～4.1[27]。

我国铅锌矿产资源比较丰富，产能、消费量、出口量都居世界前列，是我国的优势矿种。根据国土资源部《2006 年我国矿产资源储量通报》数据显示，截至 2006 年年底，我国共有铅矿矿区 1243 个，铅矿储量、储量基础和查明资源储量分别为 792.33 万吨、1351.39 万吨、4141.36 万吨。我国铅锌矿产资源 91.41% 的储量、89.62% 的基础储量和 78.25% 的查明资源储量分布在云南、内蒙古、甘肃、广东、湖南、青海、广西、河北、四川和新疆 10 个省区，其他省区分布较少。辽宁省铅锌储量主要分布在葫芦岛、宽甸等地。但与世界其他国家相比，我国铅锌矿产资源品质居中等，大多数矿床普遍共伴生 Cu、Fe、S、Ag、Au 等元素[26]。

因粗放式矿产开发，尾矿的大量排放不仅造成矿产资源综合利用率低，同时还需要投入大量资金进行环境治理，严重制约着矿山的可持续发展[28]。目前我国铅锌尾矿资源综合利用主要围绕有价金属再选、建筑材料应用与采空区回填复垦几方面展开。对铅锌老尾矿，由于受开采年代技术限制其有价资源残余较多，多以尾矿再选处理；对无太多经济价值的铅锌尾矿，则考虑将其应用到建筑材料领域；而尾矿用作采空区回填则对矿区生产安全、生态环境有积极作用[29]。

2.1.2　铅锌尾矿处理及高值化利用技术

2.1.2.1　铅锌尾矿再选

铅锌尾矿库引起的环境污染、生态破坏和安全问题越来越受到人们的重视，已经成为环保产业的一个重要领域。变废为宝，将铅锌尾矿变成可以利用的资源，无疑是摆脱目前困境的最理想模式之一。根据《中国有色金属工业年鉴 2010》，我国铅选矿回收率为 83%，锌选矿回收率为 89%。目前，我国大多数铅锌矿企业虽然对尾矿进行了综合利用，然而因企业规模和技术水平不同，综合利用率差别很大。铅锌矿中的伴生金和银的选矿回收率58%~75%，而其他金属和非金属资源的综合利用率很低，或者根本没有回收利用。总体来看，我国铅锌尾矿综合利用率仅为7%左右，远低于国外的60%，大量尾矿仍然处于堆存状态。

尾矿再选是铅锌矿山可持续发展的途径之一。20世纪90年代以来，具备条件的矿山大多开始了尾矿的再选，将其中的铁、铅、锌、镓、金、银、硫、锗、铜、镉等再选提取[30,31]。

A 铅锌尾矿回收有价元素

王淑红等[32]通过大量的探索性试验，确定了先用丁基黄药捕收选硫化矿，再用丁基黄药和羟肟酸联合捕收选氧化矿的浮选流程。硫化矿采用一次粗选、两次扫选、三次矿精选，氧化矿采用一次粗选、一次扫选、三次精选，两种精矿合并作为最后精矿的流程，锌精矿品位提高到39.75%、回收率达到73.74%，如图2-2所示。

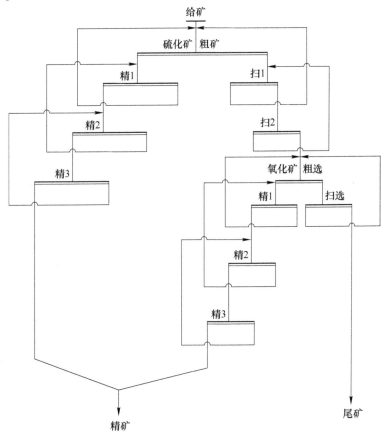

图 2-2 尾矿浮选实验流程

叶力佳等[33]对铅锌尾矿进行了资源化利用技术研究。其分析结果见表 2-2。

表 2-2　尾矿分析结果

（w/%）

元素	SiO_2	CaO	Al_2O_3	MgO	TFe	Pb	Zn	Cu	S	C
质量分数	37.40	9.67	5.58	2.60	25.95	0.36	0.55	0.029	8.17	0.33

该铅锌尾矿中可以综合回收的有价元素为 Fe、Pb、Zn 和 S，主要以硫化矿和磁铁矿形式存在，分配率分别为 41.58% 和 31.32%，硅酸盐矿物中铁的分配率为 27.10%。通过大量的磁选、浮选探索试验，最终确定再选原则流程采用先浮后磁，首先得到硫精矿，同时尽量降低尾矿中的磁黄铁矿含量，为磁选创造条件。开发了两种再选方案：方案一，弱酸性条件下浮选硫精矿，浮选尾矿再经磁选得到铁精矿；方案二，在自然 pH 值条件下采用活化剂活化磁黄铁矿和黄铁矿，浮选得到硫精矿，选硫尾矿再磁选得到铁粗精矿，铁粗精矿脱硫后获得合格铁精矿。采用该工艺可获得含硫 33.67%（质量分数）、回收率 97.20% 的硫精矿，铁精矿中铁品位 63.37%、含硫 0.30%（质量分数），相对于原尾矿中磁铁矿的回收率为 85.54%。

此外，孙永峰[34]对贵州赫章某铅锌矿老尾矿中锌资源展开回收利用工作，确定了先选硫化矿、再选氧化矿的浮选原则流程。又通过一系列的试验，确定先选硫化矿时，用硫酸铜活化后用丁基黄药捕收得到了锌精矿。

曾懋华与凡口铅锌矿合作展开研究[35]，针对凡口铅锌矿 1 号尾矿库的尾矿特征，采用细筛分级、摇床重选、重矿加硫化钠湿磨后直接浮选回收铅锌混合矿的联合新工艺，获得了满意的效果。再选的铅锌混合精矿含铅 17.83%（质量分数）、含锌 29.60%（质量分数），回收率分别为 71.82% 和 85.46%。

冯忠伟[36]受某锌矿委托，针对其尾矿氧化程度高、粒度细、泥化严重、复杂难选的特点，采用硫化矿优先混浮—混浮精矿锌硫分离—氧化铅矿硫化浮选的工艺流程处理该尾矿，获得了较好的试验指标，并在生产实践中使原本损失的 Pb、Zn、S 矿物得到了有效的综合回收，其中氧化铅精矿的铅品位和铅回收率分别达 48.56% 和 85.38%。

铅锌尾矿再选的工艺中，需将硫、铁等矿物和元素进行综合回收。牟联胜[37]改进了铅锌尾矿回收生产工艺，解决了精矿品位低的问题。再选的铅精矿品位 40%、回收率 43%，锌精矿品位 45%、回收率 62.5%，硫精矿品位 35.3%、回收率 60%。

郭灵敏[38]介绍了江铜集团铅锌矿尾矿中的硫、铁资源综合回收。因其尾矿中含有难选磁黄铁矿，导致铁精矿含硫超标。为此，要加强硫的回收以降低铁精矿中有害杂质硫的含量。他们选用活化强化捕收等手段，采用浮选—弱磁选—浮选联合回收工艺应对难选磁黄铁矿，成功地获得了品位 38.77% 的优质硫精矿及含硫 0.547%（质量分数）、铁 58.04%（质量分数）的合格铁精矿。

雷力对龙泉铅锌尾矿回收磁黄铁矿进行了全面的、系统的试验研究。研究表明：该尾矿不宜采用重选、磁选或重选—磁选联合等选矿工艺进行选别，而采用重选脱泥后进行浮选能得到比较理想的回收效果。应用重选脱泥后再浮选，即采用一段磨矿，磨矿细度为 74~180μm，利用常规的硫酸、丁基黄药、二号油 3 种药剂，采用重选脱泥后，1 次粗选、2 次扫选、3 次精选的闭路流程，在原矿硫品位 4.42%、铁品位 16.28% 的基础上，可以得到硫品位 32.77%、铁品位 42.73%、硫回收率为 81.26% 的合格产品。

叶雪均针对某高砷难选硫化铅锌尾矿，开发出弱磁选—硫砷混合浮选—硫砷分离浮选工艺。采用先磁后浮原则流程，磁选尾矿经活化后混浮硫砷，并在硫砷分离浮选过程中采用砷的高效抑制剂 Y-As，使硫和砷得到了较好的分离和回收。磁选硫精矿硫品位为 37.68%，含砷 0.44%（质量分数），硫回收率为 20.68%；浮选硫精矿硫品位为 46.34%，含砷 0.73%（质量分数），硫回收率为 43.34%；综合硫精矿硫品位为 43.14%，含砷 0.56%（质量分数），硫回收率为 64.12%；砷精矿砷品位为 12.08%，砷回收率为 86.79%。

B　铅锌尾矿提取非金属矿物

崔长征[39]对青海某铅锌尾矿中重晶石进行了综合回收，通过对该尾矿矿石性质分析，进行了重选及浮选—重选联合工艺方案的试验研究（见图 2-3）。通过这两种工艺流程对比，最终决定采用浮选—重选联合工艺流程处理该铅锌尾矿，通过试验获得了 $BaSO_4$ 品位为 90.18%、回收率为 52.45% 的重晶石精矿，有效回收了尾矿中的重晶石。

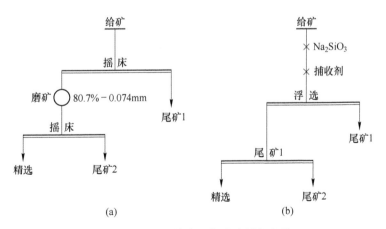

图 2-3　重晶石综合回收试验研究流程

（a）重选试验；（b）浮选—重选试验

喻福涛[40]以组成为萤石和重晶石为主的湖南某铅锌尾矿为研究对象，以水玻璃、硫酸铝和栲胶为重晶石及其他脉石矿物的抑制剂，以油酸钠为萤石的捕收剂，通过1次粗选、1次扫选、4次精选闭路浮选，实现了萤石和重晶石的有效分离，获得了 CaF_2 品位为 95.06%、CaF_2 回收率达 96.58% 的萤石精矿。

肖福渐[41] 采用浮选流程，先选出硫化矿物，回收尾矿中的有色金属矿物；然后采用 F-1 为抑制剂、3ACH 为捕收剂处理粗选绢云母，经一粗一扫三精回收绢云母质量分数分别达 96% 和 64% 以上的一、二级品。其中一级品在橡胶中的补强性能基本达到沉淀法白炭黑水平，二级品则全面超过硅铝炭黑的补强性能。

综上所述，铅锌尾矿成分复杂、分布不均，因地域的不同其中有价组分的种类及含量差别很大。尾矿的再选涉及原矿性质、原矿分选的方法、获取目的矿物的种类和数量等很多因素。所以尾矿的再选是一个探索、试验的过程。在尾矿的开发利用中，不仅要根据其性质、特点寻找加工利用的有效途径，而且要考虑尾矿中的有价组分的合理回收，只有两者有机地结合，才能使尾矿资源得到全面的开发利用[29]。

2.1.2.2　铅锌尾矿的整体利用

变废为宝是人类生产活动中追求的目标之一，也是摆脱资源日益短缺、生态破坏日益严重的困境的最理想方式。铅锌尾矿作为一种复合矿物原料，可生产水泥和建筑墙体材料等多种建筑材料，铅锌尾矿建材化可实现资源循环利用、实现矿山绿色发展。以铅锌尾矿代替黏土配料，可生产出符合国家标准的水泥，不仅提高了水泥标号，还降低了燃煤，获得了较好的经济效益。对于以石英为主要成分的尾矿，可用于生产水泥、陶瓷、玻璃、免烧墙体砖和人造大理石等，其成本低廉，市场应用前景广阔[31,42]。

A　铅锌尾矿用作水泥生产原料

铅锌尾矿中的大部分氧化物组成与水泥生产所需的原料相近，且其中含有少量锌、铅和铜等微量元素，这些元素对水泥熟料的烧成具有矿化作用和助熔作用，可有效地改善生料的易烧性，提高熟料的强度[43~45]。肖祈春对某铅锌尾矿与黏土的成分进行了对比，结果表明铅锌尾矿中的 SiO_2、Al_2O_3 和 Fe_2O_3 与黏土中的相应矿物含量相近（见表 2-3），均可以作为水泥生产原料进行水泥生产。

表 2-3　铅锌尾矿与黏土的成分对比　　　　　　（w/%）

样品名称	烧失量	SiO_2	Al_2O_3	Fe_2O_3	CaO	MgO	Na_2O	SO_3	合计
铅锌尾矿	4.10	49.18	11.60	11.90	14.57	3.04	0.17	0.56	94.51
黏土	9.75	52.85	17.94	13.90	1.89	2.64	0.10	0.08	99.69

近年来，人们对铅锌尾矿应用于水泥进行了大量研究，经过不懈努力，取得

了显著的技术进步和较好的社会经济效益。尾矿成分的不同，生产出的水泥性能及特性均有差别，从而导致水泥品种的不同。因此，尾矿的成分等属性在一定程度上决定了所生产水泥的性能及型号。在进行水泥生产时，对于尾矿成分要有选择性，如尾矿的石英含量过高，则会出现生料难以煅烧及校正原料用量过大，使得水泥的煅烧成本过高，增加了尾矿在实际水泥生产过程中的难度。

由于铅锌矿尾矿富含铁质及其他微量元素，煅烧前必须加入必要的配料，对铅锌尾矿的掺入分量要严格按化验室指令搭配，这样产出的水泥熟料标号一般可以提高 5%~10%，还可以降低煤耗，具有较高的经济效益和环境效益。在配水泥熟料过程中，还需考虑镉、汞、铅等有毒的重金属的污染问题，要严格按照国家有关标准配制。

何哲祥等[46]研究以铅锌尾矿为水泥原料，设计不同尾矿掺量的配方分别在 1350℃下煅烧制备硅酸盐水泥熟料。试验所用水泥原料为石灰石、有色金属灰渣、石英采矿废石和粉煤灰，取自某水泥有限公司，铅锌尾矿采自某铅锌尾矿库，尾矿含水率较高，呈砂粒状。用化学法分析原料的化学成分，结果见表2-4。

表2-4 原料的化学成分 (w/%)

原　料	CaO	SiO$_2$	Al$_2$O$_3$	Fe$_2$O$_3$	烧失量
石灰石	49.50	6.25	1.30	0.50	40.00
有色金属灰渣	12.62	30.77	15.04	33.54	0.00
石英采矿废石	0.30	94.00	1.00	0.24	0.80
粉煤灰	3.60	57.60	25.50	3.25	5.90
铅锌尾矿	14.57	49.18	11.60	11.90	4.10

采用甘油酒精法分析生料的易烧性，根据《水泥胶砂强度检测方法（ISO 法）》测量水泥各龄期的抗压、抗折强度，用 XRD 研究了熟料的矿物组成，用 SEM 分析了矿物的晶体形貌，试验结果表明：当铅锌尾矿掺量为 12.25% 时，熟料中 f-CaO 含量最低，为 0.07%；当铅锌尾矿掺量为 12.25%~16% 时，水泥各龄期强度均超过 GB 175—2007 中规定的 42.5 标准水泥，其中铅锌尾矿掺量为 12.25% 时，3d、28d 抗压强度分别为 21.8 MPa、51.3 MPa。掺入铅锌尾矿后，熟料主要矿物为 C$_3$S，矿物形成良好。

宣庆庆等[47]采用铅锌尾矿为原料烧制中热硅酸盐水泥，其配料及成分见表 2-5。用差热分析测定熟料的易烧性，用 X 射线衍射分析研究了熟料的矿物组成，测量了中热水泥的水化热。通过砂浆和净浆实验测定了中热水泥水化后的强度，并用 X 射线衍射和扫描电镜对水化产物进行了分析。

表 2-5　配料表 （w/%）

成分	石灰石	铁矿石	页岩	铅锌尾矿	KH	SM	IM	C_3S	C_2S	C_3A	C_4AF
比例	78.27	3.09	9.14	9.50	0.94	2.31	0.96	53.77	22.92	5.16	14.39

实验结果表明：使用铅锌尾矿来配料，可以提高熟料的易烧性，矿物形成良好。熟料掺入 4% 的石膏制得水泥，其性能符合 GB 200—2003 规定的强度等级 42.5 中热硅酸盐水泥的各项标准，并且其后期强度高于用黏土配料的试样。

此外，权胜民[48]展开了铅锌尾矿与晶种作复合矿化剂烧制硅酸盐水泥熟料的试验工作，研究了铅锌尾矿作矿化剂的可行性和最佳掺入量。实验中加入铅锌尾矿作矿化剂的试样抗折、抗压强度都有较大幅度提高，提高了水泥产量，铅锌尾矿的最佳掺入量为 1%；同时复合矿化剂起到矿化和助熔的作用，降低了最低共熔温度，改善了易烧性，打破了"核化势垒"，降低了液相烧结温度和黏度，由此降低熟料的烧成温度，使烧制成本下降。

张平[49]研究了铅锌尾矿作矿化剂对水泥凝结时间的影响。研究表明：含多种助熔组分的铅锌尾矿，如含硫的闪锌矿（ZnS），其矿化效果比单一组分的铅锌尾矿的矿化效果显著；以 ZnO 和 ZnS 为主要成分的铅锌尾矿作矿化剂，高温煅烧时，掺量低于 1%，矿化作用不明显，掺量大于 1%，使水泥凝结时间延缓。但掺入 CaF_2 可以减弱 Zn^{2+} 对凝结时间延缓的影响。所以，在工业生产中，应尽可能地采用铅锌尾矿与萤石复合矿化剂的双掺方案。

张灵辉等[31]利用某铅锌尾矿代替部分原料生产矿渣水泥，针对生产中出现的 f-CaO 超标、强度不足的问题，提出在配制生料时配入大量高温黏度较高的 Al_2O_3，以增大熟料的烧结范围、增进底火强度、稳定底火层；在煅烧操作中，对于新的热工特点，采取稳定底火为中心，大风、大料、快烧、快卸、快冷的全风深暗火操作方法，并适当提高湿料层厚度，湿料层一般控制在 500mm 以上，避免使用小风操作。叶绿茵在其三台 $\phi 3.0 \times 10m$ 机立窑上分别利用锅炉炉渣、铅锌尾矿渣配料烧制硅酸盐水泥熟料，以磷渣、粉煤灰作主要混合材生产 P.O 42.5R 水泥取得成功。

某公司在回收铅锌资源的同时，利用磁选技术对废弃尾矿的铁、硫等有价元素进行回收，通过沸腾炉焙烧提炼铁矿粉和硫酸，并将提炼后的废料作为水泥熟料或制成空心砖。该项目一期工程建成投产后，磁选出磁黄铁矿中间产品累计 3 万多吨，并经过焙烧脱硫后获得合格的铁精矿粉。2006 年从尾矿中提取的铁矿粉销售收入为 2500 万元，实现利税 300 多万元，还生产出了高浓度的发烟硫酸。然后将含有丰富铝硅酸盐矿物的矿渣作为水泥配料，供应给当地的水泥厂。2006 年尾矿再利用收入达到了 3000 多万元[26]。

B　铅锌尾矿用作建筑墙板材

王金玲等[50]针对某铅锌尾矿中锌含量较高、脉石矿物石英、白云石含量较高的特点，进行了再磨—浮选回收有价元素锌和尾矿混凝土砌块砖集料的建材化利用等技术研究，并对建材进行了放射性检测。结果表明：该尾矿的各项放射性指标符合《建筑材料放射性核素限量》（GB 6566—2001）标准要求，可以作为原材料应用于建筑材料领域。根据砌块砖实际生产技术，选定了两组配料方案，方案 A 不加尾矿作为标准配料方案，方案 B 用尾矿代替混凝土砌块砖中的细砂，两方案灰集比（水泥与集料之比）皆为 1∶7.3，B 组尾矿掺入量占集料的 28%。原料配比及砌块砖抗压强度试验结果见表 2-6。

表 2-6　原料配比及抗压强度试验结果　（w/%）

样品编号	水泥	青石子	机制砂	细砂	尾矿	抗压强度/MPa	
						3d	28d
A	1	2.19	2.7	2.41	0	8.0	12.5
B	1	2.41	2.86	0	2.04	9.0	12.8

结果表明：用尾矿代替细砂制备的混凝土砌块砖，3d 和 28d 的抗压强度均有提高，试验混凝土砌块强度达到了国家 NY/T 671—2003 的 MU10 质量标准要求，说明该尾矿可以 100%代替建筑细砂生产承重砌块和非承重砌块、墙砖，且抗压性能较好。由于该尾矿带有较深的颜色，不能生产装饰砌块。

冯启明以青海某铅锌矿尾矿作骨料、适量水泥作胶结料、石灰作激发剂，分别加入混凝土发泡剂和废弃聚苯泡沫粒作预孔剂，通过浇注、捣打成型、养护等工艺制备了轻质免烧砖。研究了不同原料配比和养护条件下制品容重和抗压强度等性能。当尾矿用量达 70%~80%时，制品干燥容重仅为页岩实心砖的 2/3，抗压强度最高可达到 9.3MPa，适用于建筑物承重（废旧 EPS 泡沫粒尾矿轻质混凝土砌块）和非承重（轻质泡沫粒尾矿混凝土砌块）填充砌块，属低能耗环保型墙体材料。

李方贤用铅锌尾矿制备加气混凝土。研究了水料质量比、浇注温度和铝粉膏的掺量对加气混凝土发气的影响，研究了铅锌尾矿、水泥和调节剂对加气混凝土强度的影响，确定了优化的工艺方案和配方，制备的加气混凝土的抗压强度和抗冻性达到了 B06 级合格品要求，导热系数、干燥收缩值和放射性满足国家标准要求。

赵新科以铅锌尾矿为原料，与当地黏土以 60∶40 的质量百分比掺和，经压制成型在 1080℃温度下焙烧 8h，成型的砖块完全可满足国家建材行业对建筑空心砖的质量要求，按照尾矿制砖建材工业用途，其加工技术工艺简单、效益显著[31]。

2.1.2.3　铅锌尾矿堆存

铅锌矿开采往往形成大量的坑洞和矿空等采空区。采空区周围应力相对集中，存在着顶板陷落以及地表坍塌的危险。如果采用土壤填空采空区，不仅造成成本增加，而且破坏了生态环境。因此，直接以铅锌尾矿作为原料，进行矿山充填，有效解决了铅锌尾矿堆积的现状，节约了充填成本。当前，采空区的回填技术主要包括全尾砂凝胶充填和全尾砂胶结充填自流输送。矿山充填技术可有效解决尾矿堆积过程中的环境污染问题，同时将矿产资源有效储存起来，供日后的继续开采及利用。但在回填之前，如果条件及技术可行的话，应先对铅锌尾矿中的有价金属进行二次回收，以减少资源的浪费，实现对资源的最有效利用[22,23,42]。

2.1.2.4 铅锌尾矿堆土复垦

铅锌矿尾矿经过有价值元素再选、非金属矿物提纯并整体利用后，余下的尾矿将大大地减少。对这部分没有回收价值的尾矿进行堆土复垦是一种有效的方法。一些学者利用生物治理手段做了大量的工作，包括种植高密度植物香蒲、筛选抗性藻类、菌类微生物等[35]。

堆土复垦适应于临近城市或者周围土地资源有限的矿区区域。铅锌尾矿的堆土复垦主要有两类方法：第一，将土壤覆盖在铅锌尾矿的表面，再将植被种植在上面；第二，直接在铅锌尾矿上面种植某些合适的植物。前者虽然可以有效解决铅锌尾矿堆存，但由于复垦时需要大量的土壤，造成处理成本高昂和土壤存在潜在污染等。而第二种措施，植物的选择性受限，一般植物难以直接在铅锌尾矿上生长。因铅锌尾矿中仍含有一定量的 Pb、Zn、Cd 和 As 等重金属，容易在植物中富集，进入食物链在人体中富集造成重金属中毒等不良反应，所以铅锌尾矿堆土复垦所种植物一般选择观赏性植物，不宜选择蔬菜和粮食等作物。铅锌尾矿的堆土复垦，虽然能从一定程度上减少尾矿堆存的压力，但铅锌尾矿的堆存量不变，仍具有较高的潜在危害[42]。

2.2 黄金尾矿

2.2.1 黄金尾矿的特点

我国黄金矿产资源以岩金为主，砂金较少。《中国黄金年鉴 2015》显示，截至 2014 年底，我国查明黄金资源储量达到 9816.03t，逼近万吨大关。其中，岩金为 7777.66t，比 2013 年增加了 781.69t，增幅为 11.17%；伴生金 1548.76t，比 2013 年增加了 42.93t，增幅为 2.85%；砂金 489.61t，比 2013 年增加了 16.68t，增幅为 3.53%。大型黄金企业仍是我国黄金矿产资源的主要拥有者。2014 年，中国黄金集团、山东黄金集团、紫金矿业集团、山东招金集团、灵宝黄金股份有限公司等五大黄金集团拥有的查明资源储量达 5636.93t，占全国金矿查明资源储量总量的 57.43%。在国内五大黄金集团中，中国黄金集团、山东黄金集团和紫金矿业集团的金矿查明资源储量均已超过千吨，分别为 1850t、1500t 和 1341.5t，增幅分别为 0.27%、7.14% 和 11.78%。由于金矿石中有用金属含量低，尾矿量一般要达到原矿量的 95% 以上[51~53]。

几乎所有的岩金矿床都伴生有银和硫，其他常见的伴生元素有 Cu、Pb、Zn、Mo、As、Sb、Fe、W、U、Cd、Co、Ni、Bi、Hg、Se、Te、Re、In 等。其中，最主要的共伴生元素是 Ag，我国 50% 的银储量在金矿床中。砂金矿的共生矿物主要有锆石、独居石、石榴子石、金红石等。而伴生金则多见于铜、铅锌、镍等矿床中以及铁矿床和硫铁矿矿床中。因此，对黄金矿山的其他元素的回收具有重要的意义和经济价值。例如，随砂金矿产出的副产品加以回收的重矿物主要有锆英石、钛铁矿、独居石、锡石、金刚石、金红石、铂族矿物、磁铁矿等。岩金矿山回收的共伴生元素主要有 Ag、Cu、Pb、Zn、S、As、Sb 等[51,54]。

现列举国内几个不同产地的金矿尾矿多元素化学分析结果，见表 2-7[54]。

表 2-7 尾矿多元素化学分析结果 （w/%）

矿山名称	Au[①]	Ag[①]	Cu	Fe	Zn	As	S	Ti	Co	Pb	Mo
安徽黄狮涝金矿	1.13	17.70	0.06	34.30	0.51	0.09	8.97			0.24	
豫西金鸡山金矿	0.83	0.02	0.005	2.10	0.05	0.001	1.10	1.40		0.12	
湖北龙角山金矿	0.59	4.26	0.15	14.49	0.03	1.02	3.97		31.90	0.007	22.35
新疆阿希金矿	2.71	10.74	0.01	6.80	0.04	0.35	3.48			0.01	

①Au、Ag 含量单位为 g/t。

黄金生产一般采用氰化提金法，此工艺必须加入氰化物，导致尾矿也残留一定量的氰。黄金尾矿多采用库存方式处理，随着黄金生产规模的扩大和开采历史的延长，黄金尾矿堆积量逐年增加，不仅占用大量土地，污染大气、地表水和地下水；而且很多尾矿库超期或超负荷使用，甚至违规操作，使尾矿库存在极大安全隐患[51]。

20 世纪 70~80 年代，因生产技术落后，黄金回收率普遍较低，尾矿金品位大多数在 1g/t 以上，技术水平低的矿山尾矿金品位能达到 2~3g/t，对于品位高和难选冶的金精矿，尾矿金品位高达 3~5g/t，甚至更高。随着黄金资源的贫乏和选冶技术水平的提高，这部分高品位老尾矿已成为黄金矿山新的资源。黄金尾矿呈碱性，pH > 10。尾矿中 SiO_2、CaO 含量较高，同时含有一定量的 Fe_2O_3、Al_2O_3、MgO 和少量贵金属（如 Au、Ag）、重金属（如 Cu、Pb、Zn）。尾矿矿物相以石英、长石、云母类、黏土类及残留金属矿物为主；矿物粒度很细，泥化现象严重。从环境保护角度出发，必须对这些黄金尾矿进行处理，避免二次污染；从资源保护角度，对黄金尾矿加以利用可以变废为宝，化害为利，缓解我国经济发展与生态环境破坏、资源短缺的突出矛盾[53,55~57]。

2.2.2　黄金尾矿处理及高值化利用技术

2010 年 4 月，工业和信息化部、科学技术部、国土资源部、国家安全生产监督管理总局等有关部门发布了《金属尾矿综合利用专项规划（2010～2015年）》，其中黄金尾矿也被列入尾矿综合利用的重点领域。

针对黄金尾矿的再利用问题，众多学者展开了研究。黄金尾矿的综合利用主要有三种方法：（1）将尾矿作为金属矿产二次资源，提取回收尾矿中的有价金属；（2）将尾矿作为非金属矿产资源，根据尾矿的不同组分，可以选择不同的方法对尾矿进行回收利用；（3）将黄金尾矿用于生产建筑材料和回填材料等[53,58]。如何利用黄金尾矿的矿物特性制备建筑装饰材料已经成为该领域的研究热点之一[59]。彭飞和梁开明以黄金尾矿为原料，通加添加不同形核剂制得纳米级晶粒的微晶玻璃；李国昌和王萍以黄金尾矿为主要原料，煤矸石为成孔剂，采用压制成型和挤出成型制备了不同用途多孔透水砖；郜志海等以黄金尾矿和石灰石为原料，通过煅烧制备了高贝利特相混凝土掺合料，所配制混凝土与减水剂适应性好、坍落度损失小、保水性好、抗压强度高；丁亚斌和吴卫平利用黄金尾矿为主要原料，辅以水泥、石灰、石膏等，制备出加气混凝土砌块；孟智敏等用黄金尾矿及铁矿尾矿生产出了一种用于炉火道墙用透气砖；杨辉等以不同配比的黄金尾矿和粉煤灰为原料，制备出具有轻质高强的陶粒。

2.2.2.1　黄金尾矿再选

A　黄金尾矿回收有价元素

中国黄金矿山尾矿资源丰富，由于早期选矿技术和装备水平较低，产生了大量的品位在 0.3g/t 以上的含金尾矿资源，再选回收的潜力很大。近年来，随着黄金选冶技术进步，国内外对低品位含金尾矿的处理均取得了显著成效[52,60]。尾矿中金的再选回收技术主要包括重选、浮选、氰化等方法，具体工艺方法的选择主要取决于尾矿性能。

2003 年，某公司通过对浮选尾矿进行粒度组成及金在各粒级中的分布分析。矿石类型为中等硫化物含铜金矿石，主要金属矿物为黄铁矿、黄铜矿、闪锌矿、方铅矿、磁铁矿等，脉石矿物主要以石英为主，其次为少量的长石、绿泥石和碳酸盐类矿物等。金属硫化物以黄铁矿和黄铜矿为主，可回收的元素为 Au、Ag，其次为 Cu 和 S。矿石多元素分析结果见表 2-8[61]。金矿物的赋存状态较为复杂，金的嵌布粒度相对细小（平均粒径为 0.0315mm），且相当部分金被黄铁矿和石英包裹。对重选金精矿进行可选性试验研究，确定了用重选溜槽—摇床回收浮选尾矿中金、用再磨再选处理重选金精矿的生产工艺。

表 2-8 矿石多元素分析结果 (w/%)

元素	MgO	CaO	Al₂O₃	Sb	Fe	S	C	Cu	MnO	As	SiO₂	Au[①]	Ag[①]
质量分数	1.79	2.74	12.7	0.10	6.57	3.1	0.80	0.17	0.06	0.01	56.9	3.47	11.4

①Au、Ag 含量单位为 g/t。

某金矿浮选精矿每年近 3 万吨的氰化尾矿，金品位 7g/t，硫品位 20%，多年来全部排放到尾矿库。杨保成等采用了旋流器脱泥富集、沉砂和溢流用压滤机压滤、滤饼焙烧制酸、烧渣氰化浸金工艺处理，其工艺流程如图 2-4 所示。

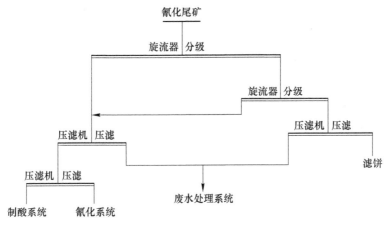

图 2-4 氰化尾矿回收工艺流程

通过试验和生产实践证明：氰化尾矿采用压滤、焙烧、制酸、烧渣再磨后氰化工艺处理取得了良好效果，金总回收率提高了 5.3%，每年增加黄金产量 91.8kg，同时可以生产硫酸 1.8 万吨，每年可增加利润 746.61 万元，为企业带来了可观的经济效益[62]。

王吉青等[63]采用无制粒化学疏松法堆浸工艺进行尾矿堆浸，在氧化条件下，氰化物选择性溶解含金物料中 Au、Ag，使 Au、Ag 及其他金属矿物与脉石分离，其工艺流程如图 2-5 所示。

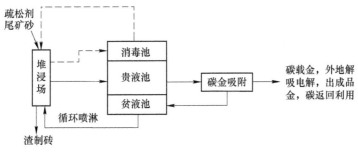

图 2-5 尾矿堆浸工艺流程图

尾矿首先需要进行筑堆，在尾矿筑堆过程中加入疏松剂。尾矿堆筑完毕后，在其上部架设喷淋管道。首先采用 15~30L/(t·d) 喷淋强度水洗，之后转入浸金。氰化钠浓度控制在 0.03%，喷淋强度在 15~20L/(t·d)，浸出的富液全程进行吸附。喷淋、吸附时间 30d 左右。浸出后，用清水喷洗一个循环，洗液作为下次堆浸的补加水，浸渣直接用于制砖，浸渣含水 10% 左右开始卸堆。对于吸附到载金炭中的金采用解吸电解的方法进行回收。

索明武等[64]对某金矿尾矿库的尾矿进行了提取金的试验。金矿地处小秦岭金矿区，矿石类型系硫化物含金石英脉铜金矿石。金属矿物以黄铁矿、黄铜矿为主，有少量的方铅矿、闪锌矿、磁铁矿、铜蓝、褐铁矿、自然金、银金矿等；脉石矿物以石英为主，其次为重晶石、方解石等，有价元素为金、银。

矿石中黄铁矿为主要金属硫化矿物，其相对质量分数为 5.0%，多呈自形晶、半自形晶不均匀地分布在矿石中，自然金、银金矿等充填于黄铁矿的裂隙中。黄铁矿与自然金的关系十分密切，金赋存在黄铁矿与脉石粒间。金矿物主要以自然金的形式产出，占金矿物质量分数的 92.35%，其次为银金矿。表 2-9 为原矿化学多元素分析结果。

表 2-9　原矿化学多元素分析结果　　　　　　　　(w/%)

元素	Au[①]	Ag[①]	Cu	TFe	TS	CaO	MgO	Al$_2$O$_3$	TiO$_2$
含量	6.30	4.48	0.10	7.60	3.80	4.42	3.71	12.76	0.38

元素	Pb	Zn	As	Sb	Bi	C	Mn	SiO$_2$	
含量	0.026	0.015	0.001	0.004	0.008	0.39	0.34	59.05	

①Au、Ag 含量单位为 g/t。

其粗选条件试验流程如图 2-6 所示。

粗精矿金回收率及金品位随着磨矿细度关系密切。当磨矿细度达到 -74μm 占 78% 时，粗精矿金品位及金回收率均达到最大值。因此，确定磨矿细度为 -74μm 占 78%，丁铵黑药用量为 30g/t、2 号油用量为 40g/t 的固定条件下进行粗选丁基黄药用量试验，试验结果如图 2-7 所示。

在条件试验的基础上，进行闭路试验，试验流程如图 2-8 所示。

尾矿经再磨后采用联合捕收剂丁基黄药+丁铵黑药和活化剂硫酸铜强化回收，可获得金品位为 12.49g/t 的金精矿，金回收率为 81.36%。

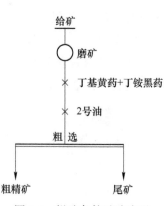

图 2-6　粗选条件试验流程

对某尾矿采用浮选—氰化联合工艺流程，在尾矿品位 Au 2.18g/t、Sb 0.71%（质量分数）的条件下，分别获得了回收率 Au 67.22%（质量分数）和 Sb 14%（质量分数）的指标。该矿还对冶炼厂锑、金鼓风炉炉渣采用重选—浮选联合方法，已成功地将炉渣中的有价元素进行回收，金总回收率达到 65.84% 以上。

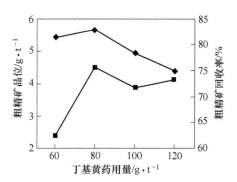

图 2-7 丁基黄药用量与回收率关系

某金矿矿石类型以次生硫化矿物为主，金的嵌布粒度较细，由于浮选工艺

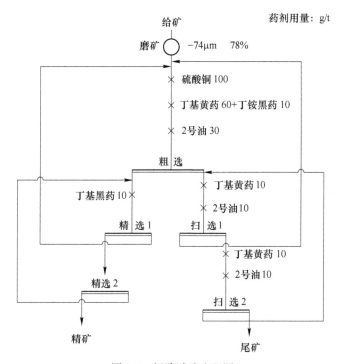

图 2-8 闭路试验流程图

流程和选矿条件限制，尾矿品位偏高，金品位 0.9g/t 左右。生产近 50 年来，尾矿堆存量大约 120 万吨。该矿建立了一座处理规模为 800t/d 的炭浆厂，对尾矿进行直接氰化提金，金的浸出率在 70% 以上，年获经济效益 200 多万元[65,66]。

植物富集法是一种从尾矿中提取金属镍、铊和黄金的可行方法，适合不能利用传统采矿方法开发黄金的矿区，尤其是尾矿堆存库区黄金的回收利用。采用植物富集方法回收黄金尾矿中的贵金属，实际应用效果显著。如澳大利亚利用室内空间，在填有尾矿与土壤的花盆中种植蓝色小桉树、黑荆树、高粱、白色三叶草、红草、袋鼠草、哭泣草等回收斯多威尔金矿尾矿中的贵金属。经 3~5 个月的生长发现，白色三叶草（干草）中黄金的平均浓度为 27mg/kg。这充分说明种植本地植物富集低品位黄金尾矿可以进行推广。巴西某地区黄金含量较低，不适合采用传统采矿方法开发"土壤"中含有的贵金属，故在其"土壤"中种植本地植物——油菜和玉米，植物生长一段时间后可累计黄金 30mg/kg。墨西哥锡那罗亚种植向日葵和仙人掌（本地植物）提取麦斯吉维姆矿山尾矿中的黄金，结果见表 2-10。虽然气候和生长环境的不同，会使世界各地生长的植物差异较大，但植物富集技术同样会在世界各地找到适合富集贵金属的本土植物。

表 2-10　不同植物中贵金属浓度

金 属 元 素	植物中的平均浓度/mg·kg⁻¹	
	仙人掌	向日葵
Cu	4	126
Au	9	16.7

　　植物富集法低成本、高效率，不仅可以治理金属矿山开采过程中造成的有色金属污染问题，还解决了尾矿堆存过程中贵金属回收问题。植物富集技术逐渐被认为是一种经济、可行和环境可持续发展的技术[59]。

　　徐承焱等对山东某黄金冶炼厂氰化尾渣中的有价元素 Pb、Zn、Cu、S、Fe 及少量 Au、Ag 等进行了回收研究。对氰化尾渣进行活性炭脱药后，采用铅锌混合浮选富集—优先浮选富集铜—铜尾浮选富集硫工艺，实现了氰化尾渣多元素的有效回收。先混合浮选富集铅锌再分离浮选，可获得铅品位为 30.29% 的铅精矿，铅回收率为 70.12%；以及锌品位为 41.19% 的锌精矿，锌回收率为 74.93%。尾矿优先浮选富集铜，可获得铜品位为 7% 的铜精矿。铜尾浮选富集硫，获得了硫品位为 40%~50% 的硫精矿。硫铁矿送焙烧制酸工艺，控制焙烧条件可获得铁品位为 65.40% 以上的铁精粉[67]。

　　采用焙烧—酸浸—氰化生产工艺，从提高金银的回收率、综合回收冶炼废渣中铁矿物入手，发明了一种利用黄金冶炼废渣生产氧化铁颜料的新工艺，该工艺是采用氨法氧化合成法生产氧化铁。采用强化酸溶技术，使用一种价格低廉、可循环使用、绿色环保的助浸剂，强化浸出酸浸渣中的铁矿物；浸铁料液经净化，采用氨法制备氧化铁晶种，采用氧化合成工艺生产优质氧化铁颜料，成分复杂的含氨氮废水经高效蒸发结晶得到硫酸铵产品；酸浸渣经强化酸溶浸铁再氰化提金银，所得氰化尾渣外售给水泥厂。经该工艺处理后，每吨矿可多回收黄金 1.5g，银的回收率可提高 15%~30%。该工艺已经实现工业化应用，年处理 12 万吨尾渣，可生产优质氧化铁颜料 4 万吨、硫酸铵 6 万吨，生产的优质氧化铁颜料在品质上优于传统方法生产的氧化铁颜料[68]。该工艺不仅提高了废渣中金银的回收率，而且实现了精细化生产氧化铁颜料，为尾渣的综合利用提供了一种全新的处理思路。

对于黄金尾矿中铜的回收，国内也有不少科研工作者对此开展了工作。某金矿氰化尾渣中铜1.5%~2.2%、银250~350g/t、金1.3~3.0g/t。采用浮选工艺对尾渣进行综合回收，不仅获得了品位为18.9%、回收率为81.55%的合格铜精矿，同时金、银也得到了最大限度的回收。黑龙江老柞山金矿氰化尾渣粒度为-74μm占95%，其中铜和砷品位分别为0.305%、2.08%，采用直接抑砷选铜的浮选工艺，获得了铜16%~18%（质量分数）、金9~12g/t、砷0.07%（质量分数）的合格铜精矿，铜回收率为80%以上。

紫金矿冶设计研究院对山西某金矿尾矿开展了回收金、锌试验研究，采用混合粗选—混合精矿顺序浮选分离工艺流程，获得了金34.28g/t和锌10.36%（质量分数）、金回收率为62.93%的金精矿，锌45.62%（质量分数）和金1.12g/t、锌回收率为67.47%的锌精矿，有效地实现了金、锌分离。

某冶炼厂氰化尾渣含铜、铅、锌等有色金属，品位分别为0.45%、0.5%、0.5%，利用氰化物对尾渣中铜、铅、锌矿物的抑制作用不同，采用优先混合浮选铅锌—硫酸脱氰活化—铜硫分离流程，既提高了铜的回收率，又回收了氰化物。该冶炼厂于2002年投资3500万元建成了回收车间，生产的铅锌混合精矿中铅品位为25.00%、锌品位为27.00%、铅回收率为65.60%、锌回收率为70.90%，铜精矿品位为15.25%、回收率为75.48%；同时，可副产金、银[52,60]。

林俊领等[68]对新疆某金矿氰化尾渣中的铜进行了回收研究。氰化尾渣中铅锌氧化较严重而难以回收，采用1次粗选、1次扫选、2次精选工艺流程，选用Na_2SO_3+$ZnSO_4$为锌硫矿物抑制剂、PAC为铜矿物捕收剂，获得指标如下：铜品位15.27%、回收率为80.55%，铜精矿中金品位为8.32g/t、回收率为23.46%，银品位为129g/t、回收率为37.69%，实现了尾渣中铜矿物的综合回收。

中国脉金矿分布很广，多数是含有硫化矿的石英脉矿，尤以山东、河南、内蒙古、黑龙江、河北、湖南、广西、青海诸省较多。这些含有硫化铁等金矿在采用浮选处理时，尾矿中残留部分金和硫。山东七宝山金矿于1995年就从选金尾矿中回收硫精矿，其矿石类型为金铜硫共生矿，金属硫化物以黄铁矿为主。最初采用硫酸活化法回收硫，改用了1次粗选、1次扫选的流程后，使选硫作业成本降低了45%，取得了很好的效果。硫精矿品位达37.6%，回收率82.46%，且精矿含泥少，易沉淀脱水，每年可增加经济效益约120万元[69]。

汪洋等[70]以氰化尾渣衍生物为原料，采用X体系在常压下进行氧化浸出，采用二段浸铅与气液固强化浸出相结合的方法在高效气液固反应器中进行实验。

最优条件：试剂 A 用量为 15.6g/L，试剂 B 用量为 90g/L，液固质量比为 10∶1，鼓氧量为 1.5L/min，浸出温度为 70℃，每段浸出时间均为 3h。所得铅精矿品位为 75.49%、锌精矿品位为 45%、副产品硫黄品位为 99%，其中铅总回收率高达 90.68%、锌总回收率高达 99%、单质硫回收率高达 99.1%。

　　B　黄金尾矿中提取非金属矿物

　　某地金矿尾矿中 SiO_2 质量分数大于 84.5%，属于含硅偏低的石英脉金尾矿，对其中 SiO_2 进行有效回收提纯，不仅可以为企业带来较大的经济效益，同时也提高了尾矿库的库存容量，减少了尾矿库滑坡、垮库等灾害的发生。取少量矿样在显微镜下观察，并结合 X 射线衍射结果，该金矿尾矿主要矿物为：石英、角闪石、石榴子石、长石、云母、方解石、白云石，并含有少量的赤铁矿、黄铁矿、黄铜矿、银金矿和辉银矿等矿物。对于该尾矿进行石英提纯，可采用强磁选降铁，反浮法脱除非金属杂质矿物，由于金矿物多与硫化矿共生，浮选时优先浮出硫化矿物，一方面可回收金，另一方面又达到了降低杂质的目的。采用分级脱泥—强磁—浮选—酸浸选别工艺，取得了 $w(SiO_2) = 98.12\%$、$w(Al_2O_3) = 0.75\%$、$w(Fe_2O_3) = 0.07\%$、产率为 70% 的石英砂精矿，达到国家玻璃质原料二级品标准 $[w(SiO_2) = 98\%$、$w(Al_2O_3) = 1.0\%$、$w(Fe_2O_3) = 0.1\%]$[71]。

2.2.2.2　黄金尾矿的整体利用

　　A　黄金尾矿生产加气混凝土砌块

　　加气混凝土是以硅质材料 SiO_2 和钙质材料 CaO 为主要原料，掺加发气剂，经加水搅拌，由化学反应形成气孔，通过浇注成型、预养切割、蒸压养护等工艺过程制成的多孔硅酸盐混凝土。加气混凝土板材是以水泥、石灰、尾砂等为主要原料，再根据结构要求配置添加不同数量经防腐处理的钢筋网片的一种轻质多孔新型的绿色环保建筑材料，其密度轻，且具有良好的耐火、防火、隔音、隔热、保温等性能。尾砂加气混凝土砌块生产线工艺流程如图 2-9 所示。

　　尾矿砂浆、废料浆、石灰、水泥、石膏分别按比例计量（配比为尾矿砂∶水泥∶石灰∶石膏=68∶6∶24∶2，发气剂 0.07%，水料比 0.6），按顺序加入浇注搅拌机内，搅拌时根据工艺要求向搅拌机通入一定量蒸汽，使搅拌机内料浆温度达到 45℃ 左右，搅拌约 3min。搅拌均匀后，加入发气剂，混合均匀，开始浇注入模。浇注好料浆的模具在静停室内静停 90~150min，后切割成型，再放入到真空蒸压釜内充入蒸汽养护 12 h。蒸压养护完毕后，运至成品堆场，对成品进行检查，按规格、品种分别进行堆放。

　　整个工艺流程通过尾矿堆浸提金、尾矿生产建筑材料的方式充分利用尾矿资源，达到有效解决尾矿堆放问题、充分利用尾矿资源价值、发挥矿产资源最大经济效益的目的。

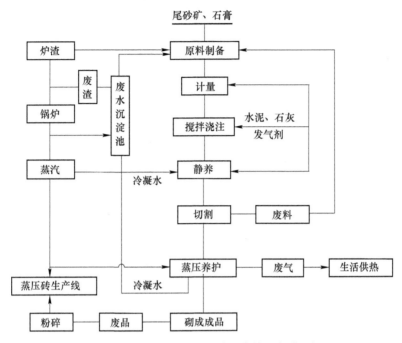

图 2-9 尾砂加气混凝土砌块生产线工艺流程图

黄金尾砂作为工业废渣其含硅量较高，非常适宜作为加气混凝土主要原材料，可以生产出高质量的加气混凝土。加之黄金生产时已将矿石磨细，应用到加气混凝土生产可节约电力能源，降低产品成本，对扩大产品市场、提高产品竞争力有着重要的意义。丁亚斌[72]对山东黄金矿业股份有限公司下属的某金矿尾矿进行了生产加气混凝土的研究。先采用堆浸技术回收提取尾矿中的金、银，回收后的尾矿再用于制造加气混凝土砌块和蒸压砖，年利用尾矿量达到 15 万吨，年增加效益 1300 万元。

王吉青等[63]对公司选金尾矿和尾矿库堆存尾矿进行综合回收利用研究。高品位尾矿首先进行堆浸提金处理，然后和低品位尾矿作为生产加气混凝土砌块、蒸压砖、多孔砖等建筑材料的原料。

B 黄金尾矿制砖

我国黄金矿床类型复杂，围岩种类多样，部分矿床中金属矿物含量稀少，脉石矿物比较纯净，尾渣可作为重要非金属原料或建筑材料。2005 年国家全面禁止生产黏土烧结砖，为了满足建筑行业不断增加的建材需求，需要寻求一种储量大、廉价的建筑材料，于是黄金尾渣就被用来作为免烧砖的替代材料[68]。

朱敏聪等[73]将金矿尾渣、生石灰和石膏按质量比为 78∶20∶2 混合后，采用高温蒸压养护工艺，制备出抗压强度达到《蒸压灰砂砖》（GB 11945—1999）

MU15 级要求的砖。晏拥华等利用页岩作为胶结剂，采用传统的烧结砖生产工艺和真空挤出成型等方法，试制出金尾渣掺量为 40%（质量分数）的尾渣页岩烧结空心砖。杨永刚等[74]采用干压硬塑成型法，在金矿尾渣掺量为 90%（质量分数）、成型水分质量分数为 8%~9%、成型压力为 15MPa、烧结温度为 1000℃实验条件下，制备出强度达到 MU10 级的普通烧结砖。S. Roy 等[75]以黄金尾渣为原料，黑棉土和红土为添加剂，制备烧结砖。添加 65%（质量分数）和 75%（质量分数）的黑棉土、50%（质量分数）和 45%（质量分数）的红泥，烧结砖的成本分别为普通黏土砖的 0.74 倍、0.72 倍、0.83 倍和 0.85 倍。

C　黄金尾矿生产水泥及混凝土

用尾渣生产水泥是利用尾渣中的某些微量元素影响水泥熟料的形成和矿物的组成，主要有两种方法：（1）利用尾渣中含铁量高的特点，以尾渣替代常用水泥配方使用的铁粉；（2）用尾渣替代水泥原料的主要成分。火山凝灰岩贫硫型黄金矿床，尾渣富含硅、铝，可直接压制建筑用砖或作为水泥原料；碳酸岩型矿床，尾渣直接作为水泥原料[68]。

丁亚斌等[72]针对黄金尾渣的特点，具体研究了黄金尾砂湿磨工艺、脱泥工艺及制品养护制度和生产工艺流程，利用黄金尾矿生产加气混凝土砌块。砌块主要原材料配比为 m(尾砂)∶m(水泥)∶m(生石灰)∶m(石膏)∶m(铝粉膏)= 68∶8∶22∶2∶0.07，水料质量比为 0.6。郜志海等[76]以黄金尾矿和石灰石为原料，煅烧制备富含贝利特相的混凝土掺合料（JS），研究用 JS 掺合料配制的 C80 高性能混凝土的耐久性能，结果表明：采用 JS 掺合料配制的混凝土抗冻融破坏能力与普通 C80 混凝土性能差别不大；JS 掺合料能改善混凝土耐硫酸盐腐蚀性能；JS 掺合料混凝土的抗渗性能与普通 C80 混凝土相近；采用 JS 掺合料配制 C80 高性能混凝土耐久性不会出现问题。

D　黄金尾矿制备微晶玻璃

在基础玻璃中加入 TiO_2、ZrO_2 等形核剂，经热处理等即可得含微细晶粒的微晶玻璃。金矿尾砂主要化学成分是 SiO_2 和 Al_2O_3，且含有制造硅酸盐玻璃所必需的 MgO、CaO、K_2O、Na_2O 等，因此可用来制备微晶玻璃[68]。刘心中等[77]以黄金尾渣为主要原料，根据尾砂成分主要为 Al_2O_3 特点，引入 MgO、CaO 等成分，形成 $CaO\text{-}Al_2O_3\text{-}SiO_2$ 系微晶玻璃，并以此为基体，添加各种着色剂等助剂制成各种颜色微晶玻璃花岗石。

E　黄金尾矿生产陶瓷

黄金尾矿中除了含有铁、铝、钛等金属元素外，还含有金、银、钨等微量金属元素，在不同矿物组合、不同烧成条件下能产生颜色丰富的窑变现象。此外，黄金尾矿具有促进烧结的作用，使得窑变釉陶瓷产品比传统烧成温度降低了 50~

80℃，减少了陶瓷产品的能耗。

黄金尾矿储量较多、质量稳定、运输方便，其在坯料中的加入量可达20%~30%，釉料中更可高达50%~85%，不仅合理利用了尾矿，减少了环境污染，而且降低了窑变色釉陶瓷的生产成本，具有较好的经济和社会效益。

陈瑞文等[78]提出了一种坯釉料生产工艺流程及工艺参数。

坯料工艺流程：黄金尾矿筛选→陈腐→配料→湿法球磨→过筛→除铁→入泥浆池→双缸泥浆泵→过筛→除铁→陈腐→注浆成形→干燥修坯（待用）。

釉料工艺流程：黄金尾矿筛选（44μm）→陈腐→配料→球磨→过筛→施釉→烧成→产品。

坯料工艺参数：泥浆-74μm筛余1.0%~1.8%。

总收缩（干燥+烧成）：12.5%~13.5%；干燥强度2.45MPa。

釉浆工艺参数：釉浆细度万孔筛余0.05%~0.1%；釉浆相对密度1.70~1.75。

施釉方法：喷釉和浸釉。

施釉厚度：0.7~1.0mm。

釉烧温度：1210±10℃。

烧成制度：烧成采用宽断面节能隧道窑，烧成温度1200~1230℃，因原料中含有较多有机物、碳酸盐等，升温前期宜较慢，接近釉料熔化温度宜较长时间保温，以保证高亮度效果的釉面。

利用黄金尾矿研制的各种窑变色釉陶瓷，色彩丰富绚丽，釉面光亮平整，完全能够生产出艺术水平较高的窑变色釉艺术瓷。

2.2.2.3 黄金尾矿堆存与复垦

开采金矿会形成大量的采空区，给当地的居民带来重大的安全隐患和财产损失。黄金尾渣是一种较好的填充料，可以就地取材、废物利用，免除采集、破碎、运输等生产填充料碎石的费用。一般情况下，用尾渣作填充料，其填充费用较低，仅为碎石填充费用的1/4。

尾渣、骨料再加一些水泥在合理的工艺条件下就可实现矿井和矿山回填，防止建在巷道、采空区浅地层之上的城镇坍塌与陷落，保证城镇建筑物安全和居民生命与财产的安全[68]。回填的方法主要有水力充填、废石充填和胶结充填。根据采矿技术和矿区周围的地质条件，以及矿体深度等选用充填方法。截至2012年，美国、俄罗斯、德国、澳大利亚、英国、加拿大等国家已实现尾矿井下全填充，并已开始对尾矿库进行复垦工作[79]。

20世纪末期，回填采空区仅使用粗砂尾矿。但只用粗砂尾矿回填采空区已达不到回填标准，开发出细砂尾矿（质量分数10%~30%，小于45μm）进行胶结充填采空区成为新兴技术。例如：加拿大劳伦森大学的研究表明，利用细砂黄金尾矿与碎石、炉渣、黏合剂作为回填材料，采用凝聚法将混合材料制成的尾矿膏。当尾矿添加量与黏结剂量相同时，回填尾矿充填效果较好。如果用粉煤灰代替部分碎石，在不降低填埋强度或硬度的基础上，更具有经济性[59]。

黄金尾渣另外一个用途就是复垦造田。氰化物分解后会转化为天然肥料，这为尾渣库复垦创造了良好条件。在尾渣堆积物上种植农林作物、生命力强作物，对于保护环境、防止污染都有积极作用。在一些邻近城市或土地相对紧张的矿山，对矿山复垦造田尤为有利。尾渣库复垦不仅防止扬沙，而且美化环境，减少污染，兼具经济效益、社会效益和环境效益。

尾渣复垦造田主要有两种方法：一种是在废渣表面覆盖一层土壤，然后种植植物，此方法虽然最有效，但是覆盖处理需要大量的土壤，不仅要考虑取土以及运输等一系列问题，而且这种方法费用较高，因而影响推广应用；另一种方法是直接在尾渣砂上种植植物。针对尾渣库复垦难的状况，山东某市在尾渣库不覆土的条件下种植火炬树，结果表明火炬树的抗旱、耐寒、耐瘠薄能力远远高于其他树种，不仅成活率高，而且生长快，可节省复垦费用95%[68]。

2.3　铜尾矿

2.3.1　铜尾矿的特点

我国是铜矿资源较少的国家之一。世界铜矿资源主要分布在北美、拉丁美洲和中非三地，据统计（Mineral Commodity Summaries，2009），截至2008年，全世界已探明的铜储量共5.5亿吨，其中智利1.6亿吨，中国0.3亿吨（约占5%）。我国的铜矿分布广泛，除天津、香港外，包括上海、重庆、台湾在内的我国各省都有产出。江西铜储量居我国第一，占20.8%；其次是西藏，占15%。

另一方面，据陈甲斌、余良晖等[80,81]测算：1949~2007年，我国铜尾矿的排放量大致为24亿吨，2007年已高达1.8亿吨。江西的铜尾矿4.96亿吨，约占我国总量的20%；云南3.92亿吨，占16%；湖北3.09亿吨，约占12%；甘肃2.59亿吨，约占10%；安徽2.51亿吨，约占10%。我国具一定规模的尾矿库约有1500座，相应的废石场也在1500处以上。而大量乡镇矿山排放的废石、尾矿还未统计在内，可见中国矿山尾矿和废石排放量之巨大。

铜尾矿占用了大量的土地、造成严重的环境污染。以德兴铜为例，自1958年开采以来，已造成5.76km²的裸地和207km²尾矿堆积区。同时每年排放大量的含铜、铁等多种重金属离子的酸性废水，严重污染及生态破坏，使千亩良田变荒地及沿河群众健康[82]。

2.3.2　铜尾矿处理及高值化利用技术

铜尾矿同样表现出明显的资源属性、经济属性与环境属性等特点。如何利用铜尾矿资源，减少环境污染，是铜尾矿综合利用的一个重要课题。

2.3.2.1 铜尾矿再选

我国铜尾矿平均含铜 0.126%（质量分数），部分铜尾矿含铜量高，如江西武山尾矿铜品位 0.69%、某尾矿铜品位 0.44%。有的高品位铜尾矿超过了目前铜矿石的工业品位 0.4%，是一个新的铜矿山。在对铜尾矿进行全面物化分析的基础上，对再选价值高的铜尾矿进行再选，回收其中所含的有价组分[83,84]。

我国铜尾矿有价元素分离提取工艺技术可大致分为硫化浮选法、浸出—溶剂萃取—电积法、酸浸—沉淀分离法等。

（1）硫化浮选法是将磨细的氧化铜矿浆加硫化物进行硫化，然后添加黄药类捕收剂进行浮选。氧化铜矿物处于硫化钠溶液中，吸附 HS^- 和 S^{2-} 离子，在矿物表面形成一层 CuS 的覆盖层，黄药在硫化过的氧化铜矿物表面的吸附就像在硫化铜矿物表面吸附一样。李文龙等[85]根据某铜尾矿的元素分析及物相分析结果，采用如图 2-10 所示的硫化浮选工艺对该铜尾矿进行浮选，得到了铜品位为 18.63%、回收率为 53.28% 的铜精矿，回收利用效果良好。同时，他们还研究分析了磨矿细度、药剂用量以及 pH 值、矿浆浓度、浮选时间对铜回收率的影响。

（2）浸出—溶剂萃取—电积法提铜是集溶浸、化学、湿法冶金甚至微生物冶金为一体的综合性技术，具有生产规模大、工艺流程简单、建设费用和生产成本较低、生产过程中无有毒有害废气、浸液可闭路循环等特点，使生产过程环保、安全，因而适合废弃的低品位矿石，尤其是铜尾矿中的铜等金属的高效回收。图 2-11 是浸出—溶剂萃取—电积法处理铜尾矿的工艺流程图。

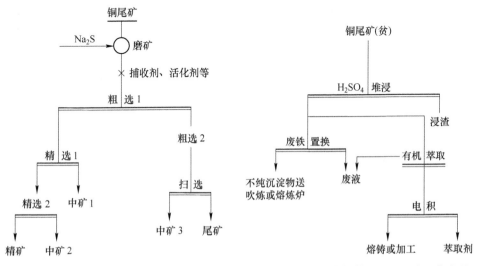

图 2-10　铜尾矿硫化浮选工艺流程　　　图 2-11　浸出—溶剂萃取—电积法工艺流程

（3）酸浸—沉淀分离法是一种典型的无机化学湿法选矿工艺，该法对镍、钴、铜、锰、铁等金属的浸出率比较高，均在 95% 以上。图 2-12 是酸浸—沉淀分离工艺流程图。常压直接酸浸出—沉淀分离法已被广泛地应用到铜尾矿综合再利用研究中。M. M. Antonijevic 等人[86]用硫酸常压直接酸浸方法处理铜质量分数为 0.2% 的浮铜尾矿，通过研究酸浸 pH 值、搅拌速度、铜尾矿粒度、浸出液浓度、温度以及时间对浸出效果的影响，最终使铜元素的回收率达 60%～70%。

采用常压酸浸工艺对某铜尾矿进行了铜元素提取试验研究。尾矿中主要含铜矿物为黄铜矿（$CuFeS_2$）、辉铜矿（Cu_2S）以及少量的铜蓝（CuO），铜品位为 0.57%，另外含有大量的氧化铁和二氧化硅。在常压直接酸浸过程中，利用盐酸的酸解作用，使尾矿中的 Cu 进入溶液，同时尾矿中的 Fe、Ca、Mg 等杂质元素也酸解进入溶液，而难溶于酸的 SiO_2 等则存在于酸浸渣中。主要发生如下反应：

$$Fe_2O_3 + 6H^+ = 2Fe^{3+} + 3H_2O$$

$$CuO + 2H^+ = Cu^{2+} + H_2O$$

$$Cu_2S + 4Fe^{3+} = 2Cu^{2+} + S + 4Fe^{2+}$$

$$CuFeS_2 + 4Fe^{3+} = Cu^{2+} + 2S + 5Fe^{2+}$$

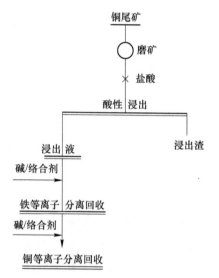

图 2-12　酸浸—沉淀分离法选矿工艺流程

按图 2-12 所示的工艺流程，根据金属氢氧化物沉淀所需的 pH 值，通过石灰等控制浸出液酸碱度，并配合使用絮凝剂，使 Fe^{3+}、Cu^{2+}、Zn^{2+}、Al^{3+} 和游离硅酸等先后水解，发生沉淀或凝聚反应，经过滤实现离子和沉淀的分离。经测试分析，铜品位由原尾矿的 0.57% 富集至 56.31%，锌元素质量分数由原来的 0.59% 富集至 24.27%，有价元素总回收率达 70%～80%。同时，浸出渣由于 SiO_2 的纯度大幅提高，可以用于制备耐火材料。这种使多种有价离子在不同酸度下高效富集分离的无机湿化学选矿工艺具有广泛的应用前景。

刘三军等针对某铜尾矿性质展开了从尾矿中回收重晶石的研究，获得了硫酸钡品位为 91.68% 的重晶石，回收率为 80.41%。安庆铜矿充分利用闲置设备，并投资 42 万元建立了尾矿综合回收选铜厂和选铁厂，从含铜 0.119%（质量分数）、含铁 11%（质量分数）的尾矿中综合回收铜、铁资源，采用浮选法获得含铜 16.94%（质量分数）的铜精矿。

此外，还有生物浸出法、氨浸出法、电化学浸出法等新兴技术用来提取铜尾矿中的有价元素。

2.3.2.2 铜尾矿的整体利用

A 铜尾矿制备饰面玻璃

针对高硅型铜尾矿具有较好玻化性能的特点，张先禹[87]提出了以铜矿尾矿为原料，熔制高级饰面玻璃的技术工艺路线，制备出的饰面玻璃性能较好，而且尾矿利用量大，具有成本低、产品附加值高的特点，达到了变废为宝的效果。

铜尾矿为浅灰色，容重 $1400kg/m^3$，粒度组成见表 2-11。铜尾矿由三矿型（氧化矿、混合矿、硫化矿）的尾砂组成，主要矿物为砂岩、长石、脉石。尾矿的化学多元素分析见表 2-12。

表 2-11 尾矿粒度组成

粒级/μm	>74	74~37	37~19	19~10	<10
分布/%	21.44	36.03	22.55	11.39	8.59

表 2-12 尾矿的化学多元素分析

名称	SiO_2	Al_2O_3	CaO	MgO	Fe	Cu	S
质量分数/%	83.97	3.61	3.37	0.91	1.26	0.14	0.04

工艺流程：原料制备→高温熔制→成型→退火→玻璃。

主要原料：铜尾矿，粒径小于 $600\mu m$。

辅助原料：石灰石、纯碱、萤石、硼镁石、工业废渣等，粒径小于 $600\mu m$。

将尾矿与辅助原料人工称量、筛混、烧结得到黑色尾矿玻璃，其颜色漆黑光亮、均匀一致、无色差、无气泡、无疵点。尾矿玻璃表面磨抛后平整如镜，经 GZ-Ⅱ 光电光泽计检测，表面光泽度不小于 115（不抛光的自然面光泽度为 110）。与天然大理石花岗石（光泽度为 78~90）、微晶玻璃（光泽度为 88~100）相比，这种尾矿饰面玻璃更加高贵典雅。

尾矿饰面玻璃理化性能与天然大理石和花岗岩对比见表 2-13。

表 2-13 尾矿饰面玻璃及同类材料主要性能

名 称	尾矿饰面玻璃	大理石	花岗岩
密度/g·cm⁻³	2.54	2.71	2.61
抗弯强度/MPa	77	17	15
表面硬度（莫氏）	5	3.5	5.5
吸水率/%	0	0.03	0.23
耐酸性损失/%	0	10.3	0.91
耐碱性损失/%	0.016	0.28	0.08

可见，尾矿饰面玻璃的性能较好，不仅相对质量密度小，而且化学稳定性和力学强度均优于天然大理石花岗岩。由于耐酸耐碱性能好，可使尾矿饰面玻璃耐风化，表面具有恒久不褪的光泽。

B 铜尾矿生产蒸压尾矿砖

铜尾矿中大多含硅酸盐、碳酸盐等矿物，在一定的 Eh-pH 和 P-T 环境下是相对稳定的。富含 SiO_2 和 Al_2O_3 的尾矿与石灰、石膏等碱性激发剂，在蒸压条件下，能够生成各种水合产物。不同的原料组成和蒸压制度，所形成的水合产物有着明显的区别。通过成分设计、工艺优化，能够制备高强、耐久的水合产物，获得最高强度、耐久性好的蒸压尾矿砖，其制备工艺为：选料与配料→坯料制备→成型→蒸压养护等。

C 铜尾矿生产免烧砖

铜尾矿免烧砖是利用水泥等胶结剂在常温下或者低于100℃环境下，结合不同粒径尾矿颗粒、砂、废石等成为一个整体，其中尾矿起骨料作用，一般不参加化学反应，此类建材强度和耐久性的产生，主要是通过水泥的水化作用而产生胶结。谢建宏等[88]对陕西某铜尾矿进行了包括再选和再选尾矿制砖的资源化利用研究。结果表明：原尾矿经螺旋溜槽一次选别，分离85.53%的预选尾矿；预选精矿经磨矿后进行铜硫、浮选，可得到品位为15.86%、回收率为83.24%的合格铜精矿和品位为41.68%、回收率为85.96%的合格硫精矿。将再选全尾矿与水泥及当地建筑砂配合，制备出强度达到 MU10 标准的尾矿免烧砖。

D 铜尾矿生产水泥

铜尾矿水泥为烧结型建材，通过热动力将粉状尾矿等材料变成石状材料，它经过脱水、相变、热分解、固相反应、烧结、熔融等复杂的物理化学过程，最终形成核心矿物硅酸三钙、硅酸二钙、铝酸三钙、铁铝酸四钙、硅酸一钙等。

铜尾矿中除少量 Cu 外，主要是 Si、Al、Fe、Ca、Mg 等，铜尾矿可以替代黏土、铁粉等。根据尾矿成分，经过适当处理，可生产与当地成分相适应的水泥品种。由于尾矿较细，减少了磨粉工艺过程。铜尾矿中有金属硫化物，燃烧时的放热反应可以降低烧成温度，节煤节电，同时由于铜尾矿含有黄铁矿等可以节约石膏、萤石等矿化剂。

E 铜尾矿生产建筑陶瓷

铜尾矿建筑陶瓷为烧结型建材，从陶瓷的形成角度看，陶瓷对坯体的化学成分和矿物成分范围要求是相当宽的，只要满足成型条件，任何组成系统均有形成陶瓷的可能性。铜陵地区铜尾矿具有制作陶瓷坯体瘠性原料和熔剂原料的基础，如前所述，铜陵地区的铜尾矿中有大量的硅酸盐矿物，富含 SiO_2、Al_2O_3、Fe_2O_3、Na_2O、K_2O、CaO、MgO，可生产尾矿釉面砖等[89]。

2.3.2.3 铜尾矿堆存与复垦

铜尾矿干堆是尾矿传统贮存方法的一种变革，之前多用在黄金矿山。鉴于尾矿库贮存的不利因素和国家对于尾矿库整治的要求，近年来铜尾矿干堆也逐渐成为一种趋势。铜尾矿干堆技术利用各种设备，通过一定工艺将尾矿浆实现干料和水的最大化分离，达到含水量要求的干料可运输至尾矿堆场贮存，水则可以作为选厂回水利用。

铜尾矿干堆的优点在于其占地面积少，安全性高，后续生产成本低，可有效延长原有尾矿库的服务年限，降低尾矿库或坝的维护和运营成本，而且为不具备建设尾矿库条件的矿山开发提供了可能。同时，铜尾矿干堆对堆场要求的条件宽松，可利用废弃的采矿坑作为堆场，回水利用率可达到80%以上；尤其在严重缺水地区优势明显，可减少对环境的污染，安全性较湿排要好[90,91]。

铜尾矿复垦是指在铜尾矿库上复垦或利用尾矿在适宜地点充填造地等与铜尾矿有关的土地复垦工作。铜尾矿的治理和恢复重建更是一项长期而艰巨的工作。安徽省铜陵市铜尾矿共有5个，随排放时间的延长，各尾矿库的持水保肥能力和植被覆盖率降低，尾矿库的重金属含量都很高，而N、P、K和有机质的含量很低甚至为零。禾本科、豆科、菊科等3科植物因有完美的生态适应机制而能成为铜尾矿上优选的植物。

2.4 其他尾矿

2.4.1 红土镍尾矿的特点和处置技术

2.4.1.1 红土镍尾矿的特点

自然环境条件下，镍常以二价镍离子的形式存在，容易与硫结合形成化合物。镍具有亲硫性，在高硫岩浆中镍首先与硫进行结合，并与其他亲硫元素一起与硫结合形成硫化物熔浆，凝固后形成了硫化镍矿床；如果是在较酸性的岩浆环境中，镍则会于砷、钴、硫一起进入热液熔浆，形成了镍和钴的砷化物和硫化物的脉状矿床。在浅层地表环境下，当富含镍的岩石受风化侵蚀时，镍就会从岩石中析出，析出到一定层位后富集起来，形成了红土型镍矿床。

加拿大、俄罗斯、古巴、新喀里多尼亚和菲律宾等分布着世界几大著名的镍矿区。世界主要产镍国镍储量如图2-13所示[92]。

我国镍资源开采始于1957年四川省力马河镍矿，虽然生产规模小，但填补了我国镍工业空白，在当时缓和了我国的"镍荒"。1958年发现金川镍矿，并于20世纪60年代投产，这在很大程度上解决了我国对镍的需要。到了20世纪90年代，由于新疆喀拉通克铜镍矿、云南金平镍矿及吉林赤柏松镍矿的开发和投

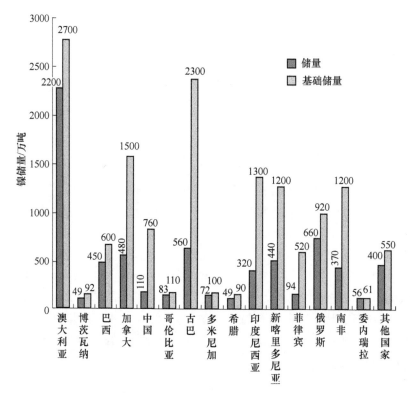

图 2-13　世界主要产镍国镍储量

产，使得我国镍工业的发展上了一个新台阶。尽管如此，我国仍不是镍矿资源丰富的国家。截至 2004 年底，我国镍矿储量为 239.83 万吨，集中分布在甘肃、新疆、吉林与陕西，这 4 个省（区）的镍矿资源储量为 233.76 万吨，占我国总储量的 97.47%。

目前，我国在镍资源领域已形成了比较配套的采、选、冶综合生产能力和装备水平，但由于我国镍矿资源埋藏较深，绝大多数需要地下开采，开采成本逐年提高，进而直接影响资源的市场竞争力；再则，我国最大最重要的矿区——金川硫化铜镍矿床，因经历了自吕梁运动以来的各次构造运动作用、变质作用及多期岩浆的侵入作用，工程地质条件极为复杂，开采难度很大，这在一定程度上制约了我国镍精矿供应产能的扩张。2004 年我国镍精矿产量（含镍量）达到 7.56 万吨，然而在 2005 年又降为 5.99 万吨[93]。

2.4.1.2　红土镍尾矿的处置和高值化利用技术

A　镍尾矿利用现状

吉林红旗岭镍矿经过 40 多年的生产，在 20 世纪由于工艺条件单一和科学技术的落后，一部分有用的金属没来得及回收就随尾矿排入了尾矿库中。近年来，企业一直致力于研究可行的技术方案，使其能够有效地利用尾矿资源，提高镍金属的回收率。2002 年研究取得突破性进展，采用磨—浮联合流程工艺，年回收 6000t 精矿，约 300t 镍金属量，不但对尾矿中的镍资源进行了有效的回收，同时又减少了尾矿排放量，增加尾矿库的服务年限，降低工业环境污染指标。

金川镍矿自 1963 年投产至今已经有 50 年的历史，尾矿积存已经累计达到了 1500 万立方米，用两座尾矿库存放，既破坏了生态环境，影响到了附近居民的身体健康和农业生产，又造成了资源的极度浪费，同时为环境污染付出的治理费和赔偿费也提高了企业的成本。随着金川公司对尾矿问题的重视，通过研究发现可以回收尾矿中的有价组分后，然后作为井下充填物料达到综合利用的目的。采用生物浸出工艺回收尾矿中 $w(Ni) = 80\%$、$w(Cu) = 75\%$ 和 $w(Co) = 65\%$，尾砂作为矿山井下充填物料，不仅显著地改善了环境，而且节约了企业成本。

B 镍尾矿再选

桂澔等对某选镍尾矿中再回收镍进行了研究：试验镍尾矿含镍 $w(Ni) = 0.24\%$，镍（质量分数）以硫化镍（0.11%）和硅酸镍（0.13%）两种形式存在，分布率分别为 48.52% 和 51.48%。

此尾矿中除主要有价元素镍以外，还伴生有少量铜、金、铂、钯以及钴等元素。

原矿由 16 种矿物组成，主要金属矿物有含镍钴黄铁矿、黄铜矿、磁铁矿、菱锌矿、钛铁矿等，脉石矿物主要有蛇纹石、辉石、橄榄石、碱性长石、石英、方解石、榍石、黑云母等。尾矿粗细分布极不均匀，$-74\mu m$ 粒级分布率为 58.97%，其中 $-45\mu m$ 粒级分布率高达 40.36%。尾矿中含镍矿物主要为黄铁矿和蛇纹石，黄铁矿中含镍量不稳定，并含一定量的钴，镍和钴为类质同象赋存于黄铁矿中。并且蛇纹石与黄铁矿间也存在明显的连生现象。尾矿中金属矿物颗粒粒度较细，为选矿回收增加了难度。尾矿的主要化学成分见表 2-14[94]。浮选条件试验流程如图 2-14 所示。

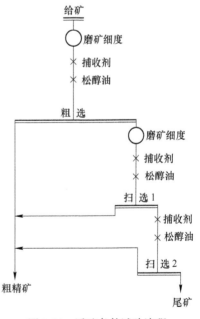

图 2-14 浮选条件试验流程

浮选镍精矿和尾矿的镍物相分析结果表明，浮选只回收了大部分的硫化镍和少部分的硅酸镍，尾矿中还含有大部分的硅酸镍，如要进一步对镍进行回收，还需对浮选尾矿中的硅酸镍进行处理[94]。这个试验工艺流程相对简单，所用药剂也均为常规药剂，且用量不大，并且获得了镍品位 2.18%、回收率 36.15% 的镍精矿，取得了不错的成效，为尾矿资源再利用的合理性提供了依据。

表 2-14　镍尾矿化学多元素分析结果　　　　　（w/%）

Ni	Cu	Co	S	TFe	SiO$_2$	Al$_2$O$_3$	CaO	MgO
0.24	0.036	0.0074	1.47	7.58	55.38	11.34	3.32	9.68

李林通过对某选镍尾矿选矿工艺的试验研究，确定了尾矿中镍再回收的最佳浮选工艺条件和工艺流程，闭路试验从镍品位 0.13% 的尾矿中得到镍品位 2.20%、回收率 34.69% 的镍精矿，使镍资源得到合理开发和综合利用。从尾矿中回收有价金属和矿物，投资少，见效快，以较低的成本使企业获得较高的经济效益，而减少了资源的浪费，减少了尾矿排放量和环境影响，综合利用尾矿资源有着较好的社会效益[95]。

2.4.2　锰尾矿的特点和处置技术

2.4.2.1　锰尾矿的特点

根据美国地质调查局 2015 年发布的数据，全球锰资源储量约为 5.7 亿吨，并且分布不平衡，主要集中分布在南非（1.5 亿吨）、乌克兰（1.4 亿吨）、加蓬（2400 万吨）、巴西（5400 万吨）、印度（5200 万吨）、澳大利亚（9700 万吨）、中国（4400 万吨）和墨西哥（500 万吨）等国家，其他国家储量极少。

我国锰矿资源不足，锰矿石保有储量 1.22 亿吨，基础储量 1.97 亿吨，资源量 3.46 亿吨，资源总量 5.43 亿吨，富矿仅占 6.4%，次于南非、乌克兰、加蓬，居世界第四位。目前我国已探明的锰矿区有 200 多处，尽管锰矿资源较大，但锰矿品位较低（富锰矿仅占 6%），平均品位仅 21%，并且杂质高、加工性能差，可用锰矿资源只占保有资源总量的 40% 左右，折合金属量为 0.48 亿吨。我国锰矿主要分布在中西部地区（占全国总保有储量约 90%），其中以广西和湖南最为重要，保有储量分别占全国总保有储量的 38% 和 18%，而贵州、云南、四川等西南省份约占全国总储量的 26%。我国锰矿的基本特点是：矿区规模以中小型为主；贫矿多，富矿少；矿石类型以碳酸锰矿为主。

锰和锰的化合物是冶金、航天、化工、建材等工业部门的关键基础材料，90%~95% 用于钢铁工业领域，5%~10% 用于化学工业、轻工业、建材工业、国防工业、电子工业以及环境保护和农牧业等。随着我国钢铁行业的快速发展，国内对锰资源的需求不断增加，加速了锰产业的迅猛发展。2008 年我国进口锰矿达到 758.1 万吨，比 2007 年增长了 14.3%。我国已成为世界上最大锰矿进口国，而矿产经济也成为区域经济发展支柱产业之一[96]。

锰尾矿是锰矿石和锰废渣的统称。锰尾矿的资源循环利用不仅涉及锰资源的可持续开发，还与生产企业环保减排有关，现已逐步成为锰产业健康发展、降低成本的重要环节。我国锰矿山虽多，但目前开展尾矿综合利用的矿山数目甚少，且往往是单一元素回收，没有达到综合利用的目标。乐毅通过对我国锰矿资源可持续开发利用能力的综合评价，指出当前我国锰矿资源开发利用处于可持续发展较弱状态，形势严峻。锰矿资源安全及可持续开发利用成为目前社会高度关注的热点问题之一[96]。

制约锰矿资源循环利用既有技术瓶颈的原因，又有经济效益等因素。通过锰尾矿资源评价和综合循环利用，既可有效延长矿产资源保有量，提高矿产资源副产品的经济附加值，又可减轻环境压力，保护生态环境。

2.4.2.2 锰尾矿的处置与高值化利用技术

（1）锰尾矿再利用现状。我国锰尾矿利用工作起步较晚，但进展较快。自20世纪80年代以来，一些锰矿企业迫于资源枯竭、环境保护以及解决就业问题等多种压力，开始重视对锰尾矿资源的开发利用。如何采用经济可行的方法处理锰尾矿，综合利用锰矿资源，特别是针对我国富锰矿少，贫劣锰矿多的特点，综合利用锰尾矿的重要性日益凸显。在现有国内外研究基础上，兼顾废弃资源对生态环境的影响，开展锰尾矿综合利用和环境综合勘查评价，分析尾矿物理性质和化学性质，并建立相关数据库，为各部门提供资料支撑[97]。

目前锰尾矿主要的综合利用方向有：回收有价金属与非金属元素、尾矿制作建筑材料及采空区充填、尾矿做土壤改良剂和微肥、尾矿整体利用等。

（2）锰尾矿再选。过去受思想认识和技术条件的限制，有的矿山由于选矿回收率不高，矿产综合利用程度不足，现已堆存甚至正在排出的尾矿中含丰富的有用元素。银瑰和田忠良等[97]采用焙烧还原浸取法和两矿加酸法分别对连城锰矿的综合尾矿进行提锰试验，结果表明，两种方法锰的浸出率分别达到93.56%、94.1%。进一步将浸出的锰除杂、净化、结晶，制成硫酸锰，其质量达到GB 1622—1986标准的要求。

（3）锰尾矿用作微量元素肥料及土壤改良剂。据现有数据，我国土壤全锰量范围为 42～5000mg/kg，平均 710mg/kg，略低于世界土壤全锰量的平均值（850mg/kg），总的趋势是由南向北逐渐降低。不同土壤的全锰量不同，在南方的酸性土壤中的锰有富集现象，并且因成土母质不同而有较大差异。如玄武岩母质发育的红壤含锰 2000～3000mg/kg，花岗岩母质发育的红壤为 200～500mg/kg，花岗岩发育的赤红壤中含锰量很低，有时只有约 100mg/kg，最低的在 50mg/kg以下。

菱锰矿尾矿中往往含有 Mn、Al、Si、Fe、P、Ca、Mg 等微量元素，这正是维持植物生长和发育的必需元素。四川省农业科学院土肥所在成都平原西河、洋马河流域发现小麦缺锰症后，施用锰肥，小麦缺锰症得到矫正，且获得很好的增产效果。尹崇仁等在山西省汾河河谷的潮土上进行试验，当土壤有效锰为9.3mg/kg 时，施锰肥增产 8.1%；当土壤有效锰为 8.5mg/kg 时，施锰肥增产15.7%；当土壤有效锰为 5.1mg/kg 时，施锰肥效果更加显著，增产达 20.1%。而锰与其他肥料混施也得到很好的效果，不同的元素会促进作物对锰的吸收。Halstead 等和 Tu 等的研究也表明，施用含 Cl 的盐，如 KCl、NaCl 和 CaCl₂ 增加了植株组织中的 Mn 浓度。

中国科学院南京土壤所在江苏铜山县进行的 7 个玉米施锰肥试验，平均增产5.6%。山东省农业厅土肥站用 0.1% 硫酸锰进行浸种试验，使玉米株高、果穗长、穗粒数、千粒重等都有增长，平均增产 10%。湖北省农业科学院土肥所对棉花进行的 7 个基施锰肥试验，增产比例仅为 43%；4 个拌种试验，增产比例达75%；5 个叶面喷施试验，增产比例达 80%。

从已有研究报道可知，除了小麦、玉米等，另外对锰比较敏感的作物还有燕麦、大豆、花生、食用甜菜、豌豆、绿豆、烟草、马铃薯、甘薯、莴苣、黄瓜、萝卜、菠菜、洋葱等，施加锰肥后均有不同程度的提高。

（4）利用尾矿复垦植被。国外十分重视土地复垦，如德国、加拿大、美国、俄罗斯、澳大利亚等国家矿山的土地复垦率已达 80%。我国矿山的土地复垦工作起步于 20 世纪 60 年代，在 80 年代后期至 90 年代进展较快。1988 年 11 月，国务院颁布了《土地复垦规定》，规定了"谁破坏，谁复垦"的原则。我国锰尾矿复垦工作也取得了较好的成绩。经过对湘潭锰矿尾矿库系统深入研究和治理，将小浒、柚子树等两座尾矿库已依照法定程序闭库，开展恢复治理工作，并在尾矿库复垦植被，确保了尾矿库的安全，环境质量得到明显改善。

参 考 文 献

[1] 张淑会，薛向欣，刘然，等. 尾矿综合利用现状及其展望 [J]. 矿冶工程，2005，3：44-47.
[2] 徐凤平，周兴龙，胡天喜. 我国尾矿资源利用现状及建议 [J]. 云南冶金，2007，4：25-27.
[3] 侯万荣，李体刚，赵淑华，等. 我国矿产资源综合利用现状及对策 [J]. 采矿技术，2006，3：63-66.
[4] 普红. 我国矿产资源综合利用现状及对策分析 [J]. 露天采矿技术，2010，3：70-72.
[5] 李莉. 矿产资源综合利用的研究与对策 [J]. 现代矿业，2009，6：5-9.
[6] 李士彬，李宏志，王素萍. 我国矿产资源综合利用分析及对策研究 [J]. 资源与产业，2011，4：99-104.
[7] 郎一环，周萍，沈镭. 中国矿产资源节约利用的潜力分析 [J]. 资源科学，2005，6：23-27.

［8］　孟跃辉，倪文，张玉燕. 我国尾矿综合利用发展现状及前景［J］. 中国矿山工程，2010，5：4-9.

［9］　张云国. 尾矿综合利用研究［J］. 有色金属（矿山部分），2010，5：48-52.

［10］　张溪，周爱国，甘义群，等. 金属矿山土壤重金属污染生物修复研究进展［J］. 环境科学与技术，2010，33（3）：106-112.

［11］　李超峰. 中国矿产资源整合与规制研究［D］. 北京：中国地质大学，2013.

［12］　杨国华，郭建文，王建华. 尾矿综合利用现状调查及其意义［J］. 矿业工程，2010，1：55-57.

［13］　张淑会，薛向欣，金在峰. 我国铁尾矿的资源现状及其综合利用［J］. 材料与冶金学报，2004，4：241-245.

［14］　徐凤平，周兴龙，胡天喜. 国内尾矿资源综合利用的现状及建议［J］. 矿业快报，2007，3：4-6.

［15］　赖才书，胡显智，字富庭. 我国矿山尾矿资源综合利用现状及对策［J］. 矿产综合利用，2011，4：11-14.

［16］　刘恋，郝情情，郝梓国，等. 中国金属尾矿资源综合利用现状研究［J］. 地质与勘探，2013，3：437-443.

［17］　夏平，李学亚，刘斌. 尾矿的资源化综合利用［J］. 矿业快报，2006，25（5）：10-13.

［18］　常前发. 我国矿山尾矿综合利用和减排的新进展［J］. 金属矿山，2010，3：1-5.

［19］　侯万荣，李体刚，赵淑华，等. 我国矿产资源综合利用现状及对策［J］. 采矿技术，2006，6（3）：63-67.

［20］　李章大. 我国金属矿山尾矿的开发利用［J］. 地质与勘探，1992，7：25-30.

［21］　程琳琳，朱申红. 国内外尾矿综合利用浅析［J］. 中国资源综合利用，2005，11：30-32.

［22］　解伟，隋利军，何哲祥. 我国尾矿处置技术的现状及设想［J］. 矿业快报，2008，5：10-12.

［23］　杨泽，侯克鹏，乔登攀. 我国充填技术的应用现状与发展趋势［J］. 矿业快报，2008，4：1-5.

［24］　束文圣，叶志鸿，张志权，等. 华南铅锌尾矿生态恢复的理论与实践［J］. 生态学报，2003，8：1629-1639.

［25］　束文圣，蓝崇钰，张志权. 凡口铅锌尾矿影响植物定居的主要因素分析［J］. 应用生态学报，1997，3：314-318.

［26］　万慧茹. 我国典型铅锌选矿企业尾矿产生及综合利用分析［J］. 环境保护与循环经济，2012，9：40-43.

［27］　卓莉. 铅锌尾矿对环境的污染行为研究［D］. 成都：成都理工大学，2005.

［28］　倪青林. 某铅锌尾矿综合回收利用工艺研究［J］. 山西冶金，2012，3：3-5.

［29］　王钦建，石琳，黄颖. 国内铅锌尾矿综合利用概况［J］. 中国资源综合利用，2012，8：33-37.

［30］　王艳平. 铅锌尾矿系统管理的实证研究［D］. 杭州：杭州电子科技大学，2011.

［31］　张灵辉. 利用玉水铅锌尾矿作为水泥原料的研究［D］. 广州：广东工业大学，2005.

［32］王淑红, 孙永峰. 某铅锌尾矿中锌矿物的回收利用工艺研究［J］. 中国矿业, 2009, 12: 63-65.

［33］叶力佳. 某铅锌尾矿资源化利用技术研究［J］. 有色金属 (选矿部分), 2015, 3: 27-31.

［34］孙永峰. 浮选尾矿中锌资源的综合利用试验研究［D］. 昆明: 昆明理工大学, 2002.

［35］曾懋华, 龙来寿, 奚长生, 等. 凡口铅锌矿尾矿的综合利用［J］. 韶关学院学报 (自然科学版), 2004, 12: 56-59.

［36］冯忠伟, 宁发添, 蓝桂密, 等. 贵州某铅锌尾矿中铅锌硫的综合回收［J］. 金属矿山, 2009, 4: 157-160.

［37］牟联胜. 某铅锌尾矿综合回收铅锌硫的生产实践［J］. 中国矿山工程, 2011, 4: 16-19.

［38］郭灵敏, 许小健. 某铅锌矿尾矿硫铁资源综合回收工艺试验研究［J］. 矿产保护与利用, 2011, 4: 45-48.

［39］崔长征, 缑明亮, 孙阳, 等. 从铅锌尾矿中回收重晶石的应用研究［J］. 矿产综合利用, 2011, 3: 47-49.

［40］喻福涛, 高惠民, 史文涛, 等. 湖南某铅锌尾矿中萤石的选矿回收试验［J］. 金属矿山, 2011, 8: 162-165.

［41］肖福渐. 某铅锌矿选矿尾矿综合利用试验研究［J］. 湖南有色金属, 2003, 1: 9-11.

［42］肖祈春. 铅锌尾矿制备水泥熟料及其重金属固化特性研究［D］. 长沙: 中南大学, 2014.

［43］施正伦, 骆仲泱, 林细光, 等. 尾矿作水泥矿化剂和铁质原料的试验研究［J］. 浙江大学学报 (工学版), 2008, 3: 506-510.

［44］何哲祥, 周喜艳, 肖祁春. 尾矿应用于水泥原料的研究进展［J］. 资源环境与工程, 2013, 5: 724-727.

［45］苏达根, 周新涛. 钨尾矿作环保型水泥熟料矿化剂研究［J］. 中国钨业, 2007, 2: 31-33.

［46］何哲祥, 肖祈春, 李翔, 等. 铅锌尾矿对水泥性能及矿物组成的影响［J］. 有色金属科学与工程, 2014, 2: 57-61.

［47］宣庆庆, 李东旭, 罗治敏. 铅锌尾矿用于中热水泥的制备［J］. 材料科学与工程学报, 2009, 2: 266-270.

［48］权胜民. 利用铅锌尾矿与晶种作复合矿化剂烧制硅酸盐水泥熟料的试验研究［J］. 云南建材, 1999, 3: 29-31.

［49］张平. 铅锌尾矿作矿化剂对水泥凝结时间的影响［J］. 水泥, 1996, 2: 1-7.

［50］王金玲, 申士富, 叶力佳. 某铅锌矿浮选尾矿综合利用研究［J］. 有色金属 (选矿部分), 2009, 3: 29-33.

［51］吴荣庆, 张燕如, 张安宁. 我国黄金矿产资源特点及循环经济发展现状与趋势［J］. 中国金属通报, 2008, 12: 32-34.

［52］赵楠, 吕宪俊, 梁志强. 黄金矿山尾矿综合回收技术进展［J］. 黄金, 2015, 3: 71-75.

［53］姚志通, 李金惠, 刘丽丽, 等. 黄金尾矿的处理及综合利用［J］. 中国矿业, 2011, 12: 60-63.

[54] 陈平. 中国黄金尾矿综合开发利用的现状和发展趋势 [J]. 黄金, 2012, 10: 47-51.

[55] 王宏伟, 左玉明, 柴新新. 尾矿资源回收与利用 [J]. 黄金, 2006, 4: 48-51.

[56] 黄强, 李玮, 杨怡华, 等. 北京平谷金矿尾矿利用探索 [J]. 中国非金属矿工业导刊, 2009, 76: 27, 45.

[57] 高俊峰, 李晓波. 我国氰化尾渣的利用现状 [J]. 矿业工程, 2005, 4: 38-39.

[58] 胡月, 丁凤, 刘韬, 等. 黄金矿山尾矿综合利用技术研究与应用新进展 [J]. 黄金, 2013, 8: 75-78.

[59] 李文彦, 孙赛, 郭兴忠, 等. 含竹炭黄金尾矿陶瓷砖制备研究 [J]. 新型建筑材料, 2011, 6: 21-24.

[60] 金英豪, 邢万芳, 姚香. 黄金尾矿综合利用技术 [J]. 有色矿冶, 2006, 5: 16-19.

[61] 王改超, 刘书军. 从浮选尾矿中回收金的生产实践 [J]. 黄金, 2004, 9: 41-43.

[62] 杨保成, 任淑丽, 宋殿举. 浮选金精矿氰化尾矿的综合利用 [J]. 黄金, 2004, 3: 33-35.

[63] 王吉青, 王苹, 赵晓娟, 等. 黄金生产尾矿综合利用的研究与应用 [J]. 黄金科学技术, 2010, 5: 87-89.

[64] 索明武, 任华杰. 从库存金尾矿中回收金的试验研究 [J]. 金属矿山, 2009, 8: 167-169.

[65] 袁玲, 孟扬, 左玉明. 黄金矿山尾矿资源回收和综合利用 [J]. 黄金, 2010, 2: 52-56.

[66] 张金青. 我国矿山尾矿二次资源的开发利用 [J]. 新材料产业, 2007, 5: 18-24.

[67] 徐承焱, 孙春宝, 莫晓兰, 等. 某黄金冶炼厂氰化尾渣综合利用研究 [J]. 金属矿山, 2008, 12: 148-151.

[68] 林俊领, 李增华, 卢冀伟, 等. 新疆某金矿氰化尾渣回收铜的试验研究 [J]. 矿产综合利用, 2013 (2): 28-32.

[69] 王伟之, 张锦瑞, 邹汾生. 黄金矿山尾矿的综合利用 [J]. 黄金, 2004, 7: 43-45.

[70] 汪洋, 李仕雄, 诸向东, 等. 从氰化尾渣衍生物制备标准铅、锌精矿的新工艺 [J]. 中国有色金属学报, 2013, 1: 247-253.

[71] 牛福生, 梁银英, 吴根. 从金尾矿中回收精制石英砂的试验研究 [J]. 中国矿业, 2008, 1: 74-77.

[72] 丁亚斌, 吴卫平. 利用黄金尾矿生产加气混凝土砌块 [J]. 新型建筑材料, 2009, 12: 38-40.

[73] 朱敏聪, 朱申红, 夏荣华. 利用金矿尾矿制作建筑材料蒸压砖的工艺研究 [J]. 矿产综合利用, 2008, 1: 43-46.

[74] 杨永刚, 朱申红, 李秋义. 高掺量金尾矿烧结砖的试验研究 [J]. 新型建筑材料, 2010, 11: 22-24.

[75] Roy S, Adhikari G R, Gupta R N. Use of gold mill tailings a feasibility study [J]. Waste Management & Research, 2007, 25 (5): 475-482.

[76] 郜志海, 肖国先, 韩静云. 黄金尾矿制高贝利特相掺合料用于 C80 混凝土的耐久性研究 [J]. 混凝土, 2009, 11: 51-53.

[77] 刘心中，姚德，杨新春，等. 利用黄金尾砂制造微晶玻璃花岗石 [J]. 黄金，2002，5：41-43.

[78] 陈瑞文，林星泵，池至铣，等. 利用黄金尾矿生产窑变色釉陶瓷 [J]. 陶瓷科学与艺术，2007，41（4）：1-4.

[79] 元昭英. 国外几座矿山土地复垦的实践 [J]. 化工矿山技术，1992，5：59-61.

[80] 陈甲斌，王海军，余良晖. 铜矿尾矿资源调查评价、利用现状、问题与政策 [J]. 国土资源情报，2011，12：14-20.

[81] 余良晖，贾文龙，薛亚洲. 我国铜尾矿资源调查分析 [J]. 金属矿山，2009，8：179-181.

[82] 高永璋，张寿庭. 中国铜矿产资源主要特点 [R]. 长春：第十届全国矿床会议，2010.

[83] 杜淑华. 铜尾矿有价元素资源化应用基础研究 [D]. 徐州：中国矿业大学，2013.

[84] 关红艳，徐利华，周冰，等. 我国铜尾矿二次资源再利用技术现状 [J]. 金属矿山，2010，10：185-188.

[85] 李文龙，罗琳，吴霞，等. 硫化浮选从某铜矿尾矿中富集铜的研究 [J]. 有色金属（选矿部分），2009，3：14-17.

[86] Antonijevic M M, Dimitrijevic M D, Stevanovic Z O, et al. Investigation of the possibility of copper recovery from the flotation tailings by acid leaching [J]. Journal of Hazardous Materials，2008，158（1）：23-34.

[87] 张先禹. 高硅铜矿尾矿饰面玻璃的熔制 [J]. 上海建材，2000，4：19-21.

[88] 谢建宏，崔长征，宛鹤. 陕西某铜尾矿资源化利用研究 [J]. 金属矿山，2009，4：161-164.

[89] 殷和平. 铜陵地区铜尾矿开发建筑材料的工艺原理和途径 [J]. 铜陵学院学报，2008，6：73-74.

[90] 张礼学. 尾矿干式排放的安全管理 [J]. 劳动保护，2010，2：108-109.

[91] 任壮林，刘镇，高清寿. 铜尾矿的一种新型干堆技术 [J]. 金属矿山，2014，9：156-159.

[92] 陈甲斌，许敬华. 我国镍矿资源现状及对策 [J]. 矿业快报，2006，8：1-3.

[93] 桂瀚，杨晓军，邱克辉，等. 某选镍尾矿再回收镍的研究 [J]. 有色金属（选矿部分），2013，1：31-34.

[94] 李林. 某选镍尾矿中镍再回收的试验研究 [J]. 矿产保护与利用，2009，4：50-52.

[95] 王星敏，李虹，夏蓉，等. 锰尾矿资源循环利用分析与环境评价 [J]. 资源开发与市场，2012，28（7）：616-618.

[96] 王翔，付川，潘杰，等. 锰尾矿、矿渣浸出毒性及 Cd、Pb 溶出特性研究 [J]. 环境科学与管理，2010，7：37-39.

[97] 银瑰，田忠良. 从连城锰矿尾矿中回收锰的研究 [J]. 矿产保护与利用，2004，2：52-54.

3　钢铁冶金危险固废处理及资源化技术

　　钢铁冶金危险固废是钢铁冶金过程中产生固废的一类，主要包括不锈钢渣和酸洗污泥。不锈钢渣按冶炼方式不同主要有电炉渣、氩氧炉（AOD）渣、转炉渣和钢包精炼炉（LF）渣。酸洗污泥按酸洗方式不同主要有硫酸污泥、盐酸污泥、硝酸污泥和混酸污泥。钢铁冶金危险固废性质各不相同，一般具有腐蚀性和生物毒性，对环境和人体健康具有很大危害；同时含有 Fe、Cr、Ni 等有价金属，具有综合回收利用价值。本章介绍不锈钢渣和酸洗污泥的无害化处置与资源化利用技术。

3.1　不锈钢渣

　　不锈钢渣是生产不锈钢过程中排放的固废。国际不锈钢论坛（ISSF）发布的统计数据显示，2014 年全球不锈钢粗钢产量达到 4170 万吨，其中中国 2014 年中国产量为 2170 万吨，超过全球总产量的一半。按每生产 3t 不锈钢粗钢产生 1t 废渣计[1]，2014 年我国不锈钢渣总产量已超过 700 万吨。

3.1.1　不锈钢渣的种类和特点

　　（1）电炉渣。电炉渣是钢铁企业电炉炼钢产生的固废，其主要成分包括铁、硅、镁等氧化物。我国各大炼钢厂为了提高电炉冶炼钢渣的利用率，大部分钢厂采用三级磁选工艺流程，对钢渣进行磁选，将钢渣变废为宝，既减少了固废的排放量，也提高了资源利用率，炼钢企业盈利能力和水平得到了显著提升[2]。目前，每生产 1t 电炉钢约产生 150~200kg 的钢渣，其中氧化渣约占 55%。电炉渣的化学成分组成特点大约是：$w(CaO) = 47.78\%$，$w(MgO) = 7.67\%$，$w(SiO_2) = 28.68\%$，$w(Al_2O_3) = 4.83\%$，$w(Fe_2O_3) = 3.57\%$，$w(MnO) = 0.21\%$，$w(NiO) = 1.35\%$，$w(Cr_2O_3) = 4.73\%$。主要矿物包括硅酸二钙和镁硅钙石，其他矿物包括尖晶石固溶体、金属氧化物和金属铁、铬、镍等。

　　（2）氩氧炉（AOD）渣。AOD 渣是不锈钢生产的副产物，主要包括氧化渣和还原渣。氧化渣来源于氧化期加入的石灰与 Cr_2O_3、SiO_2、MnO、Fe_2O_3 等氧化物形成的初期渣。氧化渣抑制吹炼时液态金属的喷溅，并为还原期储备 CaO。还原渣来源于还原期加入硅铁、铝和石灰与还原炉中的 Cr_2O_3、MnO、Fe_2O_3 形成的还原渣。AOD 渣的化学成分组成特点大约是：$w(CaO) = 64.02\%$，$w(MgO) =$ 4.68%，$w(SiO_2) = 26.51\%$，$w(Al_2O_3) = 1.54\%$，$w(Fe_2O_3) = 0.28\%$，$w(MnO) =$ 0.47%，$w(NiO) = 0.75\%$，$w(Cr_2O_3) = 0.43\%$。主要矿物包括硅酸二钙和镁硅钙石，其他矿物包括尖晶石、玻璃质、方解石、硅酸三钙和氟化钙等。

(3) 转炉渣。转炉渣是转炉炼钢过程中产生的废渣，是不锈钢渣的主要部分，主要来源于铁水与钢水中所含元素氧化后形成的氧化物、金属炉料带入的杂质，加入的造渣剂（如石灰石、萤石、硅石）、氧化剂、脱硫产物和被侵蚀的炉衬材料等。转炉渣的化学成分组成特点大约是：$w(CaO) = 56.56\%$，$w(MgO) =$ 8.03%，$w(SiO_2) = 27.36\%$，$w(Al_2O_3) = 2.59\%$，$w(Fe_2O_3) = 1.30\%$，$w(MnO) =$ 0.59%，$w(NiO) = 2.73\%$，$w(Cr_2O_3) = 0.53\%$。矿物结构主要取决于化学组成，主要矿物包括硅酸二钙和镁硅钙石，其他矿物包括方解石、金属铁镍、磁铁矿渣等；此外，钢渣中还含有少量的游离氧化钙。

(4) 钢包精炼炉（LF）渣。LF 渣是精炼炉中产生的废渣，主要由基础渣、脱硫剂、发泡剂、还原剂和助熔剂等组成。我国每年产生的 LF 渣大约 1500 万吨[3]。LF 渣按照碱度（CaO/SiO_2）不同分为三类：高碱度渣（$CaO/SiO_2 \geqslant$ 2.5），低碱度渣（$CaO/SiO_2 = 1.5 \sim 2.5$），酸性/中性渣（$CaO/SiO_2 \approx 1.0$）。LF 渣的化学成分组成特点大约是：$w(CaO) = 66.89\%$，$w(MgO) = 4.20\%$，$w(SiO_2) =$ 20.36%，$w(Al_2O_3) = 2.09\%$，$w(Fe_2O_3) = 0.35\%$，$w(MnO) = 0.81\%$，$w(NiO) =$ 0.01%，$w(Cr_2O_3) = 0.26\%$。主要矿物包括硅酸二钙和镁硅钙石，其他矿物包括磁铁矿、氟化钙和碳粒等。

不锈钢渣含有一定量的铬镍等重金属，属于危险固废。Ulkü Bulut 和 Arzu Ozverdi 研究表明，金属 Cr、Ni 和 Cr^{3+} 在自然环境下，价态会发生变化，可被氧化成 Cr^{3+}、Ni^{2+}、Cr^{6+}[4]。Cr^{6+}、Ni^{2+} 剧毒、易迁移、易溶于水，很容易渗透到地下水中，并随时间延长而渗出量会增加，严重危害人的生命安全[5]。Cr^{6+} 可通过消化道和皮肤进入人体，分布于肝和肾中，或经呼吸道积存于肺部，引发皮炎、支气管炎、肺炎及肺气肿等疾病[6,7]；Ni^{2+} 可抑制酶系统。但同时 Cr、Ni 也是钢铁工业的有价资源。为减少不锈钢渣对环境和人类的危害，避免资源浪费，需回收其中 Cr、Ni 等有价金属或用于制备建材，以实现废弃资源的二次利用。

3.1.2　不锈钢渣的铁镍提取技术

不锈钢渣中含有一定量的铁、镍等有价金属，从中提炼铁、镍金属可以获得可观的经济效益。根据不锈钢渣的物化特点，目前常见的提取方法包括湿法冶金、火法冶金和物理分离。湿法冶金是将不锈钢渣溶于某种溶液，然后从溶液中分离提取金属。火法冶金是将不锈钢渣加热使金属熔融分层，以实现金属分离提取。物理分离是对不锈钢渣精选富集金属。湿法冶金使用范围广，但工艺过程复杂、副产品多；火法冶金主要用于金属含量高的废渣提炼；而物理分离有助于富集金属组分[8]。

3.1.2.1 湿法工艺

湿法工艺是将不锈钢渣中的有价金属转变成金属离子或者络合离子，最终以金属单质或者以金属盐的形式回收。通常包括以下几个步骤：第一步，将不锈钢渣与浸取液接触，使目标金属转移到液相；第二步，对浸取后的液体进行固液分离；第三步，富集、分离、纯化溶液中的目标金属，最后用各种方法以金属或化合物的形式回收金属。湿法回收工艺路线如图 3-1 所示。

（1）浸出。浸出是利用一定的浸出剂将不锈钢渣中的有用重金属浸出呈液体状态的过程。浸出剂选择的原则是热力学上可

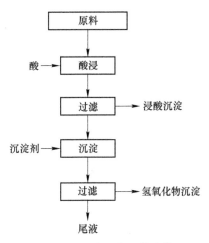

图 3-1 湿法回收工艺路线

行，反应速度快，经济合理，来源广泛。一般的浸出方法包括水浸出、盐浸出、酸浸出、碱浸出和细菌浸出等。对于不锈钢渣来说，由于不锈钢渣中重金属的含量非常高，细菌的耐受力不足，因此常用化学浸出剂对不锈钢渣进行浸出，主要是酸浸。

（2）固液分离。反应后的悬浊液需要立即进行固液分离，将浸出液与未反应的残渣部分分离开来，得到含有所需金属离子的溶液。

（3）回收金属。经过浸出后的溶液中含有重金属离子或络合离子，要回收有价金属必须要进行金属分离。由于不锈钢渣绝大部分是氢氧化物，其中 Cr^{3+}、Fe^{3+}、Fe^{2+}、Ni^{2+} 的氢氧化物都是胶体，而且所占比例较大，在过滤分离时，速度缓慢，吸附夹带多，导致产量小，回收率低，质量达不到标准要求，经济效益低下。常用的金属分离方法有化学沉淀法、离子交换法和电解法等，化学沉淀法是普遍常用的方法，而离子交换法和电解法主要用于去除和回收废水中的重金属元素。

1）化学沉淀法是一种传统的提取液体中金属元素的方法，常用的化学沉淀剂有氢氧化物、硫化物和硫酸复盐等。该方法具有设备投资少、处理运行成本费用低、操作工序简单、处理量大等优点。要使铁、镍的氢氧化物最大限度的沉淀，需要考虑影响铁镍氢氧化物沉淀的因素，主要有络合效应、温度、pH 值、沉淀颗粒的大小等。对于络合效应，生成的沉淀主要是氢氧化物，溶液中的离子主要为 SO_4^{2-}、OH^- 和金属离子，络合生成的络合物也是氢氧根络合物；对于温度，大多数盐类的溶解度随温度的升高而增大，有的金属可以通过降低温度结晶

析出金属盐；对于沉淀颗粒，随着沉淀颗粒半径的减小，难溶物的溶解度增大[9]。由以上分析，在金属离子沉淀过程中，通过控制体系温度和 pH 值，实现金属离子沉淀提取。根据铁、镍的电位-pH 图（见图 3-2、图 3-3），可以确定铁、镍的氢氧化物沉淀范围，如：$Fe(OH)_3$ 沉淀 pH 值为 2~14，$Fe(OH)_2$ 沉淀 pH 值为 7~14，$Ni(OH)_2$ 沉淀 pH 值大于 6.3。

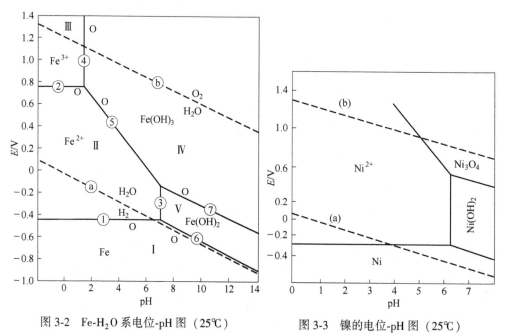

图 3-2　Fe-H_2O 系电位-pH 图（25℃）　　　　图 3-3　镍的电位-pH 图（25℃）

2）离子交换法是利用离子交换剂上的可交换离子与溶液中的其他同性离子的交换反应来去除重金属离子，被广泛地应用于从废水中去除和回收重金属离子。常用的离子交换剂有强酸型阳离子交换树脂、弱酸型阳离子交换树脂、强碱型阴离子交换树脂和弱碱型阴离子交换树脂。离子交换法处理废水的出水水质好，对环境污染程度低，但尚未普遍应用到工业上。陆继来等[10]采用强酸型离子交换树脂处理含镍废水，研究了工艺条件及镍回收方法，重点研究了 pH、温度、流速、脱附剂种类、脱附液浓度和脱附液流速对镍去除效率的影响，在适宜的工艺条件下可去除回收平均质量浓度为 18.8g/L 的镍溶液。

3）电解法是利用金属的电化学性质，在通电的情况下废水中离子在阴阳极反生氧化还原反应，从而达到去除和回收废水的重金属元素的目的。电解法主要用于处理高浓度的重金属废水，处理效率高、易于回收，但耗电量大。周键等[11]进行了双膜三室电解回收镍废水中镍的研究，Ti/IrTa 作为阳极，金属镍沉积在阴极上；并探究了电流密度、pH 值、温度和电解时间对阴极镍金属沉积量的影响，在较优的条件下进行电解镍的回收率可达 82.3%，处理后出水经离子交换富集循环使用。清华大学张少峰等[12]利用三维电极泡沫铜为阴极，脉冲电流电解含镍废水，镍离子回收率最高可达99%。

3.1.2.2 火法冶金

火法冶炼通常指的是高温下对不锈钢渣进行氧化还原提取金属或合金的过程。火法冶金用于不锈钢渣的金属回收，通常要求废料中含有足够高浓度的目标金属。火法冶金的工艺流程，主要包括原料准备、冶炼和精炼三个步骤。

（1）原料准备。原料不宜直接加入鼓风炉（或炼铁高炉），必须加入冶金熔剂，然后加入至低于炉料的熔点，烧结成块，或添加黏合剂压制成型，或滚成小球再烧结成球团，或加水混捏，才能装入鼓风炉内冶炼。

（2）冶炼。火法处理是在高温条件下，以 C 作为还原剂，对不锈钢渣中的 Cr_2O_3、FeO、NiO 等金属氧化物进行还原，回收有用重金属。对不易还原的氧化物，在高温条件下熔融成炉渣，达到处理废物、综合回收有用资源物质的目的。火法冶炼过程中，反应物氧化还原反应式见式（3-1）~式（3-5）[13]。

$$Cr_2O_3 + 3C = 2Cr + 3CO \qquad (3-1)$$

$$CrO_3 + 3C = Cr + 3CO \qquad (3-2)$$

$$C + NiO = Ni + CO \qquad (3-3)$$

$$C + FeO = Fe + CO \qquad (3-4)$$

冶炼中不易还原氧化物的反应为：

$$CaO + SiO_2 = CaSiO_3 \qquad (3-5)$$

从上述反应看出，通过火法冶炼将 Fe^{2+}、Fe^{3+}、Cr^{3+}、Cr^{6+} 和 Ni^{2+} 离子还原为 Cr、Ni 元素，减少重金属含量，回收的 Cr、Ni 元素可返回炼钢厂使用，生成的硅酸钙炉渣供水泥厂作水泥骨料使用。

（3）精炼。进一步处理由冶炼得到的含有少量杂质的金属，以提高其纯度。例如：炼钢是对生铁的精炼，在炼钢过程中去气、脱氧，并去除非金属夹杂物，或进一步脱硫等；对粗钢则在精炼反射炉内进行氧化精炼，然后铸成阳极进行电解精炼；对回收粗铅中所含的金、银等贵稀金属，可将获得的粗制贵稀金属铸造成细棒，再用区域熔炼的方法分段熔融进一步提纯。

3.1.3 不锈钢渣制备水泥技术

不锈钢渣的主要成分，如氧化钙（CaO）、二氧化硅（SiO_2）、氧化镁（MgO）等氧化物都是水泥生产所必需的，其部分矿物组成也与水泥相近，可以考虑作为水泥生产的辅助胶凝材料。

3.1.3.1 作为水泥生料焙烧

不锈钢渣中含有50%（质量分数）以上的 CaO，与石灰石中 CaO 质量分数相近，在生料中掺入不锈钢渣，可替代部分石灰石，提高石灰饱和系数。另外，不锈钢渣中含有 C_3S 晶体，在水泥煅烧过程中可作为晶种，诱使 C_2S 和 CaO 结晶生成 C_3S，缩短水泥煅烧时间。C_3S 在高温液相中的形成反应包括 CaO 和 C_2S 的溶解、以钙离子为主体的扩散、C_2S 的成核生长为矿物的一系列物理化学过程。液相的数量、黏度及其表面张力是影响 C_3S 形成的主要因素。用不锈钢渣配料可以降低液相形成温度，不锈钢渣中的 P_2O_5 及 FeO 等矿化剂能有效降低液相黏度和表面张力，有利于离子扩散，改善 C_3S 形成的外部条件。P E Tsakiridis 等用不锈钢渣配料烧成水泥熟料，并对其各性能进行了试验研究发现，水泥生料中掺入钢渣，不会对水泥生料煅烧过程产生劣性影响，且可加速在固相反应中 C_2S、C_3S 等矿物的形成；掺入 10.5% 不锈钢渣烧成的水泥熟料配以适量石膏粉磨后制得水泥，与基准样相比，其工作性能和力学性能良好，均可满足使用要求。马保国等对不锈钢渣在水泥熟料烧成中的作用和机理作了研究：钢渣在水泥熟料烧成过程中可同时作为石灰质和铁质原料。水泥生料中掺入 4%~8% 钢渣，可部分或全部替代铁粉，且可减少 3%~5% 石灰石用量；钢渣作为原材料进行配料，可提高石灰饱和系数，降低硅氧率和铝氧率，显著改善烧结性能，降低烧成温度，提高水泥熟料质量。

3.1.3.2　替代水泥熟料

中高碱度的钢渣含有 C_3S、C_2S 等水硬性矿物以及铝硅酸盐玻璃体，粉碎即可直接生产钢渣水泥。如转炉钢渣与适量的水淬高炉渣、石膏、水泥熟料及少量激发剂混合球磨，生产复合硅酸盐水泥。钢渣水泥可配 200 号和 400 号混凝土，具有耐磨性好、耐腐蚀、抗渗透力强、抗冻等特点，用于民用建筑的梁、板、楼梯、砌块等；也可用于工业建筑的设备基础、吊车梁、屋面板等。另外，钢渣水泥具有微膨胀性，抗渗透性能好，广泛应用于防水混凝土工程。

生产土聚水泥是钢渣作为水泥熟料的另一重要用途。新型的碱激发胶凝材料——土聚水泥是含有多种非晶质至半晶质相的三维铝硅酸盐矿物聚合物，多以天然铝硅酸盐矿物或工业固废为主要原料，与黏土和适量碱硅酸盐充分混合后，在 20~120℃ 的低温条件下成型硬化，是一类由铝硅酸盐胶凝成分黏结的化学键陶瓷材料。彭美勋等人以钢渣为主料和辅料制备了常温养护的土聚水泥，讨论了养护条件和钢渣掺量对粉煤灰基土聚水泥抗压强度的影响。研究表明：用钢渣制备的土聚水泥有凝结速度快、养护温度低的特点；以钢渣为掺合料可提高粉煤灰基土聚水泥的固化速度，实现常温固化，使其 28d 抗压强度超过普通硅酸盐水泥。

3.1.4　不锈钢渣制备微晶玻璃技术

微晶玻璃（Glass-Ceramics）又称为玻璃陶瓷或微晶陶瓷，是通过加入形核剂，经过一定的热处理条件使玻璃晶化而形成的含有玻璃相和陶瓷相的多相材料，它兼有玻璃与陶瓷二者的特点，其性质取决于微晶陶瓷相的矿物组成和微观结构以及玻璃的化学组成。微晶玻璃又有别于玻璃与陶瓷，一方面微晶玻璃中大部分具有晶体结构，而不是玻璃的无定形结构，其强度、硬度、耐热、耐化学腐蚀性均大大优于玻璃；另一方面，它的内部结晶构造比许多陶瓷材料中的晶体要细得多，且更加均匀致密，几乎没有残留气孔，其性能也比相同材质的陶瓷要好得多，因此微晶玻璃是一种结构上可设计控制、性能优良的新型陶瓷材料。

以不锈钢渣、不锈钢酸洗污泥和废玻璃为原料，研发协同处置并高值化应用于微晶玻璃。其科学原理为：不锈钢渣提供微晶玻璃的钙源和镁源、废玻璃提供硅源、不锈钢酸洗污泥提供形核剂，基于 $CaO\text{-}MgO\text{-}SiO_2$ 系相图（见图 3-4），优化微晶玻璃成分设计，满足热力学和动力学要求，实现危险固废无害化处置和高值化利用。不锈钢渣制备微晶玻璃流程如图 3-5 所示。

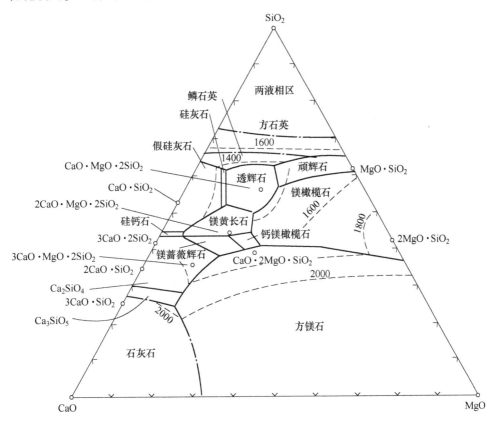

图 3-4 $CaO\text{-}MgO\text{-}SiO_2$ 系相图

杨健等[14]系统研究了含铬钢渣制备微晶玻璃的成分、工艺、晶相组成、显微组织和性能，阐明了一步热处理机理和形核—晶体生长机制，开发了一步热处理短流程工艺，为含铬钢渣无害化处置和高值化利用提供了理论和技术支撑。

晶相组成和微观组织是影响微晶玻璃综合性能的重要因素，研究了二元碱度和 TiO_2 形核剂含量对含铬钢渣微晶玻璃晶相组成、显微组织及综合性能的影响。二元碱度由 0.79 升至 1.00 时，微晶颗粒的长径比降低，由尺寸超过 100μm 的柱状晶转变为 2~3μm 的等轴晶，含铬钢渣微晶玻璃的密度、维氏硬度和抗弯强度升高；二元碱度大于 1.00 时，密度和硬度较低的镁黄长石和霞石相含量升高，微晶玻璃的密度和硬度降低。含铬钢渣微晶玻璃的较优二元碱度为 1.00。向二元碱度为 1.00 的含铬钢

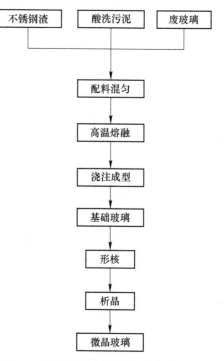

图 3-5   不锈钢渣制备微晶玻璃流程图

渣微晶玻璃中添加 TiO_2，可诱导钙钛矿相析出，抑制镁黄长石相形成，促进晶粒细化，提高微晶玻璃的硬度和抗弯强度。TiO_2 较优添加量为 7%（质量分数）。经熔融和两步热处理制得的含铬钢渣微晶玻璃，其主晶相为透辉石，颗粒尺寸约为 2μm，显微硬度为 7.3GPa，抗弯强度为 150.8MPa，达到《工业用微晶板材》（JC/T 2097—2011）要求。

为降低形核剂成本，将危险固废酸洗污泥用作含铬钢渣微晶玻璃形核剂。干燥的酸洗污泥中，CaF_2、Fe_2O_3 和 Cr_2O_3 总质量分数为 76%。CaF_2 是微晶玻璃助熔剂；Fe_2O_3 和 Cr_2O_3 能促进基础玻璃分相，提高形核密度，促进晶粒细化，从而提高微晶玻璃的综合性能。向二元碱度为 1.00 的含铬钢渣微晶玻璃中添加 14%（质量分数）的酸洗污泥，可使硬度提高 2.69GPa，吸水率下降 1.00%（质量分数），密度升高 0.395g/cm³。所制微晶玻璃的 Cr 和 Ni 浸出浓度分别为 0.13mg/L 和 0.04mg/L，低于 GB 5085.3—2007 限值。

3.1.4.1   不锈钢渣制备微晶玻璃及铬的固化机理

结合不锈钢渣和废玻璃的成分特点，根据 $CaO-MgO-SiO_2$ 系相图选择主晶相，采用熔融法制备微晶玻璃。以不锈钢渣配加量最大化、微晶玻璃性能最优化为前提，设计微晶玻璃配方。研究二元碱度对微晶玻璃析晶能力和力学性能的影响，确定含铬钢渣微晶玻璃配方，并研究微晶玻璃中铬的固化机理。

A 二元碱度对玻璃析晶的影响

二元碱度为碱性氧化物（CaO、MgO）与酸性氧化物之比（SiO_2、Al_2O_3）。二元碱度计算公式为：

$$二元碱度 = \frac{C_{CaO} + C_{MgO}}{C_{SiO_2} + C_{Al_2O_3}} \tag{3-6}$$

式中　C_{CaO}——CaO 的质量分数，%；

C_{MgO}——MgO 的质量分数，%；

C_{SiO_2}——SiO_2的质量分数，%；

$C_{Al_2O_3}$——Al_2O_3的质量分数，%。

以二元碱度为影响因子，研究不锈钢渣和废玻璃的配比对微晶玻璃析晶能力、微观组织和力学性能的影响。将不锈钢渣和废玻璃分别球磨 1h，过 $380\mu m$ 筛，得到不锈钢渣粉末和废玻璃粉末，其化学组成见表 3-1。

表 3-1　实验原料的化学组成　　　　　　　　　　（w/%）

矿物组成	CaO	MgO	SiO_2	Al_2O_3	Fe_2O_3	Cr_2O_3	TiO_2	P_2O_5	ZrO_2	Na_2O
不锈钢渣	36.97	26.11	21.46	6.46	2.51	0.99	0.50	0.11	0.02	0.08
废玻璃	9.04	4.08	68.30	2.49	0.59	0.03	0.05	0.02	—	14.37
矿物组成	CaF_2	SO_3	MnO	K_2O	BaO	Cl	NiO	SrO	CuO	SeO_2
不锈钢渣	4.35	1.22	1.13	0.14	0.05	0.04	0.02	0.02	0.01	0.01
废玻璃	—	0.37	—	0.57	0.03	0.06	—	—	—	—

由表 3-1 可知，不锈钢渣的主要成分为 CaO、MgO 和 SiO_2，废玻璃的主要成分为 SiO_2、CaO 和 Na_2O。在微晶玻璃中，SiO_2 和 Al_2O_3 是网络形成体，随其含量升高，原料熔融—浇注所制基础玻璃的网络完整度升高，基础玻璃的熔点升高[15]。CaO 和 MgO 是微晶玻璃的网络改性体，随其含量升高，基础玻璃的熔点和黏度降低[16]，玻璃网络中离子的扩散能力升高，基础玻璃析晶能力增强。Na_2O 是微晶玻璃的助熔剂和玻璃网络改性剂。随微晶玻璃中 Na_2O 含量升高，玻璃网络聚合度和基础玻璃的析晶温度降低[17]。

由表 3-1 可知，不锈钢渣中 CaO、MgO 的质量分数分别为 36.97% 和 26.11%。不锈钢渣和废玻璃的 SiO_2 质量分数分别为 21.46% 和 68.3%。调整不锈钢渣和废玻璃的配比，可调节微晶玻璃的钙硅比和镁硅比。根据 CaO-MgO-SiO_2 系相图（见图 3-5），设计主晶相为透辉石（$CaMgSi_2O_6$）的含铬钢渣微晶玻璃。原料中网络改性体 CaO、MgO 都为碱性氧化物，网络形成体 SiO_2 和 Al_2O_3 都为酸性氧化物。

表 3-2 所示为不锈钢渣微晶玻璃配料实验成分表。随不锈钢渣配加量上升，

5 组配方的二元碱度由 0.79 上升至 1.24；配方中 Fe_2O_3、Cr_2O_3 和 CaF_2 质量分数上升，Na_2O 质量分数降低。为增强基础玻璃析晶能力，5 组配方都已添加 3% TiO_2（质量分数）。

表 3-2　配料实验成分　　　　　　　　　　　　　　（w/%）

编号	CaO	MgO	SiO_2	Al_2O_3	Fe_2O_3	Cr_2O_3	Na_2O	CaF_2	二元碱度
SC-1	20.21	12.89	49.56	4.08	1.36	0.41	8.65	1.74	0.79
SC-2	21.61	13.99	47.22	4.28	1.45	0.46	7.94	1.96	0.89
SC-3	23.01	15.10	44.88	4.48	1.55	0.51	7.23	2.18	1.00
SC-4	24.40	16.20	42.54	4.67	1.65	0.56	6.51	2.39	1.11
SC-5	25.80	17.30	40.20	4.87	1.74	0.61	5.80	2.61	1.24

微晶玻璃的制备过程如图 3-6 所示，其具体工艺过程为：将不锈钢渣、废玻璃和 TiO_2 按配方配料、混匀得到混合料；将混合料装入刚玉坩埚，于马弗炉中升温至 1480℃熔融保温 2h，得到玻璃液；将玻璃液浇注到预热至 600℃的模具中，保温 30min，得到基础玻璃；将基础玻璃升温至 750℃，升温速率 5℃/min，保温 60min，得到核化玻璃；将核化玻璃升温至 890℃，保温 60min 后随炉冷却至室温，得到微晶玻璃样品。图 3-7 所示为不锈钢渣微晶玻璃工艺曲线。

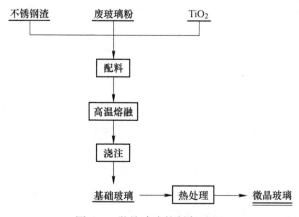

图 3-6　微晶玻璃的制备过程

将五组配料在 1480℃熔融保温 2h，得到玻璃液；将玻璃液水淬、烘干、研磨、过 150μm 筛，得到基础玻璃粉末。用 DSC 分析基础玻璃粉末的吸热和放热行为，结果如图 3-8 所示。

晶化峰温度为基础玻璃析晶时，最大析晶速率对应的温度值。由图 3-8 知，随二元碱度升高，基础玻璃的晶化峰温度由 910.2℃下降至 879.9℃，放热峰变尖锐，表明提高二元碱度有利于基础玻璃析晶。研究表明，提高微晶玻璃中 CaO

和 MgO 等网络改性剂离子含量可降低玻璃网络完整度，降低硅氧链聚合度，提高玻璃网络中晶相组成离子的扩散能力，进而降低晶化峰温度[16]。

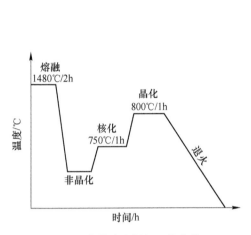

图 3-7 微晶玻璃制备工艺曲线

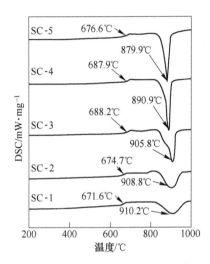

图 3-8 基础玻璃的 DSC 曲线

玻璃转变温度是硅氧链由冻结态到运动态的转变温度。由图 3-8 知，当样品的二元碱度由 0.79 提高至 1.00 时，样品的玻璃转变温度升高，这可能是由于样品中 CaO 和 MgO 含量上升，基础玻璃中硅氧链交联度上升所致；当二元碱度由 1.00 提升至 1.24 时，样品的玻璃转变温度下降了 11.6℃，这可能是因为过量的 CaO 和 MgO 使基础玻璃中硅氧链聚合度降低，分子链间的作用力减弱，还可能是由于 Na_2O 含量随废玻璃配加量上升而上升，导致基础玻璃中硅氧键聚合度降低。综上所述，含铬钢渣微晶玻璃的析晶能力随二元碱度升高而升高。

晶相组成和微观组织是影响微晶玻璃综合性能的重要因素。为研究二元碱度对晶相组成和微观组织形貌的影响，对所制微晶玻璃进行了 XRD 和 SEM 分析。由图 3-9 可知，SC-1 微晶玻璃的主晶相为辉石 $[Ca(Mg, Fe)Si_2O_6]$；当二元碱度由 0.79 升至 1.11 时，微晶玻璃的主晶相由辉石转变为透辉石，透辉石中 Ca^{2+} 的量由 0.94 升至 1.02，微晶玻璃中还析出少量的霞石相 $[KNa_3(AlSiO_4)_4]$；当二元碱度由 1.02 升至 1.24 时，主晶相转变为透辉石和镁黄长石，透辉石中 Ca^{2+} 的量由 1.02 下降至 0.97。由图 3-5 可知，提高 CaO 含量使得样品的成分范围向镁黄长石相区靠近，因此，微晶玻璃中有镁黄长石相析出。

由图 3-10 知，二元碱度小于 1.00 的 SC-1 和 SC-2 样品中，微晶颗粒为长径比较高的柱状晶，表明其晶体生长机制为一维析晶。通常，二元碱度升高，基础玻璃中网络形成体（SiO_2 和 Al_2O_3）质量分数下降，网络改性剂（CaO 和 MgO）含量上升，玻璃网络的完整度降低，玻璃网络中非桥氧质量分数上升，离子扩散

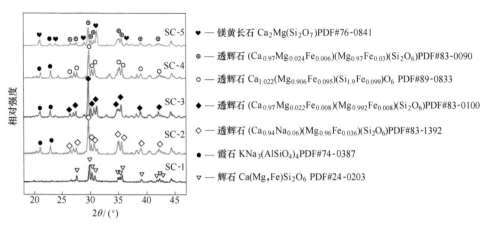

♥ —镁黄长石 $Ca_2Mg(Si_2O_7)$ PDF#76-0841

⊕ —透辉石 $(Ca_{0.97}Mg_{0.024}Fe_{0.006})(Mg_{0.97}Fe_{0.03})(Si_2O_6)$ PDF#83-0090

○ —透辉石 $Ca_{1.022}(Mg_{0.906}Fe_{0.095})(Si_{1.9}Fe_{0.099})O_6$ PDF#89-0833

◆ —透辉石 $(Ca_{0.97}Mg_{0.022}Fe_{0.008})(Mg_{0.992}Fe_{0.008})(Si_2O_6)$ PDF#83-0100

◇ —透辉石 $(Ca_{0.94}Na_{0.06})(Mg_{0.96}Fe_{0.036})(Si_2O_6)$ PDF#83-1392

● —霞石 $KNa_3(AlSiO_4)_4$ PDF#74-0387

▽ —辉石 $Ca(Mg,Fe)Si_2O_6$ PDF#24-0203

图 3-9 微晶玻璃的 XRD 图谱

能力增强。图 3-10 中,微晶颗粒的长径比随二元碱度升高而降低,长柱状晶转变为等轴晶,这表明:随二元碱度上升,晶体生长方式由一维生长转变为三维生长;这可能是由于晶体颗粒各晶面的表面能差随二元碱度上升而降低所致。二元碱度不小于 1.00 时,微晶颗粒为等轴晶;随二元碱度升高,微晶颗粒尺寸由 $2\sim3\mu m$ 下降至 $0.5\sim1\mu m$。随二元碱度升高,玻璃网络中硅氧链聚合度下降,基础玻璃分相能力增大,促进基础玻璃形核,提高基础玻璃中有效晶核密度,促使晶粒细化。

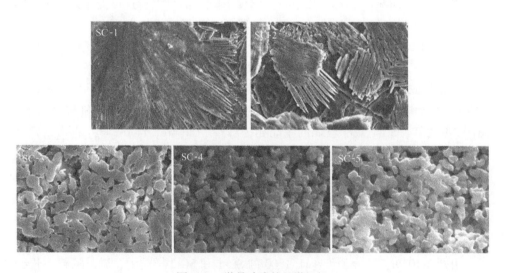

图 3-10 微晶玻璃的显微组织

如图 3-11 所示为五组微晶玻璃样品的密度、维氏硬度和抗弯强度。由图 3-11(a)可知,微晶玻璃样品的密度随二元碱度升高先升高后降低。随二元碱度升高，长柱状晶转变为等轴晶，微晶颗粒的堆积密度上升，表现为密度升高；镁黄长石的密度为2.9~3.1g/cm³，透辉石的密度为3.2~3.6g/cm³。图3-11表明，当碱度达到1.24时，样品中析出镁黄长石相，透辉石相含量下降，表现为样品密度下降。

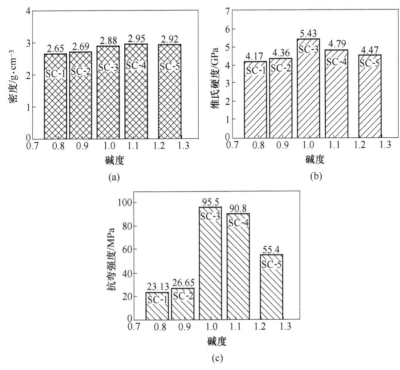

图 3-11 微晶玻璃的性能
（a）密度；（b）维氏硬度；（c）抗弯强度

由图3-11（b）和（c）可知，随二元碱度上升，微晶玻璃样品的维氏硬度和抗弯强度先升高后降低。微晶玻璃的维氏硬度和抗弯强度极大值出现在二元碱度为1.00的SC-3样品，分别为5.32GPa和95.5MPa。二元碱度由0.79上升至1.00时，维氏硬度和抗弯强度升高可能是因为微晶颗粒由高长径比的柱状晶转变为低长径比等轴晶。在微晶玻璃受力开裂过程中，等轴晶有助于裂纹尖端的弯曲和钝化，增加破裂功，减缓甚至阻止裂纹扩展，表现为样品性能提高。二元碱度由1升至1.24时，微晶玻璃样品的维氏硬度和抗弯强度降低，这是由于：（1）二元碱度上升，样品中Si-O和Al-O等共价键含量下降；（2）随二元碱度升高，透辉石相中Ca^{2+}含量上升，晶体结构稳定性变差（主要指样品SC-4）；（3）当二元碱度为1.24时，样品中析出密度、硬度和抗弯强度都比透辉石低的镁黄长石相，受力时产生应力集中，最先被压溃，使得微晶玻璃性能下降。综上，当碱度为 1.00 时，微晶玻璃的性能最优；结合图 3-9 和图 3-10 可知，当二元碱度为 1.00 时，含铬钢渣微晶玻璃的主晶相为透辉石，晶粒尺寸为 $2 \sim 3\mu m$，密度为 $2.88g/cm^3$，维氏硬度为 5.32GPa，抗弯强度为 95.5MPa。

由表 3-3 可知，所制微晶玻璃的总 Cr 浸出浓度低于美国 TCLP 标准限值（5mg/L），表明微晶玻璃对铬离子的固化效果较好。随二元碱度升高，含铬钢渣微晶玻璃的总 Cr 浸出浓度逐渐增加，这可能是由两方面因素导致的：（1）微晶玻璃的耐酸性随二元碱度上升而下降；（2）Cr 随不锈钢渣进入微晶玻璃，样品的 Cr 含量随二元碱度升高而升高。

表 3-3 微晶玻璃的重金属浸出浓度 （mg/L）

编　号	SC-1	SC-2	SC-3	SC-4	SC-5
总 Cr	0.09	0.11	0.16	0.19	0.21

B 铬的固化机理与模型

综上可知，二元碱度为 1.00 的微晶玻璃综合性能最佳，重金属固化效果良好。为研究不锈钢渣微晶玻璃中铬的固化机理，根据 SC-3 配方，设计铬固化机理实验配方，并将其编号为 CRB3+：CaO 为 23.01g，MgO 为 15.10g，SiO_2 为 44.88g，Cr_2O_3 为 1g。按 CRB3+配方配料、混匀、料装、入炉；以 7℃/min 的升温速率将样品升温至 1480℃保温 2.5h 后；将玻璃熔体浇注到预热至 600℃的模具中保温 30min，随炉冷却至室温，得到基础玻璃。研究表明，Cr_2O_3 在基础玻璃形核—析晶过程中可能充当形核剂，在成核阶段先从玻璃相中析出[18, 19]。基础玻璃升温至 700℃保温 4h 完成形核过程，得到核化玻璃；然后升温至 850℃保温 4h 完成析晶，随炉冷却至室温，得到微晶玻璃。将所得 CRB3+的基础玻璃、核化玻璃和微晶玻璃进行 XRD、SEM 和 EDS 分析。

由图 3-12 可知，基础玻璃呈非晶态，核化玻璃中有少量石英相析出；微晶玻璃中透辉石相的衍射峰强度增加，表明透辉石析出量增加。

为研究微晶玻璃中铬的分布，用 1%HF 酸侵蚀 30s 后烘干、喷碳、进行 SEM 分析。图 3-13 所示为 850℃保温 4h 所得微晶玻璃样品的 SEM。由图 3-13（a）知，样品中析出了尺寸为 100~200nm 的微晶颗粒。结合图 3-12 可知，析出的是透辉石相。图 3-13（b）和（c）所示为微晶玻璃的背散射电子像。图 3-13（b）中红色圆圈（深色圆圈）标出的高亮白点为富铬区，其周围的背散射电子相亮度明显降低。在微晶玻璃的形核和析晶过程中，铬从玻璃相中析出并富集，导致周边区域的铬含量降低。图 3-13（b）中的球形暗区局部放大［见图 3-13（c）］，中心亮度高、边缘亮度低，表明铬呈中间高、边缘低分布，微晶表面为高硅层，铬含量最低。

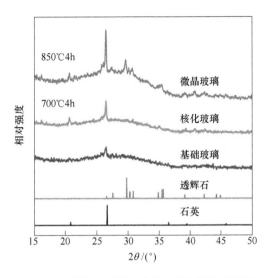

图 3-12　CRB3+的基础玻璃、核化玻璃和微晶玻璃的 XRD

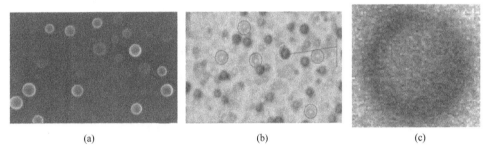

(a)　　　　　　　　　　　(b)　　　　　　　　　　　(c)

图 3-13　微晶玻璃的 SEM

（a）二次电子像；（b）背散射电子像；（c）背散射电子像（局部）

图 3-14 为透辉石微晶玻璃形成示意图。在形核阶段，铬从基础玻璃中析出

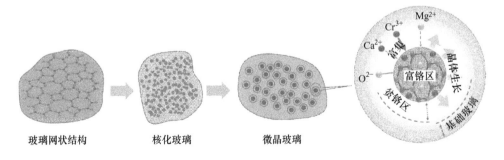

图 3-14　透辉石微晶玻璃的形成示意图

形成富铬区；富铬区周围硅含量上升，形成高硅层。随形核—析晶过程推进，富铬区结晶为透辉石；由于高硅层的存在，透辉石微晶颗粒生长受限，最终形成铬核—高硅壳微晶结构。

铬在富铬区中可能的存在形式为[18, 19]：（1）铬取代硅氧四面体中硅的位置，形成铬氧四面体；（2）铬充当玻璃网络改性体链接硅氧四面体，如图 3-15 所示。将某一区域中的铬浸出时需要克服的阻碍值用 R 表示，则有：

（1）当铬位于剩余玻璃相时，其浸出阻碍值为

$$R = R_1 \tag{3-7}$$

式中　R ——铬浸出的总浸出阻碍值；

　　R_1 ——剩余玻璃相区中铬的浸出阻碍值。

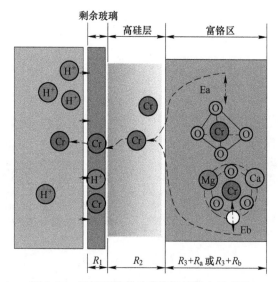

图 3-15　透辉石微晶玻璃中铬的浸出示意图

（2）当铬位于高硅层时，其浸出阻碍值为

$$R = R_1 + R_2 \tag{3-8}$$

式中　R_2 ——玻璃壳层中铬的浸出阻碍值。

（3）当铬位于富铬区时，其浸出阻碍值为 R_3；

当铬取代硅形成铬氧四面体时，铬浸出阻碍值为

$$R = R_1 + R_2 + R_3 + R_a \tag{3-9}$$

式中　R_3 ——富铬区中铬的浸出阻碍值；

　　R_a ——铬氧四面体中铬的浸出阻碍值。

当铬充当玻璃网络改性体链接硅氧四面体时，铬的浸出阻碍值为

$$R = R_1 + R_2 + R_3 + R_b \tag{3-10}$$

式中 R_b——硅氧四面体链接处铬的浸出阻碍值。

在透辉石微晶玻璃中，铬主要位于富铬区，高硅层和剩余玻璃相中铬含量较低，且玻璃层的硅氧网络完整度高，其耐酸性好。因此，透辉石微晶玻璃中铬的固化效果比较理想。

C TiO₂促进玻璃析晶机制

TiO₂被用于 CaO-MgO-SiO₂ 和 CaO-MgO-SiO₂-Al₂O₃ 等体系微晶玻璃的形核剂，其添加量影响不锈钢渣微晶玻璃析晶能力及综合性能。

以二元碱度为 1 的 SC-3 作为基础配方，分别添加 $w(\text{TiO}_2) = 0\%$、$w(\text{TiO}_2) = 3\%$、$w(\text{TiO}_2) = 5\%$、$w(\text{TiO}_2) = 7\%$ 和 $w(\text{TiO}_2) = 9\%$ 的五组配方（分别记为 1号、2号、3号、4号、5号），于马弗炉中升温至 1480℃ 保温 2h，得到玻璃熔体，浇注到 650℃ 的模具中保温 30min，随炉冷却至室温，得到基础玻璃，其 DSC 曲线如图 3-16 所示。

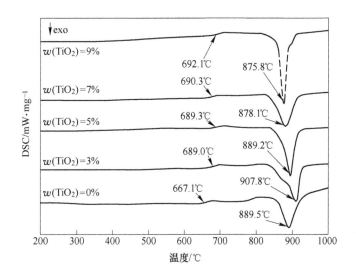

图 3-16 不同 TiO₂ 质量分数的基础玻璃 DSC 曲线

不同 TiO₂ 含量样品的 DSC 曲线相似，都只有一个析晶放热峰。玻璃转变温度（T_g）为 660~695℃，析晶放热峰温度（T_p）为 870~910℃。研究表明，微晶玻璃的形核温度比玻璃转变温度高 50~100℃，晶化温度为析晶放热峰温度。将五组样品的形核温度设定为 T_g+60℃，晶化温度设定为 T_p，形核和晶化时间都为 1h。

图 3-17 所示为热处理后微晶玻璃样品的 XRD。不含 TiO₂ 的微晶玻璃主晶相为透辉石 [CaMg(SiO₃)₂] 和镁黄长石（Ca₂MgSi₂O₇）。随 TiO₂ 添加量增加，镁黄长石相的衍射峰强度降低；钙钛矿相（CaTiO₃）的衍射峰强度和峰面积随

TiO_2添加量增加而增加。

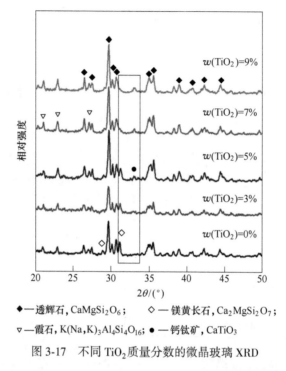

图 3-17 不同 TiO_2 质量分数的微晶玻璃 XRD

◆—透辉石，$CaMgSi_2O_6$；   ◇—镁黄长石，$Ca_2MgSi_2O_7$；
▽—霞石，$K(Na,K)_3Al_4Si_4O_{16}$；   ●—钙钛矿，$CaTiO_3$

基础玻璃析晶过程中，存在的几个析晶反应。透辉石相的形成可由式(3-11)表示，透辉石转变为镁黄长石可由式（3-12）表示。图 3-17 所示中，钙钛矿相含量升高，镁黄长石析出量下降，可能为 TiO_2 与 CaO 直接结合形成钙钛矿［见式(3-13)］；析晶初期，通过消耗 CaO 抑制镁黄长石相析出；也可能是在镁黄长石形成后，TiO_2通过夺取镁黄长石相中的 CaO，形成钙钛矿［见式(3-14)］，从而使镁黄长石相含量降低。

$$CaO + MgO + 2SiO_2 \Longrightarrow CaMgSi_2O_6 \qquad (3\text{-}11)$$

$$CaMgSi_2O_6 + CaO \Longrightarrow Ca_2MgSi_2O_7 \qquad (3\text{-}12)$$

$$CaO + TiO_2 \Longrightarrow CaTiO_3 \qquad (3\text{-}13)$$

$$Ca_2MgSi_2O_7 + TiO_2 \Longrightarrow CaTiO_3 + CaMgSi_2O_6 \qquad (3\text{-}14)$$

为阐明 TiO_2抑制镁黄长石相析出的热力学问题，利用 HSC Chemistry 6.0 热力学软件计算了反应式（3-11）、反应式（3-12）、反应式（3-13）和反应式（3-14）的吉布斯自由能随温度变化曲线，如图 3-18 所示。高于析晶峰温度，透辉石相都可自发析晶，式（3-13）的吉布斯自由能比式（3-14）低，TiO_2以消耗 CaO 的方式抑制镁黄长石相形成，而非在镁黄长石相形成后通过夺取 CaO 抑制镁黄长石相析出[20]。

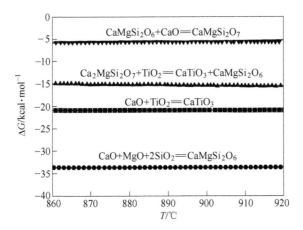

图 3-18 四个反应的吉布斯自由能—温度曲线

图 3-19 所示为不同 TiO_2 添加量微晶玻璃样品的 SEM。由图 3-19（a）~（c）知，当 TiO_2 添加量少于 5% 时，基础玻璃形核率较低，导致微晶颗粒呈块状，颗粒尺寸超过 $10\mu m$。随 TiO_2 添加量上升，微晶颗粒转变为短棒状，如图 3-19（d）和（e）所示。这说明提高 TiO_2 含量使得基础玻璃的有效晶核密度上升，使得微晶颗粒细化。4 号和 5 号样品的颗粒均匀，尺寸约为 $2\mu m$。

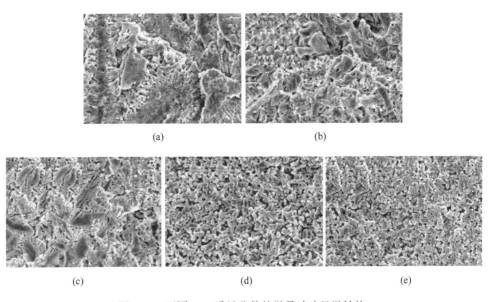

图 3-19 不同 TiO_2 质量分数的微晶玻璃显微结构

（a）$w(TiO_2)=0\%$；（b）$w(TiO_2)=3\%$；（c）$w(TiO_2)=5\%$；（d）$w(TiO_2)=7\%$；（e）$w(TiO_2)=9\%$

图 3-20 所示为五组样品的抗弯强度和维氏硬度随 TiO_2 添加量变化曲线。微

晶玻璃的抗弯强度和维氏硬度随 TiO_2 添加量上升而上升。当 TiO_2 添加量超过 7%（质量分数）时，样品的抗弯强度和维氏硬度上升率降低。4 号样（TiO_2 添加量为 7%（质量分数））的维氏硬度为 6.68GPa，仅比 5 号样（TiO_2 添加量为 9%（质量分数））低 0.14GPa；4 号样的抗弯强度为 147MPa，仅比 5 号样低 1MPa。与未添加 TiO_2 的 SC-3 号样品相比，引入 7%（质量分数）TiO_2 后，微晶玻璃的维氏硬度提升了 1.25GPa，抗弯强度提升了 50MPa。

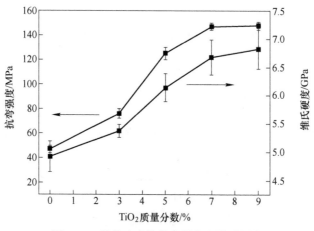

图 3-20　微晶玻璃的抗弯强度和维氏硬度

研究表明，基础玻璃中形核剂的种类和含量直接影响微晶玻璃的形核、析晶、显微结构和微晶尺寸。Ti^{4+} 是一种玻璃网络中间体，在基础玻璃中可以充当玻璃网络形成体和改性体；在一定的条件下还可以作为间隙离子，固溶于玻璃网络[21]。在热处理过程中，Ti^{4+} 离子的配位数可能发生变化，由此引发点阵畸变，诱导玻璃分相。研究证实，TiO_2 可促进硅灰石，钙长石和辉石微晶玻璃形核和析晶[19,22,23]。

采用 DSC 分析高温熔体水淬样品。图 3-16 中 2 号样品的玻璃转变温度比 1 号样高 18℃。这是因为低含量的 Ti^{4+} 主要以 Ti-O 四面体形式镶嵌于 Si-O 网络中，提高了硅氧四面体聚合度。TiO_2 添加量高于 3%（质量分数）时，样品的玻璃转变温度降低，可能是由于高 Ti-O 四面体掺杂会使得硅氧链的刚度降低，使得玻璃转变温度降低[24~26]。随 TiO_2 添加量升高，微晶玻璃析晶峰温度先升高后降低。Banijamali 指出，低 TiO_2 质量分数的样品中，析晶峰温度随 TiO_2 质量分数升高而升高；高 TiO_2 质量分数的样品中，部分 TiO_2 会形成悬浮颗粒，经非晶化过程保留至基础玻璃，在形核和析晶过程中充当形核位，降低基础玻璃的晶化峰温度[21]。Ozturk 研究表明，随添加量提高，TiO_2 在玻璃网络中先充当玻璃网络形成体；当其添加量超过某一阈值后，TiO_2 转变为网络改性剂[25]。当 TiO_2 充当网络形成体时，玻璃网络的完整度随 TiO_2 质量分数升高而升高，网络结构中晶相组成离子扩散速率降低，析晶能力降低，表现为析晶峰温度升高。当 TiO_2 作为网络改性剂时，玻璃网络中"非桥氧"质量分数随 TiO_2 质量分数升高而升高，Ca^{2+} 和 Mg^{2+} 等离子扩散所需点阵空隙升高，表现为析晶活化能下降，晶化峰温度降低。

另外，基础玻璃在热力学上是不稳定的，玻璃网络中掺杂的 Ti-O 四面体在热处理过程中转变为 Ti-O 八面体，与 Ca^{2+}、Mg^{2+} 和 Fe^{3+} 等离子结合形成富钛"小液滴"，促进基础玻璃分相[19, 22]。由图 3-18 可知，在富钛"小液滴"微区中，Ti^{4+} 可能与 Ca^{2+} 和 O^{2-} 结合形成钙钛矿。富钛相与玻璃基体的相界面作为非均匀形核位，诱导微晶形核，促进微晶体生长。由图 3-19 可知，提高 TiO_2 质量分数使得微晶玻璃的晶粒细化，表明提高 TiO_2 质量分数使得基础玻璃形核率提高，起到细化晶粒效果。

微晶玻璃的力学性能与晶相组成和微观结构直接相关。五组样品的维氏硬度和抗弯强度变化情况间接说明 TiO_2 形核剂对不锈钢渣微晶玻璃析晶效果的影响。由图 3-17、图 3-19 和图 3-20 可知，提高基础玻璃中 TiO_2 质量分数可抑制镁黄长石相析出，使微晶颗粒由块状晶转变为等轴晶，微晶玻璃的维氏硬度和抗弯强度升高。

为提高不锈钢渣微晶玻璃性能，优化核化热处理工艺，试验方案见表 3-4。

表 3-4 核化热处理试验方案

试验号	核化温度/℃	核化时间/h
N1	660	0.5
N2	660	1
N3	660	1.5
N4	700	0.5
N5	700	1
N6	700	1.5
N7	750	0.5
N8	750	1
N9	750	1.5

由图 3-21 知，660℃保温形核 1h 后，基础玻璃发生分相，析出的晶核连接度较高；随核化温度升高，晶核密度降低，晶核尺寸升高，均匀度降低。当核化温度为 750℃时，晶核出现团聚。这可能是由于稳定晶核的临界尺寸随温度升高而增大，由能量波动诱导形成的稳定晶核数量降低。由图 3-21 知，基础玻璃的较优形核温度为 700℃。

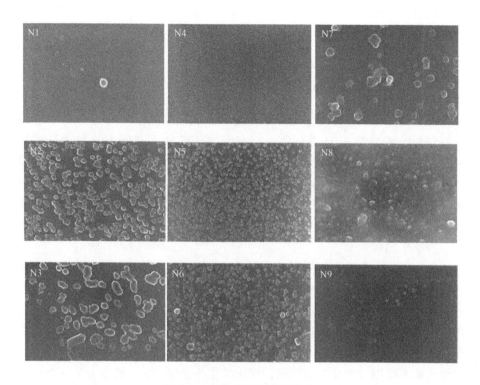

图 3-21   核化玻璃的微观组织

700℃核化保温时，晶核尺寸随时间延长而增大。700℃核化保温 0.5h 后，基础玻璃中析出尺寸约为 50nm 的微晶核，分布较为均匀。70℃核化 1h 后，晶核分布均匀，尺寸为 100~150nm。700℃核化 1.5h 后，晶核尺寸进一步增大，少数晶核发生长大，部分晶核发生团聚。由此可知，核化温度为 700℃时，基础玻璃的较优形核时间为 1h。

综上，确定 TiO_2 形核剂质量分数为 7%，二元碱度为 1.00 的含铬钢渣微晶玻璃热处理制度为 700℃保温 1h。

为优化晶化热处理工艺，将基础玻璃升温至 700℃核化 1h 后，再升温至不同的晶化温度保温 1h，以考察晶化温度对微晶玻璃析晶行为的影响。经不同温度晶化 1h 后，微晶玻璃的主晶相仍为透辉石，次晶相为钙钛矿和霞石。

图 3-22 为 700℃核化 1h，分别在 860℃、880℃、900℃晶化 1h 的微晶玻璃显微组织。由图可知，微晶颗粒尺寸随晶化温度升高而增大。860℃晶化 1h，微晶尺寸为 0.5μm 左右，晶粒不规则，分布不均匀。880℃晶化 1h，微晶尺寸为 1μm 左右，晶粒呈短柱状。900℃晶化 1h，晶粒链接、尺寸为 2μm 左右。由此可知，较优晶化温度为 880℃。

为确定较优晶化时间，将基础玻璃升温至 700℃核化 1h，升温至 880℃分别

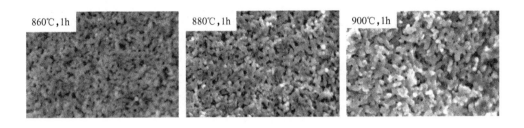

图 3-22　晶化的微晶玻璃显微组织

保温 0.5h、1h、1.5h 和 2h，得到微晶玻璃样品。图 3-23 为 880℃ 分别晶化 0.5h、1h、1.5h、2h 的微晶玻璃显微组织照片。由图可知，晶粒尺寸随晶化时间延长而增大、玻璃相含量降低。880℃ 晶化 0.5h，晶粒尺寸为 $0.2 \sim 0.5 \mu m$，剩余玻璃相较多。880℃ 晶化 1h，晶粒尺寸约为 $1\mu m$。晶化时间大于 1h，晶粒发生交连。由此可知，TiO_2 形核剂质量分数为 7%，二元碱度为 1.00 的不锈钢渣微晶玻璃在 880℃ 晶化的较优时间为 1h。

图 3-23　不同晶化时间微晶玻璃的显微组织

为考察晶化温度和时间对微晶玻璃力学性能的影响，将 $w(TiO_2) = 7\%$、二元碱度为 1.00 的基础玻璃，先升温至 700℃ 核化 1h，再分别升温至 860℃、880℃、900℃ 晶化不同时间，微晶玻璃的抗弯强度和显微硬度见表 3-5。

表 3-5　微晶玻璃的力学性能

试验号	晶化温度/℃	晶化时间/h	抗弯强度/MPa	显微硬度/GPa
C1	860	0.5	108.6	7.1
C2	860	1	118.9	7.3
C3	860	1.5	132.2	7.4
C4	860	2	127.5	7.5
C5	880	0.5	114.4	7.3
C6	880	1	150.8	7.3
C7	880	1.5	135.9	7.4
C8	880	2	125.2	7.2
C9	900	0.5	118.4	7.6
C10	900	1	124.9	7.4
C11	900	1.5	118.4	7.2
C12	900	2	104.8	7.2

由表 3-5 可知，晶化时间为 1h 时，微晶玻璃的抗弯强度随晶化温度升高先升高后降低。880℃晶化 1h，微晶玻璃的抗弯强度最高达 150.8MPa。晶化温度和晶化时间对样品的显微硬度影响较小。晶粒尺寸随晶化温度升高而增大。晶化温度高于 880℃时，透辉石相含量增长较小，钙钛矿含量增长较大。当晶化温度为 880℃时，透辉石相含量随晶化时间延长先升高后降低。晶化时间大于 1.5h 时，钙钛矿和霞石相含量上升较快。可以推测，微晶玻璃抗弯强度上升可能是由于样品中透辉石相含量上升所致，抗弯强度下降低可能是由于钙钛矿、霞石相含量上升和晶粒增大所致。

综上所述，二元碱度为 1.00、$w(TiO_2) = 7\%$ 的基础玻璃较优热处理工艺为：700℃核化 1h，880℃晶化 1h。所制微晶玻璃的抗弯强度和显微硬度分别为150.8MPa 和 7.3GPa。

以不锈钢渣、废玻璃和 TiO_2 为原料制得了不锈钢渣微晶玻璃。体系的二元碱度和 TiO_2 添加量影响微晶玻璃析晶能力、显微组织、重金属固化和力学性能。总结如下：

（1）随二元碱度升高，基础玻璃的析晶力增强。当二元碱度由 0.79 升至1.00 时，晶粒长径比降低，由尺寸超 100μm 的柱状晶转变为 2~3μm 的等轴晶，密度、维氏硬度和抗弯强度升高。当碱度大于 1.00 时，析出镁黄长石和霞石相，微晶玻璃的性能下降。碱度为 1.00 时，不锈钢渣微晶玻璃的密度为 2.88g/cm³，维氏硬度为 5.43GPa，抗弯强度为 95.5MPa，总 Cr 浸出浓度为 0.16mg/L。

（2）在透辉石微晶玻璃形核阶段，铬从基础玻璃中析出形成富铬区，周边区域的铬含量降低，硅含量升高，形成高硅玻璃层。随析晶过程推进，富铬区结晶为透辉石晶粒；因存在高硅玻璃层，晶粒生长受限，最终形成富铬核—高硅壳层的晶粒。高硅玻璃层和剩余玻璃相中铬含量低，硅氧网络完整度高，其耐酸性好。因此，透辉石微晶玻璃中铬的固化效果较为理想。

（3）向二元碱度为1.00的不锈钢渣微晶玻璃中添加TiO_2，可促进钙钛矿相析出，抑制镁黄长石相形成，促进晶粒细化，提高微晶玻璃的维氏硬度和抗弯强度。TiO_2的较优添加量为7%（质量分数）。经700℃核化1h、880℃晶化1h制得的微晶玻璃，主晶相为透辉石，微晶颗粒尺寸约为2μm，维氏硬度为7.3GPa，抗弯强度为150.8MPa。与二元碱度为1.00的SC-3样品相比，维氏硬度提升了1.87GPa，抗弯强度提升了55.3MPa。

3.1.5　其他再利用技术

3.1.5.1　作为烧结添加料

不锈钢渣中含有CaO、MgO、FeO等有用成分，在高温熔炼之后具有软化温度低，物相均匀等特点，可在烧结过程中代替部分白云石和生石灰发挥其固有的黏性，改善混合料制粒效果，提高烧结矿的性能和强度，降低烧结能耗[27]。

锦州铁合金集团曾将不锈钢渣筛分和破碎后利用烧结过程中的C及CO在高温下的强还原性，将Cr^{6+}还原成Cr^{3+}使不锈钢渣脱毒[28]。烧结矿中的CaO、MgO、FeO等与Cr_2O_3发生反应转化成铬尖晶石（$MgO \cdot Cr_2O_3$）、铬铁矿和铬酸钙等形式。在高炉冶炼过程中Cr^{3+}还可进一步被还原成Cr^0实现进一步脱毒，但不锈钢渣作为烧结添加料容易导致S、P元素富集，增加后续处理工序负担。

3.1.5.2　返回炼钢

EAF碱性还原渣和AOD碱性氧化渣中含有的大量CaO、MgO、Ca_2SiO_4、Ca_3SiO_4，在冷却过程中易与大气中的H_2O和CO_2反应，引起体积膨胀并粉化。EAF碱性还原渣因含CaC_2，不仅具有脱硫能力，而且还有脱氧能力[29]。利用这种特性可将不锈钢渣作为电炉喷吹剂，有效降低石灰添加剂用量；但是钢水易增碳、易回磷，且使［H］、［N］增加，有害元素富集。因此，这种做法仅限于有限钢种的冶炼，并且循环次数有限。

目前，对不锈钢渣的利用仅限于冷态渣，未能充分利用其中的显热和潜热。这方面的研究应进一步加强，如将热态渣直接用于铁水的脱磷、脱硫等。AOD渣具有较高的碱度和氧化性，适宜于铁水预处理脱磷或直接返回电炉。EAF渣具有较高的还原性，可直接返回LF炉进行脱硫，EAF渣还具有脱氧能力，可直接返回炼钢过程进行脱氧等[30]。

3.1.5.3　制备陶瓷

不锈钢渣的化学成分和粉体粒径分布等物理性能满足陶瓷原料的要求，按照陶瓷坯料的成分，在不锈钢渣中添加 SiO_2、Al_2O_3、MgO 这三种物质，使其达到陶瓷坯料的成分范围：$w(SiO_2)=45\%\sim55\%$、$w(Al_2O_3)=18\%\sim23\%$、$w(CaO)<12.5\%$、$w(MgO)<8\%$ 等，然后将成型坯在辊道窑内烧制成钙镁硅质陶瓷[31]。北京科技大学的郭华、苍大强等人在利用不锈钢渣制备陶瓷的研究中，通过往不锈钢渣中混入 SiO_2、Al_2O_3 等氧化物，磨成粉体，通过分析其粒度分布与比表面积，用 DTA 曲线确定工艺制度，烧制了陶瓷坯体样品[32]。

3.1.5.4　制备多孔保温材料

不锈钢渣在制备陶瓷过程中加入造孔剂可以制备出多孔保温材料。北京科技大学张深根等[33]提出利用不锈钢渣制备多孔保温材料，技术方案是：以含铬钢渣、粉煤灰为基料，废玻璃、黏土和膨润土的一种或多种为黏结剂，石灰石、SiC、炭粉、石蜡、硬脂酸、有机纤维和小米的一种或多种为造孔剂，将质量比为 40%~70%基料、10%~40%黏结剂和 5%~30%造孔剂，通过破碎、混料、成形、脱模和烧结获得一种无机多孔保温材料。其工艺步骤如下：（1）破碎：将含铬钢渣和废玻璃等进行破碎成 1~3mm 的粉末颗粒；（2）混料：将质量比为40%~70%基料、10%~40%黏结剂和 5%~30%造孔剂混合均匀，加水调制成浆料，水与混合料的质量比为 10%~40%；（3）成形和脱模：将调制好的浆料置入模具中成形干燥后脱模得到坯体；（4）烧结：将坯体置于高温烧结炉中进行烧结，烧结温度 700℃~1300℃，保温时间 30~120min，之后样品随炉冷却，获得多孔保温材料。上述工艺制备的无机多孔保温材料，其特征在于质轻、保温、阻燃，可广泛应用于建筑物得外墙保温和工业所需的保温材料等。

3.1.5.5　用于农业生产

不锈钢渣是一种以钙、硅为主，含多种养分速效又有后劲的复合矿质肥料。由于不锈钢渣在冶炼过程中经高温煅烧，其溶解度已大大改变，所含各种主要成分更容易被植物吸收；另外，不锈钢渣内含有微量的锌、锰、铁、铜等元素，对土壤和作物也起到不同程度的肥效作用。特别是平炉初期不锈钢渣含有 P_2O_5 更高，有时高达 5%~7%，可以作为生产磷肥的原料。不锈钢渣中含 CaO，可用来改良酸性土壤。

3.2　酸洗污泥

3.2.1　酸洗污泥的种类和特点

酸洗污泥是生产不锈钢的酸洗废水经石灰石中和处理产生的，含有对人和自然潜在危害性极大的铬、镍等金属离子。不锈钢生产加工过程中通常要经过退火、正火、淬火、焊接等热处理工艺，表面时常会产生黑色的氧化皮，其主要化学成分为 FeO、Fe_3O_4、Fe_2O_3，同时还有一定量铬、镍、锰等元素的氧化物，这些氧化物均为不溶于水的碱性氧化物，当把它们浸泡在酸液中或在其表面喷洒酸液时，这些碱性氧化物会与酸发生一系列化学反应而溶解[34]，按酸洗方式不同分为硫酸酸洗、盐酸酸洗、硝酸酸洗和混酸酸洗四类。酸洗污泥产生流程如图3-24所示。

（1）硫酸酸洗。硫酸具有活泼的化学性质，它可以与很多金属或金属的氧化物和碱类发生化学反应，生成盐、氢气和水。Fe_3O_4、Fe_2O_3在硫酸中比较难溶解，单质铁在硫酸中的溶解速度远远大于铁的氧化物的溶解速度，在此情况下氧化铁皮的清除主要借助于机械剥离作用。有研究表明，在硫酸酸洗时，有高达78%的铁皮是靠机械剥离作用去除的。

（2）盐酸酸洗。盐酸与硫酸相反，盐酸与铁的三种氧化物都容易起反应，盐酸酸洗主要是通过化学作用

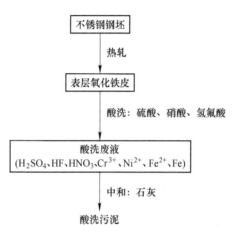

图 3-24 不锈钢酸洗污泥的产生流程图

溶解氧化铁皮，其酸洗浸蚀能力随着温度和浓度的提高而剧烈增大，盐酸具有很大的溶解能力，酸洗速度相当高。盐酸酸洗时，有33%的氧化铁皮是由机械剥离作用去除的。在酸洗过程中，并不希望酸与基体铁发生反应，因为这样将会使酸耗和基体铁的损失增加。同时，反应中产生的一部分氢将扩散到基铁中去而造成氢脆，以致造成酸洗不均匀或产品质量缺陷。

（3）硝酸酸洗。硝酸是三大强酸之一，但其酸性往往被占主要地位的氧化性所掩盖和干扰。在进行钢材的硝酸酸洗时，硝酸与钢材表面的氧化铁皮发生化学作用而溶解，而金属铁与硝酸的反应则因硝酸的浓度和温度的不同而发生不同的反应。

一般钢铁酸洗时使用的硝酸浓度为10%~15%。在室温下采用浓度为25%的溶液，在50~60℃时采用浓度为10%的溶液。使用硝酸进行酸洗的优点在于：在室温下不会腐蚀不锈钢和耐酸钢，并且在稀释的热酸中，这些钢种中的大多数也基本上是耐腐蚀的。它往往使氧化铁皮溶解或松开，以致可以将氧化铁皮刷掉。此外，由于硝酸的氧化作用，使铬钢表面形成氧化铬保护膜而使之钝化。硝酸溶液的缺点是价格昂贵，并且产生有损健康的氮氧化物气体。

（4）混酸酸洗。将两种或两种以上酸（硫酸、盐酸、硝酸、氢氟酸等）混合而制得的酸洗液，用于非合金碳钢、铁素体和奥氏体镍铬钢以及其他合金钢的

酸洗。低合金钢主要采用硫酸和盐酸的混合溶液，这是利用盐酸具有酸洗时间短、酸洗温度低和表面光亮的优点，同时还利用硫酸价格低廉的优点。在少数情况下，将食盐放入硫酸酸洗液，从而达到增大氧化铁皮溶解度和提高酸洗速度的效果。

酸洗污泥外观为深红色块状形态，由粒径十分细小的微粒粘聚而成，含水率一般为50%左右，风干后含水率降至20%左右，质地坚硬、易于运输或储存。对于不锈钢产品，一般采用混酸酸洗。首先利用硫酸预酸洗，除去不锈钢表面的氧化铁皮，然后用90~160g/L硝酸和50~60g/L氢氟酸混合酸进行酸洗。

酸洗污泥中重金属以氢氧化物形式存在，极不稳定，在自然环境中，易二次浸出。因此，酸洗污泥的解毒和再利用是不锈钢行业面临的重要问题。

表3-6和表3-7为不锈钢酸洗污泥的化学成分。不锈钢酸洗污泥的主要成分为CaF_2、Fe_2O_3和Cr_2O_3，其总质量分数为76%；其余为SiO_2、Al_2O_3、Na_2O和MgO等。不锈钢酸洗污泥中总铬（以Cr_2O_3表示）浓度为50072mg/kg，NiO和CuO的浓度分别为18378mg/kg和4182mg/kg。

表3-6   不锈钢酸洗污泥的主要成分   （w/%）

组　分	MgO	SiO_2	Al_2O_3	Fe_2O_3	Na_2O	CaF_2
质量分数	1.17	9.3	2.72	25.52	1.74	45.71

表3-7   不锈钢酸洗污泥的重金属浓度   （mg/kg）

重金属	Cr_2O_3	CuO	NiO
质量分数	50072	4182	18378

采用GB 5085.3—2007和美国TCLP标准，评估不锈钢酸洗污泥的重金属浸出毒性。为研究不同pH值条件下重金属离子的浸出浓度，设计两组美国标准改进实验，实验参数见表3-8。

表3-8   重金属浸提方法与参数

编号	标准号	浸出用酸	颗粒大小/mm	PH	液固比	浸出时间/h	振荡频率/次·min^{-1}
A	TCLP	HAC	<9.5	2.9	20:1	18	120
B	GB 5085.3—2007	H_2SO_4：HNO_3 =2:1	<9.5	3.2	10:1	18	120
C	TCLP 改	HAC	<9.5	5.0	20:1	18	120
D	TCLP 改	去离子水	<9.5	7.0	20:1	18	120

图3-25为不锈钢酸洗污泥的重金属浸出结果。由图知，不锈钢酸洗污泥的浸出液呈黄色，其颜色深度随浸提液pH值降低而变深。在浸提液中，显黄色的离子可能为Fe^{3+}和Cr^{6+}。pH值约为3时，Fe^{3+}与OH^-结合形成沉淀，Cr^{3+}在pH

值约为 4 时开始与 OH⁻ 结合形成沉淀，当 pH 值升高到为 6 左右时，Cr^{3+} 沉淀完全。由此可知，浸出液中 Cr^{6+} 浓度随 pH 值降低而升高。四组浸出液的 Cr 浓度都高于 100mg/L；按 GB 5085.3—2007 测试不锈钢酸洗污泥的总 Cr 浸出浓度高达 179mg/L，是排放限值（15mg/L）的近 12 倍。按 TCLP 测试不锈钢酸洗污泥的总 Ni 浸出浓度达 100mg/L，是排放限值（5mg/L）的 20 倍。即使在弱酸性（pH=5）或中性（pH=7）条件下，不锈钢酸洗污泥的总 Cr 浸出浓度仍然高达 100mg/L。由此可知，不锈钢酸洗污泥中的重金属易浸出，环境风险大。

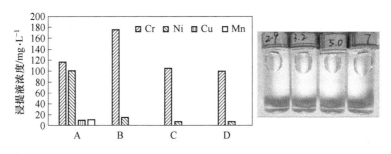

图 3-25　不锈钢酸洗污泥的浸出结果

按 TCLP 连续浸出的方法评估不锈钢酸洗污泥的长期浸出风险，具体步骤为：先将酸洗污泥按 TCLP 浸出，得到 1 次浸出液和浸提渣；将浸提渣进行 2 次 TCLP 浸出，得到 2 次浸出液和浸提渣；如此连续浸提 4 次，得到 4 次浸出液。连续浸出实验结果如图 3-26 所示。

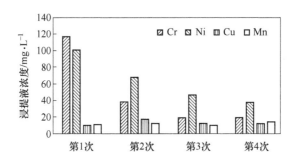

图 3-26　不锈钢酸洗污泥连续浸出实验结果

由图 3-26 可知，Cr、Ni、Cu 和 Mn 的浸出浓度随浸提次数增加而降低。1 次浸出液的 Cr、Ni 浸出浓度分别为 117mg/L 和 101mg/L，后 3 组浸出液中 Cr 的浸出浓度迅速降低，最后稳定在 19mg/L，表明不锈钢酸洗污泥中有部分 Cr 极易浸出。Ni 的浸出有类似特征，但其浸出浓度降低速率比 Cr 慢。第 4 次浸出液 Ni 浸出浓度为 38mg/L，是 Cr 的 2 倍、国标限值近 8 倍。由此可知，不锈钢酸洗污泥中，重金属 Cr、Ni 极易浸出，存在长期污染风险。

3.2.2　酸洗污泥防渗填埋技术

污泥能否填埋取决于两个因素：污泥的力学性质（一般要求污泥的抗剪强度不小于 $80\sim100kN/m^2$）和填埋后对环境的影响（气味和渗漏）。酸洗污泥含有大量的水，填埋时铬、镍等重金属离子可能渗到土壤中，进入地下水，对人体健康造成严重影响，因此需要对污泥进行脱水预处理和填埋的防渗处理。

3.2.2.1　脱水预处理

污泥脱水主要方法有真空过滤法、压滤法、离心法和自然干化法。其中前面三种采用的是机械脱水，本质上都属于过滤脱水的范畴，其原理基本相同，都是利用过滤介质两面的压力差作为推动力，使水分强制通过过滤介质，固体颗粒被留在介质上，达到脱水的目的[35]。

真空过滤法，其压力差是通过在过滤介质的一面造成负压而产生。优点是能连续操作，运行平稳，自动控制，处理量较大；缺点是滤饼含水率较高（达60%~80%），附属设备较多，工序复杂，运行费用较高。邓立新[3]设计了一种真空过滤污泥处理技术，即将污泥装入污泥脱水桶，在桶内空间的中部垂直方向设有滤管，滤管的上端穿过污泥脱水桶的桶口且滤管的下端密封，或滤管的下端穿过污泥脱水桶的桶底且滤管的上端密封；对污泥脱水桶的桶口进行密封，通过滤管在污泥脱水桶内抽真空，对污泥进行真空过滤脱水处理，此技术具有设备和运营成本低、处理效率高、处理量大等优点。

压滤法的压差产生于在过滤介质一面加压。其优点是制造方便，适应性强，自动压滤机进料、卸料滤饼均可自动操作，自动程度高，滤饼含水率低（达45%~80%）；缺点是间歇操作，处理量较低。徐孝雅等[36]报道了城市污泥的二次脱水工艺，即利用过滤板、橡塑弹性体隔膜滤板和特种滤布组成了可变滤室隔膜压榨过滤单元，在油缸压紧滤板的条件下，用进料泵压力对污泥进行首次脱水，并在进料结束后，采用可变滤室隔膜压榨技术对首次脱水后的污泥进行二次压榨脱水，使污泥含水率达到了50%~58%，达到了城市污泥显著减量化和稳定化，并可直接进行无害化和资源化利用，是城市污泥机械脱水技术的重大突破。

离心法压力差是以离心力作为推动力。优点是能连续生产，自动化控制，占地面积小；缺点是污泥预处理要求较高，电消耗较大，机械部件易磨损，滤饼含水率较高（80%~85%）。牟润芝等[37]报道了离心式脱水机在挤压作用下增加进泥量，降低含水率，降低絮凝剂耗用量，节约运行成本；同时，提高进泥含固率，提高挤压作用力，保证泥饼质量，可以降低干泥单耗，提高了脱水效率。

3.2.2.2　填埋处理

酸洗污泥填埋处理时，应考虑填埋场地、防渗层、防污处理等问题。酸洗污泥属于特殊的危险固废，应采取封闭式填埋处理。防渗层是在填埋场中铺设低渗透性材料来阻隔渗滤液迁移到填埋场之外的环境中，阻隔地表水和地下水进入填埋场中；衬层材料的渗透系数要求必须小于 10^{-7} cm/s，且须与渗透液相溶，主要材料有天然黏土矿物如改性黏土、膨润土，人工合成材料如柔性膜，天然与有机复合材料如高密度聚乙烯等[38]。防污处理即在填埋场地的最低处铺设专用污水收集管道，垃圾中渗出的污水将通过该管道收集输送到污水处理场。

张明等[39]发明了一种垃圾填埋场盖层，较完全地实现了封闭式填埋。固废上覆盖层自上而下是壤质砂土、脱墨污泥层和砂土，其中脱墨污泥层为毛细持水层，砂土层为毛细破坏层，毛细破坏层的孔隙大于毛细持水层，此发明实现了以废治废，减少了土地资源的浪费。

杨明等[40]设计了一种垃圾填埋场封场防渗层。防渗层自上而下主要包括植被层、黏土层、营养土层、无纺布层、黏土层和卵石层，营养土层和卵石层之间的结构具有高抗拉强度，能预防黏土层发生横向变形，避免防渗层发生裂缝，避免填埋渗滤液和气体的泄漏。

楼紫阳等[41]发明了一种废水零污泥排放的渗滤液处理方法。主要通过调水池、兼氧池、矿化垃圾生物反应床、集水池、O_3/H_2O 高级氧化池来实现渗滤液的安全排放。调水池中渗滤液进行厌氧分解，所得滤液依次进入兼氧池、矿化卡机生物反应床进行生物降解反应，最后所得滤液进行 O_3/H_2O 的高级氧化，使渗滤液达到排放标准。

酸洗污泥中 Cr^{6+}、Ni^{2+} 离子长期稳定存在，防渗填埋不能彻底消除铬、镍对环境造成的危害，占用宝贵土地，增加处理成本，同时造成铬、镍等资源的浪费。因此，寻找酸洗污泥的综合利用具有重要意义。

3.2.3　酸洗污泥制备建筑材料技术

酸洗污泥除部分被防渗填埋外，大部分被资源化利用。酸洗污泥中主要含有硅、铝、铁、钙等元素，与许多建筑材料的原料成分相近，可用于制备建筑材料，主要包括两大类：制砖、水泥和制备陶粒。

3.2.3.1　制砖

酸洗污泥化学成分主要由 SiO_2、Al_2O_3、Fe_2O_3、CaO、Cr_2O_3 等氧化物组成，与黏土砖的主要成分（SiO_2、Al_2O_3、Fe_2O_3）相近。在适当的温度条件下，把酸洗污泥和硅、铝、镁等物料混合焙烧、压制成型后即可制墙砖、地砖等。这种方法利用污泥量大，若大规模工业化利用会产生巨大的经济效益。但是在烧砖过程中，酸洗污泥中的 Cr^{3+} 可能会被氧化成 Cr^{6+}，在雨水长时间的浸泡下 Cr^{6+} 会迁移，随雨水进入到土壤中，对人类仍有潜在的危害[42]。

3.2.3.2　水泥

酸洗污泥与石灰石、黏土、铁矿粉的成分相近，可以用酸洗污泥替代水泥生料来制备水泥。近年来，许多学者和单位对于酸洗污泥制备水泥的工艺进行了研究，例如，张传秀等[43]报道深圳市危险废物处理站有限公司曾对不锈钢冷轧脱水污泥配料生产水泥进行了大量研究并申请了专利（CN101475325A），认为将1%、5.5%和8%的不锈钢冷轧酸洗脱水污泥配入生料生产的水泥均符合水泥产品质量指标要求，水泥熟料浸出液的 Cr 和 Ni 均低于《危险废物鉴别标准—浸出毒性鉴别》（GB 5085.3—2007)[44]（标准值分别为 15mg/L 和 5mg/L），1%掺入比例水泥熟料浸出液的 Cr 和 Ni 分别为 0.023mg/L 和 0.055mg/L，5.5%掺入比例水泥熟料浸出液的 Cr 和 Ni 分别为 0.026mg/L 和 0.055mg/L，8%掺入比例水泥熟料浸出液的 Cr 和 Ni 未超过 GB 5085.3—2007 标准值。

尽管利用酸洗污泥制备水泥将会大量消耗积存的水泥，大大减轻环境负荷，但是在生产水泥时，酸洗污泥中 Cr^{3+} 会在溶解氧的水环境下氧化成 Cr^{6+}，Cr^{6+} 长期存在于建筑构件中成为潜在隐患，没有从根本上消除酸洗污泥中的重金属离子对环境和人类的危害[42]。

3.2.4　酸洗污泥的铬镍提取技术

酸洗污泥的防渗填埋和制备建材技术，减少了对环境的污染，实现了酸洗污泥的资源化再利用。但其中的 Cr^{3+}、Ni 重金属在溶于氧的水容易被氧化成 Cr^{6+}、Ni^{2+}，很不稳定，容易二次浸出扩散到土壤、水体等环境中，对人体健康和生态环境造成二次危害。因此需要对酸洗污泥中重金属进行减量化处理，主要减少其中 Cr、Ni 等重金属元素的含量，使 Cr 和 Ni 毒性浸出低于国家标准（GB 5085.3—2007)[31]。

张深根等[45]发明一种不锈钢酸洗污泥绿色提取铬和镍的方法。其工艺步骤为：（1）用 H_2SO_4 将其中的重金属离子浸出，过滤后得到无重金属离子的无毒酸洗污泥和浸出液，H_2SO_4 的物质的量为 Cr^{6+}、Cr^{3+}、Ni^{2+} 的物质的量总和的 1.1~2.0 倍，浸出温度为 20~80℃，浸出时间 1~1.5h；（2）浸出液中加入 $NaHSO_3$，将 Cr^{6+} 还原成 Cr^{3+}，$NaHSO_3$ 的物质的量为 Cr^{6+} 的物质的量的 1.1~1.5 倍。最后采用 NaOH 调节浸出液 pH 值为 7.5~10.0 将 Cr^{3+}、Ni^{2+} 沉淀、过滤、干燥形成 $Cr(OH)_3$ 和 $Ni(OH)_2$ 冶金原料，NaOH 的物质的量为 Cr^{3+}、Ni^{2+} 的物质的量总和的 1.1~1.5 倍；（3）再将石灰加入滤液将 F^- 和 SO_4^{2-} 以 CaF_2 和 $CaSO_4$ 形式沉淀、过滤，石灰的物质的量为 F^- 和 SO_4^{2-} 物质的量总和的 1.1~1.5 倍，滤液为 NaOH 溶液，直接返回用于沉淀 Cr^{3+}、Ni^{2+} 重金属离子。该发明实现了不锈钢酸洗污泥危险固废解毒、重金属离子资源化再利用及尾液循环再利用，具有显著的经济、环境和社会效益。

张景等[46]进行了以石墨粉为还原剂，与不锈钢酸洗污泥混合煅烧，再进行磁选，回收酸洗污泥中剩余金属的研究。其工艺流程如图 3-27 所示。在还原温度 1350℃、保温时间 300min、配碳比 1.2 下，依据气体分析仪对气体分析结果可知在 0~250min 反应产物主要为 CO_2，250~300min 反应产物既有 CO_2 又有 CO，但 CO_2 含量呈下降趋势，而 CO 含量先上升后下降，由此推测其中发生的化学反应以 250min 为节点，250min 前的反应包括 $MeO+C \Longrightarrow Me+CO$ 和 $MeO+CO \Longrightarrow Me+CO_2$；250mim 后的反应主要为 $MeO+C \Longrightarrow Me+CO$，这是因为温度较低时 CO 的还原性强于 C，温度较高时 C 的还原性强于 CO。经还原后较高的金属颗粒 Cr、Ni 得到富集，再对细小颗粒进行磁选，Cr、Ni 主要以 $NiCr_2O_4$ 形式存在，有价金属 Cr、Ni 进一步得到了提取，提高了 Cr、Ni 的回收率。不锈钢渣酸洗污泥经过还原—磁选后 Cr 和

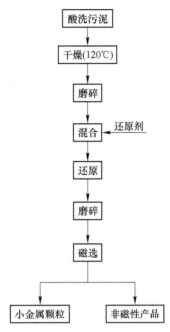

图 3-27 酸洗污泥还原—磁选工艺流程图

Ni 的回收率分别为 86.7% 和 93.6%，污泥中 Cr 和 Ni 含量分别降到 0.07% 和 0.04%，达到了国家排放标准。

3.2.5 酸洗污泥制备微晶玻璃技术

实践表明，酸洗污泥传统的处置和利用技术存在重金属离子的固化效果欠佳，重金属离子二次浸出风险高。因此，急需寻求更为绿色高值的不锈钢酸洗污泥处置和利用方法。张深根等人经过多年研究，将不锈钢酸洗污泥用于微晶玻璃，既能将重金属固化，又能进行高值化利用。

3.2.5.1 Cr_2O_3 诱导基础玻璃形核

不锈钢酸洗污泥的主要成分为 CaF_2、Fe_2O_3 和 Cr_2O_3。CaF_2 可作为微晶玻璃的助熔剂和形核剂[47]，Cr_2O_3 和 Fe_2O_3 是微晶玻璃形核剂[18,48]。因此，不锈钢酸洗污泥适用于不锈钢渣微晶玻璃形核剂。研究 Fe_2O_3 和 Cr_2O_3 添加量对不锈钢渣微晶玻璃形核、析晶、相组成、显微组织和综合性能的影响。

以二元碱度为 1.00 的 CCr0 为基础配方，研究 Cr_2O_3 添加量对含铬钢渣微晶玻璃分相和形核的影响。先将粒度小于 147μm 的不锈钢渣粉末和粒度小于 350μm 的废玻璃粉末按 CCr0 配方五组基础原料；向基础原料中分别添加 $w(Cr_2O_3)=0\%$、$w(Cr_2O_3)=0.5\%$、$w(Cr_2O_3)=1\%$、$w(Cr_2O_3)=3\%$ 和 $w(Cr_2O_3)=5\%$，编号记为

CCr0、CCr0.5、CCr1、CCr3 和 CCr5 的基础玻璃配方（见表 3-9）。分别将五组原料装入刚玉坩埚中，用马弗炉加热至 1480℃ 保温 2.5h 得到熔体；然后浇注到 600℃ 的模具，保温 30min 后，随炉冷却至室温得到基础玻璃。

表 3-9　样品配方　　　　　　　　　　　　　　　　($w/\%$)

编　号	CaO	MgO	SiO_2	Al_2O_3	Fe_2O_3	Na_2O	RO	Cr_2O_3
CCr0	23.1	14.8	47.23	3.92	1.49	5.72	3.73	0
CCr0.5	22.99	14.73	47.00	3.90	1.48	5.69	3.71	0.50
CCr1	22.87	14.65	46.76	3.88	1.48	5.66	3.69	1.0
CCr3	22.43	14.37	45.85	3.81	1.45	5.55	3.62	3.0
CCr5	22	14.10	44.98	3.73	1.42	5.45	3.55	5

图 3-28 和图 3-29 为不同 Cr_2O_3 质量分数的基础玻璃 DSC 分析结果。未添加 Cr_2O_3 时，样品的析晶温度为 $T_p = 889.5℃$。随 Cr_2O_3 增加，析晶温度降低。$w(Cr_2O_3) = 1\%$ 时，析晶温度最低（$T_p = 851.1℃$）；$w(Cr_2O_3) > 1\%$ 时，析晶温度随 Cr_2O_3 上升而上升，$w(Cr_2O_3) = 5\%$ 的基础玻璃样品的析晶温度为 862℃。基础玻璃的玻璃转变温度随 Cr_2O_3 添加量增加而降低，$w(Cr_2O_3) > 1\%$ 时，玻璃转变温度降幅变小。

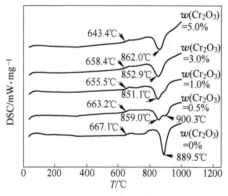

图 3-28　不同 Cr_2O_3 质量分数的
基础玻璃 DSC 曲线

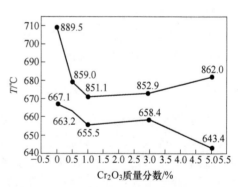

图 3-29　玻璃转变温度和析晶温度随 Cr_2O_3
质量分数变化曲线

为研究 Cr_2O_3 添加量对不锈钢渣微晶玻璃形核过程的影响，将 5 组基础玻璃升温至 700℃ 核化 90min，随炉冷却得到核化玻璃；取核化玻璃样品断面，用 1%（体积分数）HF 侵蚀 30s 后烘干、喷碳，用场发射电子显微镜（FESEM）分析晶核尺寸和形貌（见图 3-30），评估 Cr_2O_3 添加量对微晶玻璃形核过程的影响。

由图 3-30 可知，CCr0 中，无晶核形成；随 Cr_2O_3 质量分数增加，晶核数量增加，如图 3-30（b）和（c）所示；$w(Cr_2O_3) = 1\%$ 的核化玻璃，晶粒为 50~70nm 近球形、分布均匀；$w(Cr_2O_3) = 3\%$ 和 $w(Cr_2O_3) = 5\%$ 的核化玻璃，晶粒发

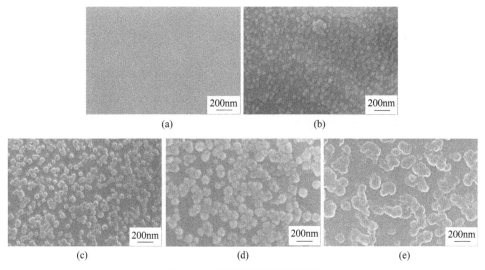

图 3-30 核化玻璃的显微组织

生团聚，尺寸约 150nm。由此可知，$w(Cr_2O_3) = 1\%$ 时可以诱导不锈钢渣微晶玻璃产生均匀形核。

为分析 Cr_2O_3 诱导形核过程，采用 EDS 分析了核化样品的元素分布。Spot 1 为晶核，Spot 2 为玻璃相。由图 3-31 和表 3-10 可知，$w(Cr_2O_3) = 1\%$ 的核化玻璃中形成了均匀的晶核。晶核中 Cr 和 Fe 的质量分数分别为 1.34% 和 1.46%；玻璃相中，Cr 和 Fe 的质量分数分别为 0.32% 和 0.28%。Cr 和 Fe 富集于晶核中。此外，晶核中 Ca、Mg 和 Na 明显富集于晶核。由此可知，Cr_2O_3 能有效地促进不锈钢渣微晶玻璃形核。

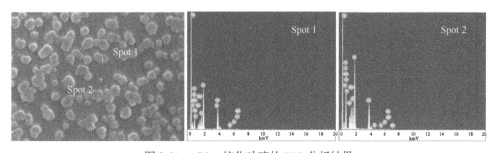

图 3-31 CCr1 核化玻璃的 EDS 分析结果

表 3-10 CCr1 核化玻璃 EDS 分析结果 $(w/\%)$

成分	Ca	Si	Mg	Na	Fe	Cr
玻璃配方	16.34	21.82	8.79	4.20	1.04	1.02
Spot 1	19.03	19.95	10.89	5.17	1.46	1.34
Spot 2	11.30	23.84	6.69	4.12	0.28	0.32

亚稳态的玻璃基体中，Cr_2O_3 极易从玻璃基体中析出和富集，形成富铬无定形相，进而诱导形核[18,49]。玻璃体中，离子间的相互作用与静电键能 E 有关。

$$E = \frac{z_1 \cdot z_2 \cdot e^2}{r_{1,2}} \tag{3-15}$$

式中　E ——静电键能；

　　z_1，z_2 ——离子 1 和 2 的电价；

　　　e ——电荷量；

　　$r_{1,2}$ ——两离子的间距。

基础玻璃分相是由于玻璃网络中阳离子对氧的竞争：阳离子 M 在玻璃网络中与氧形成强 M—O 键，其键能大于 Si—O 键时，该阳离子将与氧结合形成独立的离子聚集体，从而诱导玻璃分相形成富 M 相和富 Si 相。对于氧化物体系，离子的静电键能可简写为 Z/r，其中 r 为阳离子半径，Z 为阳离子电价。沃伦和皮卡斯指出，当离子的离子势 Z/r 大于 1.4 时，向系统中引入该离子会使液相中出现球形不混溶区，即产生分相。Cr 主要为 Cr^{3+}，在熔融过程中少量 Cr^{3+} 可能被氧化为 Cr^{6+}。Cr^{3+} 和 Cr^{6+} 的离子半径分别为 61.5 pm 和 44 pm。计算可得，Cr^{3+} 和 Cr^{6+} 的离子静电键能分别为 4.88 和 13.64，大于 1.4。因此，Cr_2O_3 是借助强 Cr—O 键聚集形成富铬相，诱导基础玻璃分相。

由于 Cr^{3+} 和 Cr^{6+} 离子场强大，在玻璃网络中促使近邻非桥氧有序化排列；另外，Cr^{3+} 和 Cr^{6+} 易与 Ca^{2+}、Fe^{3+}、Al^{3+}、Mg^{2+} 和 Fe^{2+} 等离子聚集形成富铬相，促进形核和晶体生长，这与图 3-31 和表 3-10 一致。当基础玻璃中 Cr_2O_3 的摩尔分数小于 1% 时，铬主要为 Cr^{3+}，并以 CrO_6 八面体形式充当玻璃改性体，使玻璃网络更加 "开放"，离子扩散速率上升，有助于玻璃分相和形核；当 Cr_2O_3 的摩尔分数超过 1% 时，少量的 Cr^{3+} 在熔融过程中可能被氧化为 Cr^{6+}，并以 CrO_4^{2-} 四面体形式进入玻璃网络，充当网络形成体，从而提高玻璃网络的完整度，降低离子扩散系数，抑制基础玻璃形核[18]。另外，玻璃网络中点缺陷浓度随 Cr^{3+} 质量分数升高而升高；在形核和析晶过程中，离子扩散能力增强，分相和形核能力上升。由图 3-28 和图 3-29 可知，当 Cr_2O_3 的添加量小于 1%（质量分数）时，玻璃转变温度和析晶温度都随 Cr_2O_3 质量分数上升而下降，这与上述讨论一致，主要是由于 Cr^{3+} 充当网络改性体，使玻璃网络完整度降低，离子扩散和硅氧链活动能力增强[19]。

3.2.5.2　Fe_2O_3 的晶粒细化作用

在基础玻璃的分相和形核过程中，Fe_2O_3 的作用机制与 Cr_2O_3 相似，是通过形成富铁相诱导产生晶核，从而促进析晶。Fe_2O_3 促进基础玻璃形核和析晶过程不仅与其含量有关，而且与铁存在状态有关，即与 FeO 和 Fe_2O_3 的比例有关[48]。

研究表明，以 Fe_2O_3 作为形核剂的基础玻璃，在核化过程中先析出磁铁矿晶核，进而促进辉石相生长。在富氧条件下熔制的基础玻璃，在核化过程中易于析出磁铁矿晶核，促进辉石相析晶，进而制得性能良好的微晶玻璃[18, 50, 51]。Fe_2O_3 促进玻璃分相和形核的研究较多，但对不锈钢渣微晶玻璃显微组织、晶相组成和综合性能影响的研究缺乏。

将粒度小于 147μm 的不锈钢渣粉末和粒度小于 350μm 的废玻璃粉末按表 3-11 配方配五组基础原料，Fe_2O_3 的质量分数分别为 0%、1%、2%、3% 和 4%，记为 FE-0，FE-1，FE-2、FE-3 和 FE-4。分别将五组基础原料装入刚玉坩埚，采用马弗炉加热至 1480℃保温 2.5h，得到玻璃熔体，浇注到 600℃的模具保温 30min，然后升温至 700℃核化 1h，最后升温至 850℃晶化 1h 后随炉冷却得到微晶玻璃。

表 3-11 样品配方 (w/%)

编 号	CaO	MgO	SiO$_2$	Al$_2$O$_3$	Cr$_2$O$_3$	Na$_2$O	CaF$_2$	Fe$_2$O$_3$
FE-0	23.01	15.10	44.88	4.48	0.51	7.23	2.18	1.55
FE-1	23.01	15.10	44.88	4.48	0.51	7.23	2.18	2.55
FE-2	23.01	15.10	44.88	4.48	0.51	7.23	2.18	3.55
FE-3	23.01	15.10	44.88	4.48	0.51	7.23	2.18	4.55
FE-4	23.01	15.10	44.88	4.48	0.51	7.23	2.18	5.55

为研究 Fe_2O_3 添加量对基础玻璃形核的影响，将核化玻璃平整断面用 1%（体积分数）HF 侵蚀 30s 后喷碳，进行 FESEM 分析。由图 3-32 可知，Fe_2O_3 能诱导不锈钢渣微晶玻璃的分相和形核。$w(Fe_2O_3) = 2.55\%$ 的基础玻璃核化热处理后，形成了 200~300nm 均匀分布的晶核；$w(Fe_2O_3) = 3.55\%$ 的样品中，晶核超过 1μm，颗粒尺寸分布较为均匀。由此可知，Fe_2O_3 能促进基础玻璃均匀形核。

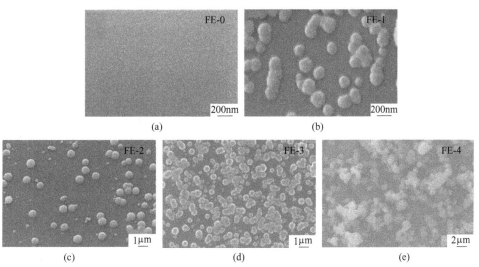

图 3-32 不同 Fe_2O_3 质量分数的核化玻璃显微组织

由图 3-33 可知，Fe_2O_3 细化了不锈钢渣微晶玻璃显微组织。在 $w(Fe_2O_3)$ =
2.55% 和 $w(Fe_2O_3)$ = 3.55% 的 FE-1 和 FE-2 样品中，形成了短棒状组织，其尺寸
约为 10μm，棒状组织尺寸随 Fe_2O_3 质量分数升高而减小。由图 3-33（b）和（c）
中的局部图知，短棒状组织是小晶粒聚集而成。Fe_2O_3 在微区中诱导形核和析晶，
析出一定数量的微小晶粒，其大小受限于微区边界，最终使得该微区转变为微晶
聚集的短棒状颗粒[18,48]。由图 3-33（d）可知，当 $w(Fe_2O_3)$ = 4.55% 时，短棒
状组织转变为尺寸为 0.5~1μm 均匀等轴晶。

图 3-33   不同 Fe_2O_3 质量分数的微晶玻璃显微组织

图 3-34 为 FE-4 样品的外观照片和显微组织。由外观照片知，FE-4 样品的宏
观组织不均匀，在样品中部存在表面为砖红色的缩孔。这说明 FE-4 样品在热处
理过程中易变形。由图 3-34（a）所示的析晶区为 2~3μm 微晶，由图 3-34（b）
所示的缩孔区为 100μm 以上的微晶。综上所述，不锈钢渣微晶玻璃的 Fe_2O_3 较优
质量分数为 4.55%。

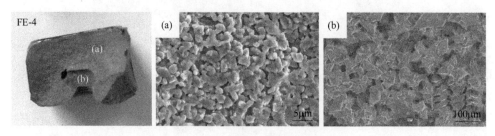

图 3-34   FE-4 样品的外观及显微组织

3.2.5.3 酸洗污泥的晶化作用

Fe_2O_3 和 Cr_2O_3 是不锈钢渣微晶玻璃的形核剂，Cr_2O_3 诱导基础玻璃分相、促

进形核，Fe_2O_3可细化微晶玻璃显微组织；CaF_2可缩小基础玻璃的形核温度和晶化温度的差异。因此，酸洗污泥是不锈钢渣微晶玻璃的良好复合形核剂。

为研究酸洗污泥对不锈钢渣微晶玻璃的晶化作用，以不锈钢渣、废玻璃和不锈钢酸洗污泥为原料，配制了表 3-12 四组配方。

表 3-12 微晶玻璃的配方 （w/%）

成　　分	GC-0	GC-1	GC-2	GC-3
不锈钢渣	50	40.40	37.80	35.20
废玻璃	50	52.60	48.20	43.80
酸洗污泥	0	7.00	14.00	21.00
CaO	23.01	19.69	18.33	16.97
MgO	15.10	12.78	12.00	11.22
SiO_2	44.88	45.25	42.34	39.43
Al_2O_3	4.48	4.11	4.02	3.94
Fe_2O_3	1.55	3.11	4.81	6.50
Na_2O	7.23	7.71	7.20	6.69
CaF_2	2.18	4.06	7.20	10.35
SO_3	0.80	0.99	1.25	1.51
Cr_2O_3	0.51	0.77	1.09	1.41
MnO	0.56	0.54	0.60	0.66
NiO	0.01	0.14	0.23	0.39
CuO	—	0.04	0.06	0.09

将不锈钢渣粉、废玻璃粉和不锈钢酸洗污泥粉按表 3-12 配料、混匀后，装入刚玉坩埚，采用马弗炉升温至 1460℃ 保温 2h 得到玻璃熔体，然后浇注到 600℃ 的模具中保温 30min 得到基础玻璃。为测定玻璃转变温度和析晶温度，分别取玻璃熔体水淬样进行 DSC 分析。根据 DSC 分析结果，确定微晶玻璃热处理工艺制度（见图 3-35），将基础玻璃以 10℃/min 加热到析晶温度，保温 1h 完成析晶，随炉冷却至室温，得到微晶玻璃。

由表 3-12 可知，GC-2 样品中 Fe_2O_3、Cr_2O_3 和 CaF_2 质量分数比 GC-0 中分别提高了 3.26%、0.58% 和 5.02%。Cr_2O_3 和 Fe_2O_3 能促进基础玻璃分相和形核，提高微晶玻璃的晶化能力，从而提高微晶玻璃的综合性能[19,52,53]。加入 CaF_2 可将基础玻璃中 Si-O 键被 Si-F 取代、提高非桥氧含量和组成微晶的离子扩散系数，降低玻璃熔体的黏度和晶化温度，从而提高微晶玻璃的形核和晶体生长能力，改善微晶玻璃的显微组织[47,54]。

由图 3-36 可知，基础玻璃的析晶温度随不锈钢酸洗污泥含量增加而降低。酸洗污泥的质量分数为 14% 的 GC-2 样品的析晶温度比 GC-0 样品低 110.8℃。GC-3 样品的 DSC 曲线中出现了晶粒二次长大的放热峰（792.7℃）。两个放热峰温度接近，表明 GC-3 样品中的晶粒易发生二次长大。

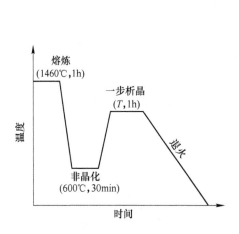

图 3-35　微晶玻璃的制备过程

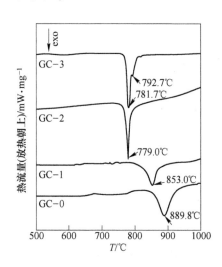

图 3-36　基础玻璃的 DSC 曲线（10℃/min）

为研究酸洗污泥对不锈钢渣微晶玻璃的显微组织和晶相组成的影响，将四组基础玻璃分别升温至析晶温度保温 1h，然后随炉冷却，得到微晶玻璃样品，进行 SEM 和 XRD 分析。由图 3-37 可知，随不锈钢酸洗污泥添加量增加，微晶先由柱状晶（GC-0）变为块状晶（GC-1），再转变为 1~2μm 的等轴晶（GC-2）。GC-3 晶粒异常粗大，呈不规则形状，表明在析晶过程中，GC-3 样品的晶粒发生了二次长大，与 DSC 分析一致。由此可知，含 14%（质量分数）酸洗污泥的不锈钢渣微晶玻璃晶粒细小均匀。

图 3-30 和图 3-31 表明，向含铬钢渣微晶玻璃中添加 1%（质量分数）的 Cr_2O_3 能诱导基础玻璃分相并形成均匀分布的平均尺寸约为 50~70nm 的晶核。根据前文论述，向含铬钢渣微晶玻璃中引入 Fe_2O_3 能诱导基础玻璃分相并形成均匀分布的富 Cr、Fe 的无定形相；随保温时间延长，无定形相中析出晶体颗粒，促进主晶相析出和长大。此外，随不锈钢酸洗污泥添加量增加，微晶玻璃中 CaF_2 质量分数提高，F^- 与 Si^{4+} 结合形成 Si—F 键，降低玻璃网络完整度，促进晶相组成离子扩散，降低基础玻璃的析晶放热峰温度。在 Fe_2O_3、Cr_2O_3 和 CaF_2 的协同作用下，微晶玻璃的析晶放热峰温度下降，微晶颗粒细化、均匀化。当不锈钢酸洗污泥过量时，基础玻璃在析晶过程中，容易发生晶粒二次长大，如图 3-37 (d) 所示。综上所述，碱度为 1 的不锈钢渣微晶玻璃中，酸洗污泥的较优添加量

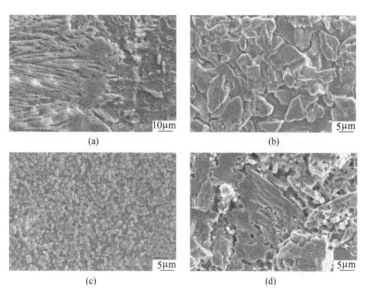

图 3-37　不同酸洗污泥质量分数的微晶玻璃显微组织

（a）GC-0；（b）GC-1；（c）GC-2；（d）GC-3

（质量分数）为 14%。

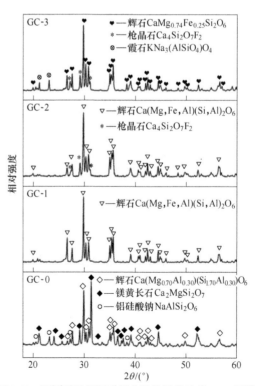

图 3-38　不同酸洗污泥质量分数的微晶玻璃 XRD 图谱

图 3-38 为不同酸洗污泥添加量的微晶玻璃 XRD 图谱。GC-0 样品的主晶相为辉石和镁黄长石，伴有少量的铝硅酸钠相。GC-1 样品主晶相为辉石，无次晶相和杂相。GC-2 样品主晶相仍为辉石，有少量枪晶石相析出。GC-1 和 GC-2 的 XRD 图谱中镁黄长石相和铝硅酸钠相消失。GC-3 样品为铁辉石、枪晶石和霞石相。研究表明，随 CaF_2 质量分数升高，玻璃网络中 Si—F 键含量上升，玻璃网络完整度降低，玻璃相中 Ca、Na 和 K 等离子的固溶度上升，高钙相和含钠相含量下降。析晶过程中，F^- 离子将进入剩余玻璃相，剩余玻璃相最终结晶为枪晶石相。由此可知，随酸洗污泥含量增加，镁黄长石相和

铝硅酸钠相的衍射峰强度降低，枪晶石相和霞石相含量上升[55]。

由 DSC、SEM 和 XRD 分析知，酸洗污泥能降低基础玻璃的析晶温度，改善微晶玻璃的显微组织，影响微晶玻璃的晶相组成，影响微晶玻璃的综合性能。测试了四组微晶玻璃样品的密度、吸水率和维氏硬度（见表 3-13），并按美国 TCLP 标准评估了不锈钢渣微晶玻璃固化重金属的效果（见表 3-14）。

表 3-13   微晶玻璃的物理化学性能

性　能	GC-0	GC-1	GC-2	GC-3
密度/g·cm^{-3}	2.67±0.02	3.03±0.01	3.07±0.01	3.01±0.01
吸水率/%	1.2±0.10	0.27±0.01	0.21±0.01	0.73±0.02
硬度/GPa	4.89±0.04	7.12±0.11	7.58±0.07	6.99±0.09

表 3-14   微晶玻璃的重金属浸出浓度　　　　　　　　　（mg/L）

重金属离子	TCLP 限值	GC-0	GC-1	GC-2	GC-3
Cr	5	0.12	0.14	0.13	0.61
Ni	5	0.01	0.03	0.04	0.14
Cu	15	0.13	0.32	0.25	0.36

微晶玻璃的吸水率随不锈钢酸洗污泥添加量升高先降低后升高，密度和维氏硬度则随先升高后降低。当酸洗污泥添加量为 14%（质量分数）时，微晶玻璃的密度和维氏硬度最大，吸水率最低，分别为 $(3.07±0.01)$ g/cm^3、$(7.58±0.07)$ GPa 和 0.21%±0.01%（质量分数）。与未添加酸洗污泥的 GC-0 样品相比，微晶玻璃的维氏硬度提高了 2.69GPa，吸水率下降了 1.00%（质量分数），相对密度升高了 0.395g/cm^3。

由表 3-14 知，四组微晶玻璃样品的重金属浸出浓度都远低于美国 TCLP 标准限值，既实现了重金属离子的固化，又实现了酸洗污泥资源化。研究指出，重金属离子以置换或固溶形式存在于微晶相中，具有很好的固化效果[54,55,56]。综上，将不锈钢酸洗污泥引入微晶玻璃配方，降低了析晶温度、细化了晶粒细化、提高了微晶玻璃性能，还可有效固化重金属。

不锈钢酸洗污泥具有极高风险的危险固废，用于不锈钢渣微晶玻璃可以实现无害化处置和资源化利用。

（1）不锈钢酸洗污泥的主要成分为 CaF$_2$、Fe$_2$O$_3$ 和 Cr$_2$O$_3$，Cr、Ni 浸出浓度分别为 117mg/L 和 101mg/L，远超国标限值（总铬 15mg/L，总镍 5mg/L），且表现出长期浸出特征。

（2）酸洗污泥中的 Cr$_2$O$_3$ 是微晶玻璃的形核剂。经 700℃ 保温 90min 后，Cr$_2$O$_3$ 添加量为 1%（质量分数）玻璃基体中，形成了均匀的、约为 100nm 的球状晶核。

（3）酸洗污泥中的 Fe_2O_3 能促进不锈钢渣微晶玻璃析晶，有助于细化微晶颗粒。Fe_2O_3（质量分数）为 4.55% 时，不锈钢渣微晶玻璃中的微晶为均匀、密堆、$0.5 \sim 1\mu m$ 的等轴晶。

（4）酸洗污泥是不锈钢渣微晶玻璃的有效形核剂。向碱度为 1.00 的不锈钢渣微晶玻璃中添加 14%（质量分数）的酸洗污泥后，析晶温度降低 110.8℃，微晶玻璃的维氏硬度提高 2.69GPa，吸水率下降 1.00%（质量分数），相对密度提高 $0.395g/cm^3$。

（5）将酸洗污泥用作不锈钢渣微晶玻璃形核剂，可实现 Cr 和 Ni 等重金属离子高效固化。不锈钢渣质量分数为 37.8%、酸洗污泥质量分数为 14%，废玻璃质量分数为 48.2% 的微晶玻璃，其重金属浸出浓度为：Cr = 0.13mg/L，Ni = 0.04mg/L，Cu = 0.25mg/L，低于美国 TCLP 标准限值。

参 考 文 献

[1] 李小明，李文锋，王尚杰，等. 不锈钢渣资源化研究现状 [J]. 湿法冶金，2012，31（1）：5-8.

[2] 王绍文，等. 固体废弃物资源化技术与应用 [M]. 北京：冶金工业出版社，2003.

[3] 邓立新. 真空过滤及电脱水污泥处理法 [P]. 中国：104030540A，2014-09-10.

[4] Ulkü Bulut, Arzu Ozverdi, Mehmet Erdem. Leaching behavior of pollutants in ferrochrome arc furnace dust and its stabilization/solidification using ferrous sulphate and Portland cement [J]. Journal of Hazardous Materials, 2009, 162（2）：893-898.

[5] Zhang Huaiwei, Hong Xin. An overview for the utilization of wastes from stainless steel industries [J]. Resources, Conservation and Recycling, 2011, 55（8）：745-754.

[6] M. I. Dominguez, F. Romero-Sarria, M. A. Centeno, et al. Physicochemical characterization and use of wastes from stainless steel mill [J]. Environmental Progress and Sustainable Energy, 2010, 29（4）：471-480.

[7] Andrew Broadway, Mark R. Cave, Joanna Wragg, et al. Determination of the bioaccessibility of chromium in Glasgow soil and the implications for human health risk assessment [J]. Science of the Total Environment, 2010, 409（2）：267-277.

[8] 何品晶，等. 固体废物处理与资源化技术 [M]. 北京：高等教育出版社，2011.

[9] 郭华，苍大强，白皓，等. 不锈钢渣制备陶瓷的实验研究 [J]. 物理测试，2008，4：12-16.

[10] 陆继来，曹蕾，周海云，等. 离子交换法处理含镍电镀废水工艺研究 [J]. 工业安全与环保，2013，12（39）：13-15.

[11] 周键，王三反，张学敏. 离子交换膜电解回收含镍废水中镍的研究 [J]. 工业水处理，2015，1（35）：22-25.

[12] 张少峰, 胡熙恩. 脉冲电解法处理含镍废水 [J]. 环境科学与管理, 2011, 11 (36): 91-95.

[13] 戴伟华. 镍铬酸洗污泥处理工艺的探讨 [J]. 有色冶金设计与研究, 2010, 6 (31): 48-51.

[14] 杨健. 含铬钢渣制备微晶玻璃及一步热处理研究 [D]. 北京: 北京科技大学, 2016.

[15] Deng W, Gong Y, Cheng J. Liquid-phase separation and crystallization of high siliconcanasite-based glass-ceramic [J]. Journal of Non-crystalline Solids, 2014, 385: 47-54.

[16] Yang Z, Lin Q, Lu S, et al. Effect of CaO/SiO$_2$ ratio on the preparation and crystallization of glass-ceramics from copper slag [J]. Ceramics International, 2014, 40 (5): 7297-7305.

[17] Cao J, Wang Z. Effect of Na$_2$O and heat-treatment on crystallization of glass-ceramics from phosphorus slag [J]. Journal of Alloys and Compounds, 2013, 557: 190-195.

[18] Rezvani M, Eftekhari-Yekta B, Solati-Hashjin M, et al. Effect of Cr$_2$O$_3$, Fe$_2$O$_3$ and TiO$_2$ nucleants on the crystallization behaviour of SiO$_2$-Al$_2$O$_3$-CaO-MgO (R$_2$O) glass-ceramics [J]. Ceramics International, 2005, 31 (1): 75-80.

[19] Khater G A. Influence of Cr$_2$O$_3$, LiF, CaF$_2$ and TiO$_2$ nucleants on the crystallization behavior and microstructure of glass-ceramics based on blast-furnace slag [J]. Ceramics International, 2011, 37 (7): 2193-2199.

[20] Yang J, Zhang S G, Liu B, et al. Effect of TiO$_2$ on crystallization, microstructure and mechanical properties of glass-ceramics [J]. Journal of Iron and Steel, International, 2015, 22 (12): 1113-1117.

[21] Mukherjee D P, Das S K. The influence of TiO$_2$ content on the properties of glass ceramics: Crystallization, microstructure and hardness [J]. Ceramics International, 2014, 40 (3): 4127-4134.

[22] Ma M, Ni W, Wang Y, et al. The effect of TiO$_2$ on phase separation and crystallization of glass-ceramics in CaO-MgO-Al$_2$O$_3$-SiO$_2$-Na$_2$O system [J]. Journal of Non-crystalline Solids, 2008, 354 (52): 5395-5401.

[23] Chavoutier M, Caurant D, Majérus O, et al. Effect of TiO$_2$ content on the crystallization and the color of (ZrO$_2$, TiO$_2$) -doped Li$_2$O-Al$_2$O$_3$-SiO$_2$ glasses [J]. Journal of Non-crystalline Solids, 2014, 384: 15-24

[24] Wakihara T, Tatami J, Komeya K, et al. Effect of TiO$_2$ addition on thermal and mechanical properties of Y-Si-Al-O-N glasses [J]. Journal of the European Ceramic Society, 2012, 32 (6): 1157-1161.

[25] Park J, Ozturk A. Effect of TiO$_2$ addition on the crystallization and tribological properties of MgO-CaO-SiO$_2$-P$_2$O$_5$-F glasses [J]. Thermochimica Acta, 2008, 470 (1): 60-66.

[26] Banijamali S, Yekta B E, Rezaie H R, et al. Crystallization and sintering characteristics of CaO-Al$_2$O$_3$-SiO$_2$ glasses in the presence of TiO$_2$, CaF$_2$ and ZrO$_2$ [J]. Thermochimica Acta, 2009, 488 (1): 60-65.

[27] 李献春, 张明辉. 钢渣粉回配烧结的探索与实践 [J]. 鄂钢科技, 2008, 3: 1-5.

[28] 谷孝保，罗建中，陈敏. 铬渣应用于烧结炼铁工艺的研究及实践 [J]. 环境工程，2005，22（4）：71-72.

[29] 朱苗勇. 现代冶金工艺学——钢铁冶金卷 [M]. 北京：冶金工业出版社，2011.

[30] 李建立，徐安军，贺东风，等. 不锈钢渣的无害化处理和综合利用技术研究 [J]. 炼钢，2010，6：74-77.

[31] 郭华. 不锈钢熔炼渣中铬的控制及渣的资源化利用 [D]. 北京：北京科技大学，2009.

[32] 李秀金. 固体废物处理与资源化 [M]. 北京：科学出版社，2011.

[33] 田建军，张深根，张静，等. 一种含 Cr 钢渣制备多孔保温材料的方法 [P]. 中国：102584318A，2012-07-18.

[34] 西德钢铁工程师协会. 冷轧带钢生产 [M]. 北京：机械工业出版社，1983.

[35] 孙英才，赵由才. 危险废物处理技术 [M]. 北京：化学工业出版社，2003.

[36] 徐孝雅，付祥兵，沈生，等. 高压隔膜压滤机在城市污泥深度脱水中的应用 [C]. 给水厂污水厂升级改造及节能减排新技术新工艺研讨会论文集，2009，417-422.

[37] 牟润芝，李慧东. 离心脱水机的挤压作用在污泥脱水中的利用 [C]. 2010 年水处理新工艺及给（污）水厂运行管理高级研讨会论文集，2010，314-316.

[38] 李定龙，常杰云，等. 工业固废处理技术 [M]. 北京：中国石化出版社，2013.

[39] 张明，汪保明，张险峰，等. 一种垃圾填埋场盖层 [P]. 中国：104438276A，2015-03-25.

[40] 杨明，王永峰，等. 垃圾填埋场封场防渗层 [P]. 中国：204040079U，2014-12-24.

[41] 楼紫阳，宋玉，等. 零污泥排放的填埋场渗滤液处理方法 [P]. 中国：101891356A，2010-08-05.

[42] 房金乐，杨文涛. 不锈钢酸洗污泥的处理现状及展望 [J]. 中国资源综合利用，2014，31（11）：24-28.

[43] 张传秀，严于何，李广夫，等. 不锈钢和特殊钢酸洗污泥的资源化安全利用及其全过程污染控制方法 [J]. 冶金环境保护，2010，6：36-40.

[44] GB 5085.3—2007，危险废物鉴别标准 浸出毒性鉴别 [S]. 北京：中国环境科学出版社，2007.

[45] 张深根，邝春福，等. 一种不锈钢酸洗污泥绿色提取铬和镍的方法 [P]. 中国：102690956A，2012-09-26.

[46] 张景，孙映，刘旭隆，等. 还原—磁选不锈钢酸洗污泥中的金属 [J]. 过程工程学报，2014，5（14）：782-786.

[47] Mukherjee D P, Das S K. SiO_2-Al_2O_3-CaO glass-ceramics: effects of CaF_2 on crystallization, microstructure and properties [J]. Ceramics International, 2013, 39 (1): 571-578.

[48] Wang S. Effects of Fe on crystallization and properties of a new high infrared radiance glass-ceramics [J]. Environmental Science & Technology, 2010, 44 (12): 4816-4820.

[49] Goel A, Tulyaganov D U, Kharton V V, et al. The effect of Cr_2O_3 addition on crystallization and properties of La_2O_3-containing diopside glass-ceramics [J]. Acta Materialia, 2008, 56 (13): 3065-3076.

[50] Jung S S, Sohn I. Crystallization Control for Remediation of an Fe_tO-Rich CaO-SiO_2-Al_2O_3-MgO EAF Waste Slag [J]. Environmental Science & Technology, 2014, 48 (3): 1886-1892.

[51] Alizadeh P, Yekta B E, Gervei A. Effect of Fe_2O_3 addition on the sinterability and machinability of glass-ceramics in the system MgO-CaO-SiO_2-P_2O_5 [J]. Journal of the European Ceramic Society, 2004, 24 (13): 3529-3533.

[52] Krishna G M, Gandhi Y, Venkatramaiah N, et al. Features of the local structural disorder in Li_2O-CaF_2-P_2O_5 glass-ceramics with Cr_2O_3 as nucleating agent [J]. Physica B: Condensed Matter, 2008, 403 (4): 702-710.

[53] Li J, Xu A, He D, et al. Effect of FeO on the formation of spinel phases and chromium distribution in the CaO-SiO_2-MgO-Al_2O_3-Cr_2O_3 system [J]. International Journal of Minerals, Metallurgy, and Materials, 2013, 20 (3): 253-258.

[54] Fan C S, Li K C. Production of insulating glass ceramics from thin film transistor-liquid crystal display (TFT-LCD) waste glass and calcium fluoride sludge [J]. Journal of Cleaner Production, 2013, 57: 335-341.

[55] Yang J, Zhang S G, Pan D A, et al. Treatment method of hazardous pickling sludge by reusing as glass-ceramics nucleation agent. Rare Metals, 2016, 35 (3): 269-274.

[56] Roether J A, Daniel D J, Rani D A, et al. Properties of sintered glass-ceramics prepared from plasma vitrified air pollution control residues [J]. Journal of Hazardous Materials, 2010, 173 (1): 563-569.

4 有色冶金危险固废处理及资源化技术

有色金属是指除铁、锰、铬三种黑色金属以外的所有金属的总称。通常所述的十大有色金属是指铜、铝、铅、锌、镍、锡、锑、汞、镁、钛，其生产量大、应用比较广泛。据中国有色金属工业协会统计，1949~2015 年 9 种主要有色金属累计产量超过 4.78 亿吨，其中 2015 年为 5090 万吨，产生有色冶金固废 2 亿余吨。表 4-1 列出了 1949~2014 年我国 9 种有色金属的总产量及世界占比。

表 4-1 1949~2014 年我国 9 种主要有色金属累计产量（万吨）及占比（%）

年份	铜		铝		铅		锌		镍	
	数量	占比	数量	占比	数量	占比	数量	占比	数量	占比
1949~2000	1875	25.6	2919	13.8	1136	20.7	1808	25.3	73	27
2001~2014	5433	74.4	18187	86.2	4351	79.3	5348	74.7	196	73
1949~2014	7308	100	21106	100	5487	100	7156	100	269	100

年 份	锡		锑		镁		钛		合 计	
	数量	占比	数量	占比	数量	占比	数量	占比	数量	占比
1949~2000	158	44	186	43	72	9	4	7	8245	19
2001~2014	202	56	242	57	773	91	57	93	34445	81
1949~2014	360	100	428	100	845	100	61	100	42690	100

注：新中国成立后，铝 1954 年、镍 1955 年、镁和钛 1958 年才开始工业化生产。

有色冶金渣指冶金提取有色金属后排出的固废，分为湿法冶金渣和火法冶金渣。湿法冶金渣就是指从含金属矿物中浸出了目的金属后的固体剩余物，火法冶金渣指含金属矿物在熔融状态下分离出有用组分后的产物。有色冶金渣的成分，随矿石性质和冶炼方法不同而异，主要为含铁和含硅的炉渣，同时还含有不同数量的铜、铅、锌、镍、镉、砷、汞等，有时还含有少量金银等贵金属。铜、铅、锌这三种有色金属冶炼渣具有产量大、重金属含量高、毒性大的特点，属于有色冶金危险固废。

4.1 铜冶炼渣

铜冶炼技术分火法和湿法两大类，其中火法冶炼占主导地位。世界上火法炼铜的比例达到总产量的 80%以上，我国铜产量的 97%以上由火法冶炼产生[1]。火法炼铜最突出的优点是适应性强，能耗低，生产效率高，其工艺流程图如图 4-1 所示[2]。因此，铜渣主要来源于火法炼铜。

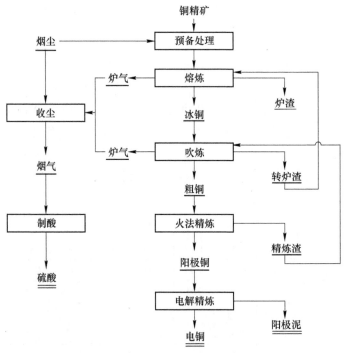

图 4-1 火法炼铜工艺流程

4.1.1 铜冶炼渣的种类和特点

火法铜冶炼一般包括熔炼、吹炼、精炼和电解等四个生产流程[3]。铜渣的成渣过程可描述如下：冶炼炉（鼓风炉、反射炉、电炉、艾萨炉、闪速炉、转炉等）内高温环境下未被还原的 Ca、Fe、Si、Al、Mg 等氧化物，经出渣、中间渣、到成分稳定的终渣以高温熔融状态从出渣口排出，快速冷却而形成[4]。铜渣是炉料和燃料中各种氧化物互相熔融而成的共熔体，铜渣的典型成分是：$w(\text{Fe}) = 30\% \sim 40\%$，$w(\text{SiO}_2) = 35\% \sim 40\%$，$w(\text{Al}_2\text{O}_3) \leqslant 10\%$，$w(\text{CaO}) \leqslant 10\%$，$w(\text{Cu}) = 0.5\% \sim 2.1\%$[5]。

铜渣主要矿物成分是铁橄榄石（$2\text{FeO} \cdot \text{SiO}_2$）、磁铁矿（$\text{Fe}_3\text{O}_4$）及一些脉石组成的无定形玻璃体。铜主要以辉铜矿（$\text{Cu}_2\text{S}$）、金属铜、氧化铜形式存在，铁主要以硅酸盐的形式存在。铜渣中的铜质量分数接近或高于有冶炼利用价值的原铜矿品位，铁质量分数大于冶炼铁矿 29.1%的平均品位。不同的冶炼方法铜渣的组成还有差别，表 4-2 为各种熔炼方法的铜渣化学成分。

表 4-2　各种熔炼方法的铜渣化学成分　　　　　（w/%）

铜冶炼方法	Cu	Fe	Fe$_3$O$_4$	SiO$_2$	S	Al$_2$O$_3$	CaO	MgO
密闭鼓风炉	0.42	29.0	—	38	—	7.5	11	0.74
奥托昆普闪速熔炼（电炉改造）	1.5	44.4	11.8	26.6	1.6	—	—	—
奥托昆普闪速熔炼	0.78	44.06	—	29.7	1.4	7.8	0.6	—
Inco 闪速熔炼	0.9	44.0	10.8	33	1.1	4.72	1.73	1.61
诺兰达法	2.6	40	15	25.1	1.7	5.0	1.5	1.5
瓦纽科夫法	0.5	40	5	34	—	4.2	2.6	1.4
白银法	0.45	35	3.15	35	0.7	3.3	8	1.4
特尼恩特转炉冶炼	4.6	43	20	26.5	0.8	—	—	—
奥斯麦特熔炼	0.65	34	7.5	31	2.8	7.5	5.0	—
三菱法	0.6	38.2	—	32.2	0.6	2.9	5.9	—

空气冷却的铜渣为黑色，外表为玻璃状，大部分呈致密块状，脆而硬。随着含铁量的变化，质量密度也在变化，一般为 2.8 ~ 3.8g/cm³。在高温下熔体经水淬的水淬渣，呈黑色小颗粒且多孔，粒径为 0 ~ 4mm，渣有少部分呈片状、针状及矿渣棉，大部分呈玻璃状态，属于酸性低活性矿渣。水淬渣堆积质量密度为 1.6 ~ 2.3g/cm³[1]。铜渣还有良好的机械特性，如坚固性、耐磨性、稳定性等。

4.1.2　低品位铜冶炼渣提铜技术

铜渣中铜的分离贫化方法主要有火法贫化、湿法浸出、浮选富集等。

4.1.2.1　铜冶炼渣火法贫化

返回重熔和还原造锍是火法贫化分离的主要方法[6]，包括反射炉贫化、电炉贫化、真空贫化、铜锍提取、直接电流电极还原、沸腾焙烧炉贫化、高温氯化挥发贫化等方法。铜在渣中的损失主要是以冰铜夹杂、硫化物的物理溶解以及结合态的铜化合物的形式产生的，其中以冰铜夹杂为主。这些铜矿物多被磁性氧化铁所包裹呈滴状结构，或铜铁矿物形成斑状结构，或数种铜矿物相嵌共生。因此，影响渣含铜的最根本因素是炉渣中的 Fe$_3$O$_4$ 的质量分数。降低炉渣中的 Fe$_3$O$_4$ 的质量分数，就能够改善锍滴在渣中沉降的条件，如黏度、密度以及渣—锍间界面张力等，减少铜的氧化损失，从而降低渣含铜量。因此，炉渣的熔炼贫化就是降低氧势、提高硫势、还原 Fe$_3$O$_4$ 的过程。随着技术的发展，一些新的贫化炼铜渣方式接连不断地出现，如反射炉贫化，电炉贫化，特尼恩特转炉贫化等方法。火法贫化一般都是基于以下基本反应[7]：

$$3Fe_3O_4 + [FeS] \rightleftharpoons 10(FeO) + SO_2 \qquad (4-1)$$

$$(Cu_2O) + [FeS] = (FeO) + [Cu_2S] \qquad (4-2)$$

冶炼过程中,若仅采用以上方法实现渣中铜的贫化回收,将会进一步降低熔池中锍品位,使后续处理工艺复杂。因此,为了保持贫化过程中的熔池锍品位,一般是使用碳质还原剂进行渣中 Fe_3O_4 的还原:

$$C + Fe_3O_4 = 3(FeO) + CO \qquad (4-3)$$

由式 (4-1) ~式 (4-3) 知,降低生成物中 FeO 的活度有利于促进渣中 Fe_3O_4 组分的还原,研究中发现渣中添加一定量 SiO_2,可大大加快 Fe_3O_4 的还原速度和提高其还原限度,其原因可能是 SiO_2 加入熔池后与 FeO 结合形成 $xFeO \cdot SiO_2$,使 FeO 活度降低。反应式如下:

$$xFeO + SiO_2 = xFeO \cdot SiO_2 \qquad (4-4)$$

张邦琪和史宜峰通过对贫化电炉中艾萨炉渣和转炉渣混合贫化的研究发现[8],仅依靠 FeS、SiO_2 或者固体还原剂碳来降低渣中 Fe_3O_4 质量分数是不够的,其原因是固体还原剂对渣中 Fe_3O_4 的还原属固—固反应,动力学条件的缺陷导致渣中 Fe_3O_4 还原率较低,如还原剂切换为气体,反应动力学条件大幅度改善,铜渣贫化效果得到明显提升。孙铭良和黄克雄也在研究中发现,炉渣贫化过程中通入还原气体有利于降低渣含铜量,且惰性气体的喷吹搅拌作用,也可使渣中锍品位得到一定程度的降低,其原理是通过惰性气体搅拌,渣中细小铜锍颗粒接触机会增多,有利于其聚合长大并沉积至铜锍相。在真空环境下,铜渣的贫化程度可得到大幅度提升,其原因是真空环境促进了以下反应的发生:

$$3[Fe_3O_4] + (FeS) = 10(FeO) + SO_2 \qquad (4-5)$$
$$3(CuO \cdot Fe_2O_3) + 2CuS = 5Cu + 2Fe_3O_4 + 2SO_2 \qquad (4-6)$$
$$5(CuO \cdot Fe_2O_3)_4 + 2FeS = 5Cu + 4Fe_3O_4 + 2SO_2 \qquad (4-7)$$
$$(Cu_2S) + 2(Fe_3O_4) = 6(FeO) + 2Cu + SO_2 \qquad (4-8)$$
$$(Cu_2O) + [FeS] = [Cu_2S] + (FeO) \qquad (4-9)$$

使 Fe_3O_4 还原为 FeO,降低熔渣黏度促进铜锍沉淀。同时可大幅度促进反应所生成 SO_2 气泡的上浮,对熔渣形成强烈搅拌,从而促进细小铜锍颗粒的聚集长大和沉降,降低渣含铜。

以火法贫化基本原理为基础,近些年形成的比较成熟的铜渣火法贫化方法有反射炉贫化法、电炉贫化法、真空贫化法。上述方法都有各自特点。对反射炉贫化法而言,虽其炉膛大、处理量高且可回收大块回炉料,但转炉返渣量体积增大时,其中 Fe_3O_4 含量也逐渐增大,不利于降低渣含铜,且 Fe_3O_4 的持续堆积,形成炉结进而腐蚀炉膛;电炉贫化可以提高熔体温度,使渣中铜的含量降到很低,由熔炼炉溜槽流出的液态炉渣不断地进入贫化炉内,在自熔电极产生的电能热的作用下,熔体温度保持在 1200 ~ 1250℃。渣中的 Fe_3O_4 被加入的还原剂还原成 FeO,并与 SiO_2、CaO 等造渣。在降低了炉渣的黏度、密度,改善了渣的分离性质以后，锍粒比较容易地沉降到锍层中。Cu_2O 硫化生成的锍粒和原先夹带的锍粒会在炉渣对流运动中相遇，互相碰撞，由于界面张力的作用而聚合成较大尺寸的锍粒沉降[1]。电炉贫化不仅可以处理各种成分的炉渣，而且可以处理各种返料。熔体中电能在电极间的流动产生搅拌作用，促使渣中的铜粒子凝聚长大[9]。目前此方法已经得到了广泛应用，许多冶炼企业都在使用电炉法贫化炉渣。但由于需要通过电能消耗维持炉内高温，该方法能耗较高。真空贫化法具有可迅速降低渣中 Fe_3O_4 含量、促进形成的 SO_2 气泡上浮从而促进铜锍微滴的聚集长大等优点[10]，但由于成本较高、操作复杂，其在工业上并没有得到推广应用。

不同于以上贫化方法，很多研究者提出将渣中含铜物相直接还原为金属铜的方法来实现其回收[11, 12]，并可同步实现渣中其他有价金属的综合回收，所涉及的反应可表示如下[13]：

$$MeO(渣相) + C(s) \rule[0.5ex]{2em}{0.4pt} Me(l) + CO(g) \tag{4-10}$$

$$2MeO（渣相） + C(s) \rule[0.5ex]{2em}{0.4pt} 2Me(l) + CO_2(g) \tag{4-11}$$

利用此工艺对渣中铜进行回收，其过程总体上可分为两个步骤：（1）渣中铜的选择性还原，保证铜最大限度还原回收的前提下减少渣中铁的还原析出；（2）还原所得金属相从渣中的聚合析出长大，过程中需控制铜在熔渣中的溶解能力以确保其析出量。Kim 和 Sohn[14]研究发现，环境中氧气分压为 $10^{-12} \sim 10^{-16}$ Pa，熔渣中添加一定量 CaO、MgO、Al_2O_3 铜在其中的溶解度逐步降低，且渣中 Fe^{3+}/Fe^{2+} 离子比即渣中 Fe_3O_4 相对含量也可得到明显的降低，两者均有利于渣中铜的还原析出。为了控制处理过程中渣中铁的还原，Banda 等进行了 TiO_2、CaF_2、CaO 三种添加剂对渣中 Co、Cu、Fe 三种金属的还原特性影响的研究[13]。研究发现，渣的平衡氧分压和还原剂的添加量对渣中金属的还原程度起决定作用，且任何添加剂对其还原程度的提高作用都不明显。然而，以上三种添加剂的加入却对渣中金属的选择性还原作用较为明显，相对于 CaF_2 和 CaO，TiO_2 对 Co 的选择性还原效果更为明显，且可有效控制过程中 Fe 的还原。其原因主要是 TiO_2 以加入溶池后可取代渣中硅酸盐的 SiO_2 组分：

$$TiO_2 + 2FeO \cdot SiO_2 \rule[0.5ex]{2em}{0.4pt} 2FeO \cdot TiO_2 + SiO_2 \tag{4-12}$$

$$TiO_2 + 2CaO \cdot SiO_2 \rule[0.5ex]{2em}{0.4pt} 2CaO \cdot TiO_2 + SiO_2 \tag{4-13}$$

所形成的 $FeO \cdot TiO_2$ 比 $FeO \cdot SiO_2$ 更稳定，使渣中 FeO 活度明显降低，从而较好地控制了 Fe 的还原，TiO_2 添加量从 8%（质量分数）增至 12%（质量分数）时，渣中铁的还原率从 70% 可降至 30% 左右。反应中添加一定量 CaO 对渣中金属的选择性还原相对较弱，其可同步促进渣中 Cu、Fe 等金属的还原：

$$CaO + 2FeO \cdot SiO_2 \rule[0.5ex]{2em}{0.4pt} CaO \cdot SiO_2 + 2FeO \tag{4-14}$$

$$(CuO_{0.5} - FeO) + CaO \rule[0.5ex]{2em}{0.4pt} CuO_{0.5} + (CaO - FeO) \tag{4-15}$$

$$(CuO_{0.5} - SiO_2) + CaO \rule[0.5ex]{2em}{0.4pt} CuO_{0.5} + (CaO - SiO_2) \tag{4-16}$$

CaO 相对 FeO 和 Cu_2O 来说 SiO_2 的结合能力更强，其加入熔池后后两者从原来络合物中被释放出来，活度得到明显提升，还原率相应增加。

Maweja 等在研究中发现[15]，铜渣直接熔融还原过程中 C/Fe 比、保温温度、混料方式等因素对渣中铁的还原有较为重要的影响，熔融状态下加入还原剂相对起始反应时加入对限制铁的还原更为有效，其原因是渣中铁的还原在渣达熔融状态之前便可发生。通过此方式进行渣中铜的回收，虽回收率高达 50% 左右，但还原所得金属中铁质量分数也达 30% 左右，导致回收产品不可直接利用。

4.1.2.2　铜冶炼渣铜的湿法提取

铜渣采用湿法处理进行其中有价金属的提取，可较好地克服铜渣火法贫化工艺存在高能耗、废气污染等缺点，且处理范围较广，对较低品位的铜渣也有较好的处理效果。铜渣中有价金属的湿法提取按照浸出介质可分为硫酸化浸出和氯化浸出。

A　硫酸化浸出

铜渣硫酸化浸出一般分为三个步骤，硫酸化焙烧、硫酸盐分解和硫酸浸出。

(1) 硫酸化焙烧：

$$2Cu_5FeS_4 + 42H_2SO_4 === 10CuSO_4 + Fe_2(SO_4)_3 + 37SO_2 + 42H_2O$$
$$\text{(4-17)}$$

$$CuO \cdot Fe_2O_3 + 4H_2SO_4 === CuSO_4 + Fe_2(SO_4)_3 + 4H_2O \qquad \text{(4-18)}$$

$$CoO \cdot Fe_2O_3 + 4H_2SO_4 === CoSO_4 + Fe_2(SO_4)_3 + 4H_2O \qquad \text{(4-19)}$$

$$(ZnO \cdot Fe_2O_3) + 4H_2SO_4 === ZnSO_4 + Fe_2(SO_4)_3 + 4H_2O \qquad \text{(4-20)}$$

$$NiO \cdot Fe_2O_3 + 4H_2SO_4 === NiSO_4 + Fe_2(SO_4)_3 + 4H_2O \qquad \text{(4-21)}$$

$$1/2(2CoO \cdot SiO_2) + H_2SO_4 === CoSO_4 + 1/2SiO_2 + H_2O \qquad \text{(4-22)}$$

$$ZnO \cdot SiO_2 + H_2SO_4 === ZnSO_4 + SiO_2 + H_2O \qquad \text{(4-23)}$$

$$1/2(2ZnO \cdot SiO_2) + H_2SO_4 === ZnSO_4 + 1/2SiO_2 + H_2O \qquad \text{(4-24)}$$

$$1/2(2FeO \cdot SiO_2) + H_2SO_4 === FeSO_4 + 1/2SiO_2 + H_2O \qquad \text{(4-25)}$$

$$(Fe_3O_4) + 4H_2SO_4 === FeSO_4 + Fe_2(SO_4)_3 + 4H_2O \qquad \text{(4-26)}$$

(2) 硫酸盐分解：

$$FeS + 4H_2SO_4 === FeSO_4 + 4SO_2 + 4H_2O \qquad \text{(4-27)}$$

$$CuSO_4 === CuO + SO_3 \qquad \text{(4-28)}$$

$$Fe_2(SO_4)_3 === Fe_2O_3 + 3SO_3 \qquad \text{(4-29)}$$

$$3ZnSO_4 === ZnO \cdot 2ZnSO_4 + SO_3 \qquad \text{(4-30)}$$

$$CoSO_4 === CoO + SO_3 \qquad \text{(4-31)}$$

$$NiSO_4 === NiO + SO_3 \qquad \text{(4-32)}$$

(3) 硫酸浸出：

$$CuO + H_2SO_4 \xlongequal{\hspace{1cm}} CuSO_4 + H_2O \tag{4-33}$$

$$Fe_2O_3 + 3H_2SO_4 \xlongequal{\hspace{1cm}} Fe_2(SO_4)_3 + 3H_2O \tag{4-34}$$

$$ZnO + H_2SO_4 \xlongequal{\hspace{1cm}} ZnSO_4 + H_2O \tag{4-35}$$

$$CoO + H_2SO_4 \xlongequal{\hspace{1cm}} CoSO_4 + H_2O \tag{4-36}$$

$$NiO + H_2SO_4 \xlongequal{\hspace{1cm}} NiSO_4 + H_2O \tag{4-37}$$

铜渣中含铁物相主要为铁橄榄石 Fe_2SiO_4 和磁性 Fe_3O_4，两者在硫酸化焙烧过程中可转化为可溶相 $FeSO_4$ 或 $Fe_2(SO_4)_3$。但硫酸化浸出的导向是使渣中含铜物相溶出进入可溶相中，并尽量减少其他杂质元素特别是铁的溶出[16, 17]。但不可避免一部分铁溶出，夹杂在其中的铜化物才得到释放并进入可溶相。所以湿法处理过程中，焙烧条件和浸出条件的控制十分重要。Altundogan 和 Tume 提出硫酸铁焙烧—湿法浸出工艺[18]，此工艺中硫酸铁主要起到酸源的作用：

$$Fe_2(SO_4)_3 \xlongequal{\hspace{1cm}} Fe_2O_3 + 3SO_3(\text{或 } SO_2 + 1/2SO_2) \tag{4-38}$$

所产生的酸性气体 SO_3 和 SO_2，促进渣中金属相和金属氧化物的酸化：

$$M + 1/2O_2 \xlongequal{\hspace{1cm}} MO \tag{4-39}$$

$$MS + 3/2O_2 \xlongequal{\hspace{1cm}} MO + SO_2 \tag{4-40}$$

$$MO + SO_3(\text{或 } SO_2 + 1/2SO_2) \xlongequal{\hspace{1cm}} MSO_4 \tag{4-41}$$

$$2MO + SO_3(\text{或 } SO_2 + 1/2SO_2) \xlongequal{\hspace{1cm}} MO \cdot MSO_4 \tag{4-42}$$

研究中发现，随着焙烧温度的升高，后续工艺采用硫酸化浸出时，渣中铜、钴、镍的回收率反而降低，其原因可能是焙烧温度的升高促进了分解所产生 SO_3 和 SO_2 的逸出，弱化了反应式（4-18）和式（4-19）硫酸化焙烧工艺，所采用焙烧介质也包括 $(NH_4)_2SO_4$、FeS 等硫化物。硫酸化焙烧工艺可使渣中 Cu、Co 的回收率达 80% 以上[19]。

采用加压富氧酸浸的方式也可以实现铜渣中有价金属的回收。其主要是基于以下反应的发生：

$$2FeO \cdot SiO_2 + 2H_2SO_4 \xlongequal{\hspace{1cm}} 2FeSO_4 + H_4SiO_4 \tag{4-43}$$

$$CuS + 2H_2SO_4 + 2H_2O_2 \xlongequal{\hspace{1cm}} CuSO_4 + 2H_2SO_3 + 2H_2O \tag{4-44}$$

$$FeO + H_2SO_4 \xlongequal{\hspace{1cm}} FeSO_4 + H_2O \tag{4-45}$$

$$2FeSO_4 + H_2O_2 + 2H_2O \xlongequal{\hspace{1cm}} 2FeOOH + 2H_2SO_4 \tag{4-46}$$

以 H_2O_2 为富氧源，Banza 等进行了铜渣常压硫酸化浸出的研究[20]。研究发现，浸出液中控制 pH = 2.5、浸出电位为 650mV 时可较好地抑制渣中铁的硫酸化浸出，且可实现渣中 Cu、Co、Zn 浸出率 80% 以上的效果，并提出铜渣氧化浸出和溶剂提取工艺，如图 4-2 所示。

B　氯化浸出

铜渣的氯化浸出工艺中氯源可分为氯气和氯化盐两类。氯源为氯化盐时，其

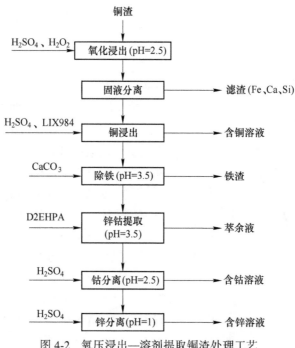

图 4-2 氧压浸出—溶剂提取铜渣处理工艺

浸出过程一般分为氯气的产生和渣中组分的氯化浸出两个步骤[21]。以 NaOCl 和 NaCl 为例。

氯气的产生：

$$NaOCl + 2HCl \Longrightarrow Cl_2 + NaCl + H_2O \tag{4-47}$$

$$NaOCl + NaCl + H_2SO_4 \Longrightarrow Cl_2 + Na_2SO_4 + H_2O \tag{4-48}$$

$$Cu_2S（硫）+ 5Cl_2 + 4H_2O \Longrightarrow 2Cu^{2+}（aq）+ SO_4^{2-}（aq）+ 10Cl^-（aq）+ 8H^+ \tag{4-49}$$

$$FeO·nSiO_2 + 2H^+ \Longrightarrow nSiO_2（凝胶）+ Fe^{2+}（aq）+ H_2O \tag{4-50}$$

$$2Fe^{2+} + Cl_2（aq）\Longrightarrow 2Fe^{3+}（aq）+ 2Cl^-（aq）\tag{4-51}$$

Herreros 等的研究发现，铜渣粒度、浸出温度、浸出时间、氯源浓度等参数对渣中铜的浸出效果影响较为明显，粒度越低、浸出温度越高、浸出时间越长等都可促进渣中铜浸出率的提高，但浸出液酸度不可过大，以防生成硅胶而影响渣中铜的浸出：

$$FeO·nSiO_2 + 2H^+ \Longrightarrow nSiO_2（凝胶）+ Fe^{2+} + H_2O \tag{4-52}$$

同时渣中铁的浸出量可控制在 4%~8%。

氯化浸出工艺中若使用 Cl_2 作浸出剂，其反应过程可分为以下几步：

$$Cl_2（g）\Longrightarrow Cl_2（aq）\tag{4-53}$$

$$Cl_2(aq) + H_2O \Longleftrightarrow HCl(aq) + HOCl(aq) \tag{4-54}$$

$$Cu_2O(s) + 2HCl(aq) \Longleftrightarrow 2CuCl(aq) + H_2O \tag{4-55}$$

$$CuO(s) + 2HCl(aq) \Longleftrightarrow CuCl_2(aq) + H_2O \tag{4-56}$$

$$Cu_2S + 2Cl_2(aq) \Longleftrightarrow 2Cu^{2+}(aq) + 4Cl^-(aq) + S^0(s) \tag{4-57}$$

$$S^0(s) + 2Cl_2(aq) + 4H_2O(aq) \Longleftrightarrow SO_4^{2-}(aq) + 4Cl^-(aq) + 8H^+(aq) \tag{4-58}$$

$$Cu_2S(s) + 5Cl_2(aq) + 4H_2O \Longleftrightarrow 2Cu^{2+}(aq) + 10Cl^-(aq) + SO_4^{2-}(aq) + 8H^+(aq) \tag{4-59}$$

4.1.2.3 铜冶炼渣的铜浮选法回收

浮选法主要包括缓冷与磨矿两段工艺。浮选法相对某些熔炼渣火法处理金属回收率较高,其原因主要是熔炼渣在冷却过程中形成了能够机械分离的硫化铜微细晶粒及铜颗粒,借助此两物相与渣中其他物相的表面物理化学性质的差异实现渣中铜的回收[22]。浮选效果的好坏,与渣中铜物相的晶粒大小有密切关系[23]。研究表明,相变温度范围内的缓慢冷却能够促进铜矿物的缓慢长大,从而有利于浮选效果的提升。浮选工艺的一般流程如图 4-3 所示。

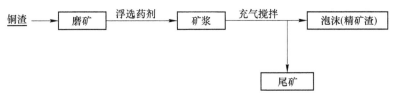

图 4-3　浮选工艺流程图

浮选流程中渣冷却、磨矿、浮选等工艺参数对渣中铜的浮选效率有较为重要的影响[24]。渣中含铜矿物的粒度大小对铜渣选别方法的选择及其选别效果都有较为重要的影响,而渣中含铜矿物的粒度大小主要由炉渣冷却速度决定。铜渣的缓冷主要是利用不同容积的铸模、地坑或渣包在空气中自然冷却。冷却方式决定渣的组织形态及铜矿物的结晶粒度。以大冶诺兰达熔炼炉渣为例,渣包冷却工艺中,Cu_2S 颗粒与 Fe-S、Fe 分界明显,少见共生体,但若采取铸渣方式冷却,铜矿物结晶颗粒粒度相对较小,且 Cu_2S 颗粒与 Fe-S、Fe 形成大量共生体从而不利于渣中铜矿物的浮选析出。由于渣中含铜矿物在缓冷、磨矿工艺中会形成粒度不同的颗粒,因此炉渣选矿大都采用阶段磨浮的工艺流程。

4.1.3 铜冶炼渣水泥制备技术

在有色金属固废的利用中,铜渣利用率相对较高,在建材领域可制作水泥等建筑材料。

4.1.3.1 铜冶炼渣生产水泥

表 4-3 和表 4-4 分别介绍了水淬铜渣的化学组成和水淬铜渣的铁物相组成。

表 4-3　水淬铜渣的化学组成　　　　（w/%）

成　分	SiO$_2$	Al$_2$O$_3$	Fe$_2$O$_3$①	MgO	CaO	F
水淬铜渣	28~37	5~8	30~45	2.8~4.2	7~15	0.2~0.4

①表中 Fe$_2$O$_3$ 质量分数为全铁质量分数氧化而得。

表 4-4　水淬铜渣铁的物相组成　　　　（w/%）

FeS+Fe	Fe$_2$O$_3$	FeSiO$_3$	总铁
0.42	2.45	27.77	30.64

表 4-3 是冶炼厂对水淬铜渣的分析，取铁的中间值 30%（质量分数）进行分析，30%（质量分数）的全铁可氧化为 42.85%（质量分数）的 Fe$_2$O$_3$，可满足水泥生产铁质较正原料中 $w(Fe_2O_3)>40\%$ 的要求。特别是铜矿渣的粒度大多在粒径 5mm 以下，适合水泥厂原用铁矿粉不经破碎的生产工艺。

表 4-4 为水淬渣铁物相组成。全铁量 30%（质量分数）以上，主要以 FeSiO$_3$ 形式存在，有少量的 Fe$_2$O$_3$ 和微量的 FeS。水淬铜渣在 1150~1300℃ 形成，而烧制水泥的温度可达 1450℃，在煅烧中铁和二价铁可在窑内氧化气氛中被氧化为三价铁，发挥与铁矿粉中 Fe$_2$O$_3$ 相同的作用。由此可见利用铜水淬渣代替铁矿粉作水泥生产中的校正原料完全可行。

（1）制生料配比（w/%）：石灰石，66~68；黏土，10~13；水淬铜渣，8~10；萤石，1~2；石膏，1.5~2.5；无烟煤，10~12。

（2）粉磨水泥配比（w/%）：熟料，98；石膏，2。

（3）工艺流程如图 4-4 所示。

（4）生产工艺及特点。与普通硅酸盐水泥烧制熟料的工艺类似，与利用熟料和石膏共同粉磨的技术相同，粉磨中是否加入炼铁矿渣由熟料中铁含量而定，一般不加。

使用铜冶炼水淬渣作水泥生产中铁质校正原料所生产出的水泥标号为 42.5 和 52.5，各项指标均已达到 GB 175—2007 的规定。该产品已广泛应用于矿业、工业和民用建筑等工程中，经长期测试，性能良好。

4.1.3.2　水淬铜渣用于水泥矿化剂

水淬铜渣为玻璃体，含水量少，通常用它来代替铁粉作生产水泥的矿化剂，在烧制熟料时，能使物料生成最低共熔物，能降低熔点 100℃。由于烧成带温度的降低，使液相提前出现，相应地扩大了煅烧温度的范围，延长了物料在高温下反应时间，降低了液相黏度，使石灰和黏土彻底反应，从而减少了水泥中游离钙的含量。据有关资料介绍，在铜炉渣掺入量为 1%~2%（质量分数）时，烧成液能耗降低 11.4%~25.0%，而熟料中游离钙由于液相提前而减少了 18.4%~43.5%（质量分数），熟料强度也显著提高。

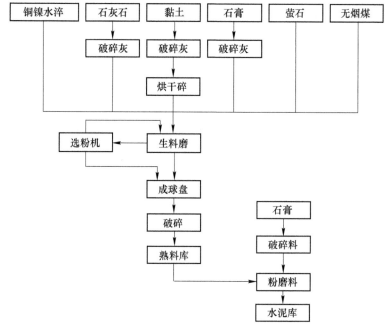

图 4-4 水淬铜渣烧制水泥工艺流程

（1）配比（w/%）：石灰石，80~84；黏土，11~13；水淬铜渣，3~5.5；石膏，1.5~2.5。

（2）工艺流程如图 4-5 所示。

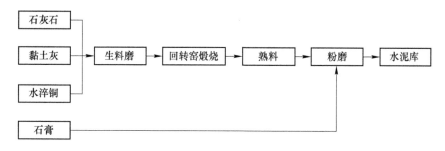

图 4-5 水淬铜渣用于普通硅酸盐水泥矿化剂流程

（3）生产工艺及特点。将生产水泥的原料、石灰石、黏土和水淬铜渣按比例配料，然后送入球磨机，磨好的生料送入回转窑煅烧，经反应生产出普通硅酸盐熟料，此熟料配以一定量的石膏和炼铁矿渣（可以没有炼铁矿渣）再次进入球磨机粉磨，就产生出质量合格的普通硅酸盐水泥。

（4）产品性能。利用水淬铜渣替代铁粉作矿化剂，生产出的普通硅酸盐水泥，标号为 52.5 以上，完全符合 GB 175—2007 的规定。

4.2　铅锌冶炼渣

铅的丰度为 0.0016%，锌的丰度为 0.005%。自然界中单一的铅矿、锌矿很少，一般多与其他金属共生，构成复合矿床，最常见的为铅锌矿[25]。铅锌联产为铅、锌冶炼生产企业的主要特点。

（1）铅冶炼。铅冶炼主要是火法，湿法炼铅至今仍处于试验阶段。火法炼铅普遍采用传统的烧结焙烧—鼓风炉熔炼流程，该工艺约占世界产铅量的 85% 左右。20 世纪 80 年代以来开始工业应用的直接炼铅方法主要是氧气闪速电热熔炼法和氧气底吹熔池熔炼法，它将传统的烧结焙烧—还原熔炼的两个火法过程合并在一个装置内完成，提高了硫化矿原料中硫和热的利用率，简化了工艺流程，同时也改善了环境。其他的熔炼方法还有富氧顶吹熔炼法、SKS 法等，均可以简化流程、改善环境，在工业上也逐渐应用。

火法炼铅过程中产生的炉渣主要由炼铅原料中的脉石氧化物和冶金过程中生成的铁、锌氧化物组成。炉渣中的组分主要来源于以下几个方面：

1）矿石或精矿中的脉石。如炉料中未被还原的氧化物 SiO_2、Al_2O_3、CaO、MgO、ZnO 等和炉料中被部分还原形成的氧化物 FeO 等。

2）因熔融金属和熔渣冲刷而侵蚀的炉衬材料。如炉缸或电热前床中的镁质或镁铬质耐火材料带来的 MgO、Cr_2O_3 等，这些氧化物的量相对较少。

3）为满足冶炼需要而加入的熔剂。矿石中的脉石如 SiO_2、Al_2O_3、CaO、MgO 等熔化温度很高，而成分合适的多种氧化物的混合物却可能具有合适的熔化温度和适合冶炼要求的物理性质。原料中脉石的比例不一定符合造渣要求，必须配入熔剂如河砂（石英石）、石灰石等。工业上对炉渣的要求是多方面的，选择十全十美的渣型比较困难，应根据原料成分、冶炼工艺等具体情况，从技术、经济等各方面进行比较，选择一种较适合本企业情况的相对理想的渣型。

炼铅炉渣是一种非常复杂的高温熔体体系，它由多种氧化物组成，它们相互结合而形成化合物、固溶体、共晶混合物，还含有一些硫化物、氟化物等。各种炼铅方法（如传统的烧结—鼓风炉炼铅法、ISP 法、Kivcet 法、QSL 二法、Kaldo 法、Ausmelt 法等）和不同工厂的炉渣成分有所不同，渣中含铅 0.5% ~ 5%（质量分数）、锌 4% ~ 20%（质量分数）。为提高铅锌回收率，炼铅炉渣一般用烟化炉进行处理，进一步降低渣中的金属含量。

（2）锌冶炼。锌冶炼方法分为火法冶炼和湿法冶炼两种。火法炼锌有横（平）罐和竖罐炼锌、密闭鼓风炉炼锌以及电热（炉）法炼锌；湿法炼锌有传统的两段浸出法，即浸出渣用挥发窑处理及热酸浸出流程，即渣处理采用黄钾铁矾法、针铁矿法、赤铁矿法等，还有全湿法流程加压氧浸工艺等。由于湿法炼锌技术不断发展，目前世界上采用湿法炼锌产出的锌金属量已超过80%，我国新建的锌冶炼厂大多采用湿法炼锌，其主要优点是有利于改善劳动条件，减少环境污染，有利于生产连续化、自动化、大型化合原料的综合利用，提高产品质量、降低综合能耗。湿法浸锌后的浸出渣中往往含有铟、锗和镓等金属，一般要进入回转窑烟化，进一步回收。

炼铅炉渣烟化过程的实质是还原挥发过程，即把粉煤（或其他还原剂）和空气（或富氧空气）的混合物鼓入烟化炉的熔渣内，使熔渣中的铅、锌化合物还原成铅、锌蒸气，挥发进入炉子上部空间和烟道系统，被专门补入的空气（三次空气）或炉气再次氧化成 ZnO，并被捕集于收尘设备中。炉渣中的铅也有可能以 Pb 或 PbO 形式挥发，锡则被还原成 Sn 及 SnO_2 或硫化为 SnS 挥发，Sn 和 SnS 在炉子上部空间再次氧化成 SnO_2，此外，In、Cd 及部分 Ge 也挥发，并随 ZnO 一起被捕集入烟尘。

4.2.1 铅锌冶炼渣的种类和特点

铅锌冶炼最终产生的废渣有烟化渣、锌渣和污酸渣。

烟化渣是烟化炉处理铅鼓风炉渣、锌浸出渣后的产物。在烟化炉中由于空气和煤粉的鼓入，熔融态烟化炉渣中的 Pb、Zn 等易挥发金属以氧化物的形式挥发出来，剩余熔渣经水淬处理形成烟化渣。该废渣含多种重金属的氧化物，容易浸出扩散到土壤、水体等环境中，对人体健康和生态环境造成严重危害，已被列入国家危险废物名录（HW48），属于高危固废。由表 4-5 可知烟化渣中 Fe、Ca、Si、Al 的质量分数较高。图 4-6 是烟化渣的 XRD，由图可知，主要矿物组成为磁铁矿、少量石英，除此之外还有大量的无定形的铝硅酸盐。

表 4-5 烟化渣的化学组成 (w/%)

化学组成	PbO	SO_3	Fe_2O_3	ZnO	SiO_2	CuO	Al_2O_3
烟化渣	0.07	0.93	31.23	5.18	27.92	0.29	6.98
化学组成	As_2O_3	CaO	MnO	K_2O	MgO	TiO_2	P_2O_5
烟化渣	0.02	19.89	1.09	0.98	1.95	0.41	0.23
化学组成	Cr_2O_3	Na_2O	MoO_3	SrO	BaO	SnO_2	
烟化渣	0.11	2.19	0.02	0.19	0.20	0.14	

锌渣又称锌回转窑渣，湿法炼锌时的浸出渣再配加 40%～50%的炭粉，在回转窑内高温下提取锌铅金属后的水淬渣。

锌回转窑渣的 XRD 如图 4-7 所示。由图可知，锌回转窑渣的矿物组成比较复杂，主要为纤维锌矿 ZnS、硫化亚铁 FeS、钙霞石 Ca(Al，Si)$_2O_4$、钙铝榴石 $Ca_3Al_2(SiO_4)_3$，还有一定量的 $Ca_2Fe_9O_{13}$ 和 Al_2ZnS_4。

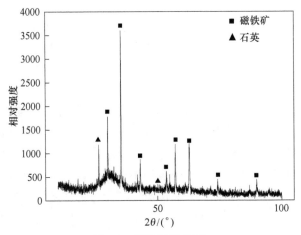

图 4-6 烟化渣的 XRD

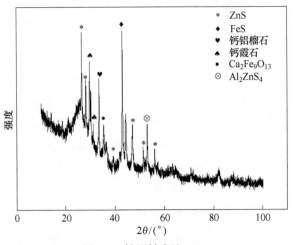

图 4-7 锌回转窑渣 XRD

表 4-6 为锌渣的化学组成，$w(Fe_2O_3) = 27.36\%$、$w(SiO_2) = 14.14\%$、$w(CaO) = 5.44\%$、$w(Al_2O_3) = 4.24\%$。除此之外，锌渣还含有一定量的有毒物质：$w(As_2O_3) = 0.43\%$，$w(PbO) = 0.32\%$。

表 4-6 锌渣化学成分及质量分数 （$w/\%$）

成分	Fe_2O_3	SiO_2	CaO	Al_2O_3	ZnO	Na_2O	K_2O
锌渣	27.36	14.14	5.44	4.24	3.19	0.76	0.48
成分	MgO	MnO	SO_3	C	As_2O_3	PbO	
锌渣	0.96	2.63	7.92	30.2	0.43	0.32	

4.2.2 铅锌冶炼渣铅锌提取技术

铅锌冶炼渣属于有毒有害的危险固废，其治理工作任重道远。随着人类资源短缺危机的加深，采用工业废弃物作为二次资源，进而开发废弃物资源化—再生循环的高新技术已成为国内外的研究热点[26]。国内外将二次资源回收—循环—综合利用的资源良性循环推到了科技发展的前沿，一些资源丰富的先进国家也已经从对工业废弃物的消纳型治理转向研究二次资源再生循环利用的高新技术[27]。铅锌等有色冶金固废的综合利用主要集中在提取有价成分和生产建筑材料等方面。

提取各种有价金属及其他组分是铅锌冶炼渣资源化的重要途径。我国有色金属矿山和冶炼企业从废渣中回收的伴生黄金占我国黄金产量的10%以上，生产的白银占白银产量的90%，铂族金属几乎全部是回收生产的[28]。根据提取方式，有色冶炼企业废渣中重金属回收方法可分为湿法、火法以及选冶联合法。

4.2.2.1 湿法提取

湿法提取技术是将金属溶入溶液中，控制适当条件，使得不同元素能有效地进行选择性分离。湿法提取技术对物料中有价成分综合回收利用率相对较高，对解决当前的低品位尾矿和冶金废渣处理问题有较好效果。铅锌冶炼过程中产生的浸出渣、阳极泥、烟化渣等固废，大多采用湿法提取的方式回收其中有价金属[29, 30]。邓朝勇等人[31]用硫脲从贵州某湿法炼锌废渣中提取银，银浸出率达82%以上。刘庆杰等[32]从湿法炼锌工艺中产生的烟化锌渣中进行锌、镉、银等有价金属的回收，经过酸性浸出、过氧化氢氧化除铁、低温锌粉置换除铜后，用α-亚硝基-β-萘酚的碱性溶液进行沉银，得到含银50%（质量分数）的产品。

4.2.2.2 火法提取

程华月等[33]以国内某铅锌冶炼厂鼓风炉渣和烟化渣的混合料为原料，提出了还原熔炼—萃取—电解的回收工艺方案。研究表明，采用该方法可以回收废渣中76.6%以上的Ga和60.8%的Fe。何启贤等[34]将铅锑矿经鼓风炉冶炼后产出的水淬渣，以全冷料形式加入烟化炉进行挥发处理，最终可以将大部分有价金属挥发后以粗氧化锌形式捕集回收，其中铅回收率为86.9%、锑83.4%、锌62.5%、铟57.7%，弃渣还可以用作水泥生产原料。顾立民等[35]采用传统的烧结焙烧—鼓风炉熔炼的方法处理含铅烟灰，具有工艺简便、可操作性强、处理成本低的特点，尤其是可充分利用国内炼铅厂现有工艺设备。

4.2.2.3 选冶联合提取方式

有价金属的选冶联合提取方式包括浮选、磁选、重选等其他选冶联合的方式。株洲冶炼厂自1979就开始采用"一粗二精三扫"的浮选工艺回收锌渣中的银, 回收率达 65% 以上, 精矿含银约 6000g/t, 尾矿含银约 100g/t[36]。李光辉等[37, 38]利用镓、锗所具有的亲铁特性, 开发出了锌浸渣中还原分选富集镓、锗的新工艺, 该工艺通过强化浸锌渣的还原过程, 使镓、锗定向富集于金属铁中(金属铁是镓、锗的主要载体矿物相), 进而采用磁选的方法从焙烧渣中分离富集镓、锗。向平等[39]采用 "浮选—高梯度磁选—摇床重选" 的联合流程方案, 处理株洲冶炼厂产生的锌电解阳极泥, 结果表明采用此技术可以获得含银4.85kg/t 的高品位银精矿、含铅 60.89% (质量分数) 的铅矾精矿和含锰50.17% (质量分数) 的锰精矿, 银和铅在铅银精矿中的回收率分别达到 74.71%和 84.78%, 锰的回收率达到 91.86%。然而, 现有的重金属提取技术会产生严重的二次污染[40]。例如, 从锌冶炼的副产物浸出液中回收铟的过程中, 浸出液中会含有大量的砷, 在提铟还原工艺过程中会产生极毒的砷化氢 (AsH_3) 气体[41]。同时湿法浸出后产生的残渣及废液也是难以处理的问题[42]。采用湿法浸出后的废渣中仍然含有大量不稳定的重金属组分, 因此不能直接堆放或弃置。有研究表明[43], 浸出渣中的锌、铅、镉等重金属的浸出毒性严重超标, 属于危险废物。因此, 对于湿法提取后的残渣必须经过进一步的无害化处理。火法提取技术也因产生大量炉渣或窑渣, 更难以处理[44], 其中的 Zn、Pb、Cd 等重金属的浸出毒性存在超标风险, 并且能耗大。目前多用火法与湿法联合技术回收冶金废渣中的有价金属。

4.2.3   铅锌冶炼制备渣微晶玻璃技术

张深根等[45]通过深入研究铅渣的特点, 发明了一种铅渣制备钙铁辉石微晶玻璃的方法。该方法采用铅渣为主要原料, 添加废玻璃、粉煤灰作为成分调整原料, 加入氧化铬、氧化镍和软锰矿作为着色剂, 主原料和成分调整原料分别进行烘干破碎和成分检测, 按化学计量比加入主原料、成分调整原料和着色剂进行混合、熔融、浇注、退火、核化和晶化工序得到钙铁辉石型多种颜色微晶玻璃。制备得到的微晶玻璃满足工业微晶玻璃和建筑微晶玻璃标准。制备的微晶玻璃各重金属离子浓度远低于国家标准 《危险废物鉴别标准浸出毒性鉴别》 (GB 5085.3—2007) 中所规定的重金属浸出浓度限值。

张深根[46]等人充分利用铅锌冶炼渣、不锈钢渣、不锈钢酸洗污泥、电镀污泥、铬渣的共性特点, 发明了一种以危险固废为原料制备微晶玻璃的方法。图4-8为其工艺流程图, 该方法利用危险固废中的重金属为形核剂, 经过配料、熔融、压延、形核、晶化和退火得到微晶玻璃。该发明的优点是将垃圾焚烧灰、不锈钢渣、不锈钢酸洗污泥、电镀污泥、铬渣、铅锌冶炼渣、粉煤灰中的重金属元素稳定固化, 避免了污染, 同时获得高附加值的微晶玻璃, 实现了危险固废的无害化高值化利用。

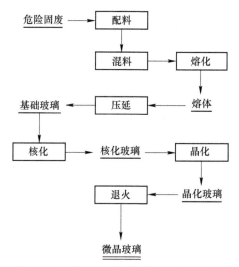

图 4-8 危险固废制备微晶玻璃工艺流程

4.2.4 铅锌冶炼渣制备水泥技术

通硅酸盐水泥含 $w(CaO) = 60\% \sim 65\%$、$w(SiO_2) = 20\%$、$w(Al_2O_3) = 6\%$、$w(Fe_2O_3) = 3\%$ 及少量其他氧化物。水泥原料在 1500℃ 左右的高温下经固相反应生成 $3CaO \cdot SiO_2$、$\beta\text{-}2CaO \cdot SiO_2$、$3CaO \cdot Al_2O_3$ 和 $4CaO \cdot Al_2O_3 \cdot Fe_2O_3$ 等矿物，其中 $3CaO \cdot SiO_2$ 和 $\beta\text{-}2CaO \cdot SiO_2$ 具有水硬胶凝性，是影响水泥强度的主要成分。经烟化炉处理后的铅炉渣、回转窑处理后的锌渣含有水泥熟料所需多种组分，可作为混合材直接加入水泥熟料中，也能够作为矿化剂促进 $3CaO \cdot SiO_2$ 的形成，降低熟料的熔融温度，降低烧成温度，改善生料易烧性和熟料易磨性，降低能耗。此外，锌渣中含有大量的 Fe_2O_3，其成分水泥的原料中的铁质原料类似，是一种很好的矿化剂。因此，铅锌冶炼渣可用于制水泥。

4.2.4.1 作为原料生产水泥熟料

纪斌等[47]研究了锌渣对水泥熟料煅烧的影响，结果表明：适量掺入锌渣能明显改善水泥生料的烧结性能，降低生料煅烧时的低共熔温度，促进 $3CaO \cdot SiO_2$ 的形成，提高熟料中 $3CaO \cdot SiO_2$ 的含量，有利于熟料强度的提高及活性的增加。张义顺等[48]研究了锌渣作为铁质原料对水泥生产的影响，结果表明：锌渣中含有亚铁，在熟料烧成中可起矿化作用，降低熟料的烧成温度和热耗，证明了锌渣代替铁质原料是完全可行的。唐声飞等[49]研究了用煤矸石和锌渣作为主要原料对水泥熟料性能的影响，结果表明锌渣具有一定的矿化作用，并能降低熟料游离氧化钙的含量，提高水泥的安定性。

4.2.4.2　作为混合材加入水泥熟料

肖忠明等[50]对焦作铅锌渣的性质及其对水泥性能的影响进行了研究，结果表明：焦作铅锌渣是一种高铁质、以玻璃相为主的高活性潜在水硬性材料，对水泥胶砂流动度、水泥与减水剂相容性等使用性能具有改善作用，对沸煮安定性、压蒸安定性没有影响，对干燥收缩具有降低作用，对抗冻融性的影响与矿渣近似，对硫酸盐侵蚀的影响由于高铁质的原因有所降低，对力学性能的影响遵循一般活性混合材料的影响规律，早期大幅度降低水泥的强度，但后期强度增进率比较大。

4.3　铅锌污酸渣

铅锌污酸渣是铅锌冶炼过程生成的含重金属的酸性废水的中和处理的沉渣，一般为中性渣。酸性废水来自湿法冶炼、浸出、净液、电解等车间，废水中含有 Zn、Pb、Cd、As、Hg 等重金属离子，需要经过处理再排放。虽然部分重金属元素通过多步沉淀法、中和沉淀法等方法被回收利用，但仍有部分重金属离子残留在酸性废水中。当酸性废水与石灰中和时残留的重金属离子会最终进入中和渣中形成污酸渣。

4.3.1　铅锌污酸渣的特点

在铅锌冶炼过程中会产生大量的烟气，包含大量的 SO_2 以及一些有害金属成分。从环保和综合利用角度出发，绝大多数铅锌冶炼厂都建有二转二吸制酸系统，实现烟尘回收和 SO_2 制酸[51]。但是，在此过程中会产生大量的含重金属的强酸性废水，简称污酸。污酸中含有 Zn、Pb、Cd、As、Hg 等有毒有害物质且含量高于普通的工业废水，对环境危害极大。因此，污酸渣治理十分重要和迫切。

以某铅锌冶炼厂为例，该冶炼厂污酸废水采用硫化—石灰石中和工艺处理。铅锌冶炼的污水进入硫化槽，在硫化槽内添加硫化钠，使污酸中的 As、Hg 等重金属离子形成硫化物，进入硫化沉降槽收集硫化渣，回收其中的重金属；硫化槽上清液通过泵打入中和槽，加入石灰石调节 pH 值为 5~7，过滤得到污酸渣，其化学成分见表4-7。污酸渣中主要元素为 Ca、O、S，占总质量的 90% 左右，主要矿物组成为 $CaSO_4 \cdot xH_2O$，另外还有 Zn、Pb、Cd、As 和 Hg 等多种重金属元素。重金属元素以氢氧化物、氧化物、硫酸盐形态存在，容易浸出扩散到土壤、水体等环境中，对人体健康和生态环境造成严重危害，已被列入国家危险废物名录（HW48），属于高危固废。

表 4-7 污酸渣的化学组成 (w/%)

化学组成	PbO	SO$_3$	Fe$_2$O$_3$	ZnO	SiO$_2$	CuO	Al$_2$O$_3$	As$_2$O$_3$
污酸渣	0.21	41.79	5.24	2.21	3.00	0.11	1.28	0.22
化学组成	CaO	MnO	K$_2$O	MgO	TiO$_2$	P$_2$O$_5$	Cr$_2$O$_3$	HgO
污酸渣	40.31	0.14	0.10	1.48	0.13	0.03	0.02	0.02
化学组成	Na$_2$O	Cl	CdO	SrO	In$_2$O$_3$	BaO	SnO$_2$	MoO$_3$
污酸渣	3.12	0.31	0.23	0.04	0.03			

4.3.2 铅锌污酸渣重金属提取技术

污酸渣中 Zn、Pb、Cd 三种重金属元素的总质量分数在 5% 以上，具有一定的回收利用价值。因此，若将污酸渣中的重金属与硫酸钙分离，不但可以回收利用污酸渣中的金属元素，还可以实现重金属废渣的减量化及硫酸钙的综合利用。

以硫酸和硝酸作为浸提剂研究了浸提酸种类、浓度、液固比等因素对重金属元素的浸出效果的影响。图 4-9 为重金属的酸法浸出工艺流程图。

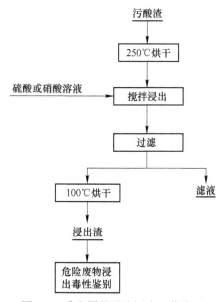

图 4-9 重金属的酸法浸出工艺流程

为研究浸提酸种类与酸浓度对污酸渣中重金属浸出效果的影响，先将污酸渣 250℃ 烘干，浸出时间为 2h，液固比为 5mL/g，表 4-8 为实验的方案及结果。

表 4-8　污酸渣中重金属浸提实验方案及结果

污酸渣 /g	浸出渣 /g	酸种	H^+浓度 /mol·L^{-1}	浸出率/%			
				Zn	Cd	As	Pb
100	112.04	H_2SO_4	1.00	63.48	68.63	51.71	3.97
100	101.59	H_2SO_4	2.00	73.66	76.63	76.35	5.67
100	100.03	H_2SO_4	3.00	72.58	71.99	75.85	7.12
100	87.94	HNO_3	1.00	64.32	70.23	43.38	37.45
100	83.03	HNO_3	2.00	72.49	79.37	73.67	72.49
100	78.13	HNO_3	3.00	70.59	77.42	72.48	66.64

　　在 H^+ 浓度相同的情况下，硝酸对污酸渣中重金属的浸出效果更好。提高浸提液的 H^+ 浓度，污酸渣中重金属的浸出率呈先增加后趋于平缓的趋势。但使用硝酸作为浸提剂时浸出渣失重较为严重，会导致硫酸钙的损失及硝酸用量的增多。

　　为研究液固比对污酸渣中重金属浸出效果的影响，将污酸渣 250℃ 烘干，使用浓度为 1.5mol/L 的硫酸溶液作为浸提剂，室温浸出 2h。表 4-9 为不同液固比 Zn 和 Cd 的浸出率。

表 4-9　不同液固比的污酸渣 Zn 和 Cd 浸出率

液固比（mL∶g）	浸出率/%	
	Zn	Cd
4	55.84	52.72
5	72.58	71.99
6	72.59	74.47
7	77.16	79.55
8	77.16	78.40

　　随液固比的提高，污酸渣中 Zn、Cd 的浸出率先呈快速增长，然后趋于稳定。当液固比为 7，Zn、Cd 元素浸出率达到最大值。

　　通过深入研究污酸渣的特点，发明了一种重金属石膏复合无害化处理方法[52]。该方法通过磨料、酸浸、重金属沉淀、碱转、强化磷化固化和强化硫化固化等工序。重金属石膏首先通过酸浸降低重金属含量并回收重金属，再通过强化磷化固化和强化硫化固化的复合固化方法，实现石膏中残留重金属的有效固化。

4.4　铜镍水淬渣

　　镍冶金分火法和湿法两大类。我国镍的生产主要采用硫化镍矿的火法冶炼，主要有电炉熔炼、闪速炉熔炼和鼓风炉熔炼三种，其中闪速炉熔炼工艺比较先进，其工艺流程图如图 4-10 所示。铜镍水淬渣是在镍冶炼过程中排放的一种工业废渣，以 $FeO \cdot SiO_2$ 为主要成分的熔体经水淬后形成的粒化炉渣。采用闪速炉熔炼法生产 1t 镍约排出 6~16t 渣[53]，仅金川集团每年就要排放近 80 万吨镍渣，年利用约 10 万吨，其余堆积在公司的渣场，累计堆存量已达 1000 万吨。

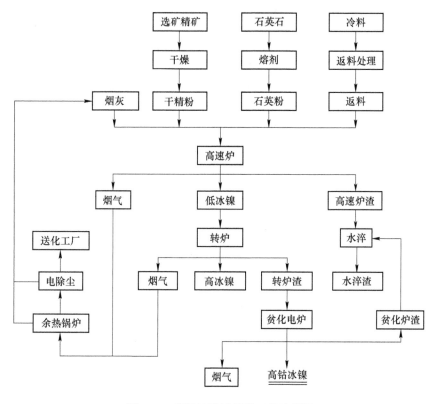

图 4-10　镍闪速熔炼系统工艺流程图

4.4.1　铜镍水淬渣的特点

铜镍水淬渣的组成与高炉矿渣相似，但在化学成分及含量方面因镍冶炼方法和矿石来源的不同而异，其中 $w(SiO_2) = 30\% \sim 50\%$，$w(Fe_2O_3) = 30\% \sim 60\%$，$w(MgO) = 1\% \sim 15\%$，$w(CaO) = 1.5\% \sim 5.0\%$，$w(Al_2O_3) = 2.5\% \sim 6.0\%$，并含有少量的 Cu、Ni、S 等。表 4-10 列出了我国几个冶炼厂铜镍水淬渣的化学成分。

铜镍水淬渣中的主要矿物相有辉石（含镁）、橄榄石等，另外含有大量的玻璃相。玻璃相的含量与渣排出时的温度、水淬速度等有关。金川镍闪速熔炼渣的物相研究表明，在水淬铜镍渣中主要存在三种组织：（1）呈柱状分布的铁镁橄榄石(Fe,Mg)$_2$SiO$_4$结晶相及铁橄榄石 Fe$_2$SiO$_4$结晶相;(2)结晶相之间不规则状的硅氧化物填充相;(3)星散状分布于上述两种组织之间的铜镍铁硫化物。

表 4-10　我国几个企业铜镍水淬渣的化学成分　　　(w/%)

产　地	SiO$_2$	Al$_2$O$_3$	Fe$_2$O$_3$	CaO	MgO	K$_2$O	Na$_2$O	MnO
新疆克拉通	36.98	2.71	5188	4.02	1.24	0.48	0.46	0.13
吉林镍业	48.31	5.93	27.45	2.88	15.15			
金川集团	31.28	174	51.76	1.73	2.66	0.46	0.04	
广东禅城矿业	33.98	2.32	54.82	1.59	5.07			

　　基于铜镍水淬渣组成,对其进行综合利用 Cu、Co、Ni 和 Fe 等有价元素,并应用于建材行业,还可以作为矿井的填充材料等。因此,高效合理地利用铜镍水淬渣,将其变废为宝,具有良好的经济、社会和环境效益。

4.4.2　铜镍水淬渣铜镍提取技术

4.4.2.1　提取 Cu、Co、Ni

　　对于 Cu、Co、Ni 等含量较高的铜镍水淬渣,应尽可能从中提取出这些有价金属,常用的方法是酸浸工艺(见图 4-11),主要包括酸浸、铜、钴、镍盐的分离和精制转化。该工艺流程较简单,设备投资少,但产生的废水和废渣需进一步处理[54]。牛庆君[55]研究了一种从镍冶炼弃渣中回收镍钴的方法,将铜镍水淬渣加热至熔融态或直接取熔融态的镍渣放置于热渣包内,进行保温,同时向镍渣中通入氧气或空气从而生成固体残渣以净化除杂,振荡热渣包 30~40min,静置 8~12min,除去固体残渣,放出熔融态镍渣下层的重金属层(占镍渣总质量的4%~6%),经冷却、破碎、再研磨后通过浮选工艺即可获取镍、钴精矿粉。该方法能够高效综合回收镍冶炼弃渣中的镍、钴等元素,达到大宗工业固废资源化利用的目的。

4.4.2.2　提取 Fe

利用铜镍水淬渣提 Fe 有以下几种方法:

(1)在铜镍水淬渣中配加生石灰、炭粉混合烧结造块,改变其矿相结构,经过球磨,浮选出合格铁矿粉,再次烧结造块,入炉冶炼。

(2)通过电炉加热、转炉喷吹冶炼,将铁分离(铁及镍、铜、钴的回收率在 90% 左右),冶炼得到耐大气腐蚀的结构钢轧制成材。

(3)将铜镍水淬渣加工成合格块,直接入炉代替矿石,与其他原料配合进行高炉冶炼。

(4)在烧结矿配料中配加镍渣,先生产成烧结矿,再入炉冶炼。

(5)对高温镍渣熔体进行预处理,利用镍渣的高温能量,在出渣过程中向

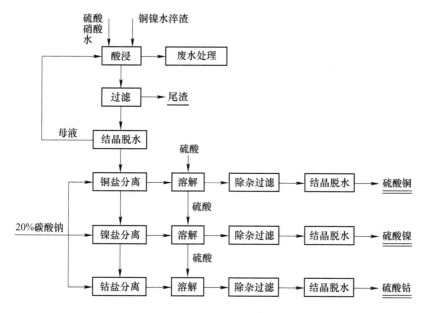

图 4-11　铜镍水淬渣酸浸提铜、钴、镍工艺流程

熔渣喷吹生石灰粉、煤粉等造渣材料，使镍渣碱度达到 1.0 以上，在高温条件下，形成部分的 $CaO \cdot SiO_2$ 渣液和铁液，经蔽渣器进行渣铁分离的同时对渣中的含铁料再进行磁选富集，提高含铁品位，然后作为炼铁原料使用。

（6）利用高炉对熔融镍渣提 Fe 冶炼。利用高炉对熔融态的镍渣进行冶炼微合金铁，仅需对现有高炉进行改造，使镍渣直接从熔融状态开始升温，进行氧化还原反应、造渣等，完成铁的分离既能变废为宝，又能有效利用熔融渣的高温热能，达到节能降耗、降低生产成本的目的。

（7）深度还原—磁选。将原料按设定比例称量好后装入球磨机，充分混合，放入石墨坩埚，待电阻炉升至一定温度时，将坩埚置入电阻炉内，达到预设温度后保温一定时间，配和料在高温下发生深度还原和置换等一系列反应，铁被还原出来，然后将坩埚取出，进行磨矿和磁选分离作业。

4.4.3　铜镍水淬渣制备微晶玻璃技术

南雪丽[56]对铜镍水淬渣制备微晶玻璃进行了研究。结果表明：利用铜镍水淬渣和粉煤灰制备微晶玻璃在工艺和性能上都是可行的，制品综合性能优良，固废的总利用率超过 60%，消耗废渣量大，有较好的环境、社会和经济效益。

李克庆等[57]进行了利用铜镍水淬渣回收铁及微晶玻璃制备的研究。利用高温还原工艺提取金川冶炼炉渣中的铁，并将提铁后产生的二次熔渣直接加工成微晶玻璃等高附加值的建筑装饰产品是可行的。

4.4.4　铜镍水淬渣制备水泥技术

铜镍水淬渣主要成分是 SiO_2、Fe_2O_3，可以代替铁粉和部分黏土作为生产水泥熟料的原料。尽管有的铜镍水淬渣 MgO 含量很高，但由于掺量较低，一般不会造成熟料中 MgO 含量过高，而且铜镍水淬渣中的 MgO 主要以橄榄石存在，或存在于玻璃相中，在熟料煅烧过程中不会生成方镁石，对水泥的稳定性不会有影响。铜镍水淬渣中由于存在多种少量的其他离子，如 Ni、Cu、Co 等，对降低熟料的液相共熔温度和液相黏度起着积极作用，能改善生料的易烧性，因而对熟料矿物的形成非常有利。

在水泥生产过程中用粉煤灰、铜镍水淬渣完全取代黏土和铁矿石，取得了较好的效果。在熟料生产中，铜镍水淬渣的掺配比例高达 25% 左右，取得了较好的经济效益和社会效益[58]。

采用"三窑两磨"全黑生料煅烧工艺，掺入铜镍水淬渣配料后，立窑熟料质量大幅提高，熟料 $w(\text{f-CaO}) < 2.0\%$（见表 4-11）[59]。熟料多呈现黑色葡萄串状和致密块状，升温到 $1450 \pm 5℃$，出窑熟料不用淋水，其稳定性全部合格，每年可节约 110 万元，经济效益显著。

表 4-11　铜镍水淬渣使用前后水泥熟料性能对比

熟料	C_3S/%	f-CaO/%	稳定性合格率/%	凝结时间/min		抗折强度/MPa		抗压强度/MPa	
				初凝	终凝	3d	28d	3d	28d
未掺加镍渣	54.68	2.16	83.5	100	151	5.8	8.7	31.2	54.3
掺加镍渣	57.13	1.73	98.4	117	166	6.3	9.1	34.7	58.9

由于水淬急冷的铜镍水淬渣玻璃相中含有少量的 CaO、Al_2O_3，在碱性介质的激发下具有潜在的水硬性，因而可以作为水泥的混合材。而慢冷的镍渣不具有水硬活性，只能作为水泥混凝土的集料使用。对与铜镍水淬渣化学成分和结构非常类似的诺兰达炉渣的研究表明[60]，铜镍水淬渣玻璃相中的 FeO 也是一种活性组分，在碱的作用下会生成 $Fe(OH)_2$ 和 $Fe(OH)_3$ 凝胶，填充在其他水化产物中起到填充和骨架的作用。

将铜镍水淬渣与其他活性混合材复合掺加生产复合水泥，效果优于单独使用铜镍水淬渣。如利用铜镍水淬渣和高炉矿渣生产复合硅酸盐水泥，铜镍水淬渣在其中的掺量可以达到 15%~50%，矿渣掺量为 10%~20%，石膏为 8%~10%，其余为硅酸盐水泥熟料。共同粉磨至比表面积为 400~500m^2/kg，可以生产符合 GB 175—2007 中规定的 32.5、42.5 和 52.5 号复合硅酸盐水泥（见表 4-12）[61]。

表 4-12　铜镍水淬渣矿渣复合掺加的硅酸盐水泥配方及性能

序号	熟料 /%	镍渣 /%	矿渣 /%	石膏 /%	比表面积 /m² · kg⁻¹	抗折强度/MPa		抗压强度/MPa	
						7d	28d	7d	28d
1	36.4	45.5	9.0	9.1	400	5.6	6.0	20.0	34.0
2	70.1	35.0	13.0	7.9	450	5.6	6.1	25.7	45.0
3	61.9	13.0	18.0	7.1	500	5.8	7.3	30.1	56.2

费文斌等[62]利用钢渣、矿渣、铜镍水淬渣等多种工业废渣，掺入少量熟料、石膏和激发剂，进行生产少熟料水泥，结果表明：铜镍水淬渣具有非常好的活性，与矿渣非常接近，略优于钢渣，按《用作水泥混合材料的工业废渣活性试验方法》（GB 12957—2005）测定的 28d 抗压强度比超过了 90%，属于活性混合材。在复合外加剂的掺量为 5%～8%、熟料的掺量为 10%、其余掺矿渣和铜镍水淬渣时，生产的少熟料水泥符合标准 GB 175—2007 中 32.5 号和 42.5 号水泥的技术要求。

金川有色金属公司利用二次渣水淬后作为良好的水泥混合材料，生产水泥量达 50 万吨[63]，符合处理有色冶金废渣的原则，既能节约能源，又能回收资源，铜镍水淬渣综合利用的流程如图4-12 所示。

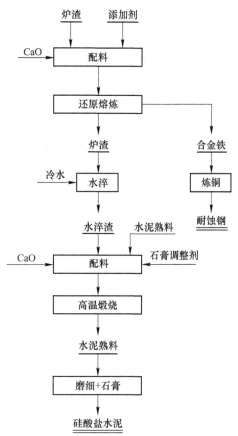

图 4-12　金川公司铜镍水淬渣综合利用流程图

参 考 文 献

［1］朱祖泽，贺家齐. 现代铜冶金学［M］. 北京：科学出版社，2003.

［2］许并社，李明照. 铜冶炼工艺［M］. 北京：化学工业出版社，2007.

［3］ 周松林，葛哲令. 中国铜冶炼技术进步与发展趋势［J］. 中国有色冶金，2014，5：8-12.

［4］ 王华，李磊. 铜渣中有价金属回收的应用基础研究［M］. 北京：科学出版社，2013.

［5］ 李凤廉. 研究利用铜渣开发二次资源［J］. 有色矿冶，1992，4：38-43.

［6］ 曹洪杨，张力，付念新，等. 国内外铜渣的贫化［J］. 材料与冶金学报，2009，1：33-39.

［7］ 李磊，王华，胡建杭，等. 铜渣综合利用的研究进展［J］. 冶金能源，2009，1：44-48.

［8］ 张邦琪，史谊峰. 艾萨炉渣和转炉渣混合贫化机理的探讨［J］. 中国有色冶金，2005，5：33-37.

［9］ 杜清枝，段一新，黄治家，等. 炼铜炉渣贫化的新方法及机理［J］. 有色金属（冶炼部分），1995，3：17-19.

［10］ 杜清枝. 炉渣真空贫化的物理化学［J］. 昆明工学院学报，1995，2：107-110.

［11］ Reddy R G. The recovery of non-ferrous metals from primary copper smelter discard slags［J］. Resources and Conversation，1982，9：333-342.

［12］ Warczok A，Riveros G. Slag cleaning in crossed electric and magnetic fields［J］. Minerals Engineering，2007，20（1）：34-43.

［13］ Banda W，Morgan N，Eksteen J J. The role of slag modifiers on the selective recovery of cobalt and copper from waste smelter slag［J］. Minerals Engineering，2002，15（11，Supplement 1）：899-907.

［14］ Kim H，Sohn H Y. Effects of CaO，Al$_2$O$_3$，and MgO additions on the copper solubility，ferric/ferrous ratio，and minor-element behavior of iron-silicate slags［J］. Metallurgical and Materials Transactions B，1998，29（3）：583-590.

［15］ Maweja K，Mukongo T，Mutombo I. Cleaning of a copper matte smelting slag from a water-jacket furnace by direct reduction of heavy metals［J］. Journal of Hazardous Materials，2009，164（2-3）：856-862.

［16］ Li Y，Perederiy I，Papangelakis V G. Cleaning of waste smelter slags and recovery of valuable metals by pressure oxidative leaching［J］. Journal of Hazardous Materials，2008，152（2）：607-615.

［17］ Li Y，Papangelakis V G，Perederiy I. High pressure oxidative acid leaching of nickel smelter slag：Characterization of feed and residue［J］. Hydrometallurgy，2009，97（3-4）：185-193.

［18］ Chen T，Lei C，Yan B，et al. Metal recovery from the copper sulfide tailing with leaching and fractional precipitation technology［J］. Hydrometallurgy，2014，147（8）：178-182.

［19］ Tümen F，Bailey N T. Recovery of metal values from copper smelter slags by roasting with pyrite［J］. Hydrometallurgy，1990，25（3）：317-328.

［20］ Banza A N，Gock E，Kongolo K. Base metals recovery from copper smelter slag by oxidising leaching and solvent extraction［J］. Hydrometallurgy，2002，67（1-3）：63-69.

［21］ Herreros O，Quiroz R，Manzano E，et al. Copper extraction from reverberatory and flash furnace slags by chlorine leaching［J］. Hydrometallurgy，1998，49（1-2）：87-101.

［22］ G·布罗特，孙浩，肖力子. 应用浮选—黄铁矿焙烧法从铜渣中回收有价金属［J］. 国外金属矿选矿，2009（Z1）：86-90.

［23］何晓娟，郑少冰．铜录山低品位高含泥氧化铜矿直接浮选工艺试验［J］. 矿产综合利用，1999，3：12-15.

［24］Bruckard W J, Somerville M, Hao F. The recovery of copper, by flotation, from calcium-ferrite-based slags made in continuous pilot plant smelting trials［J］. Minerals Engineering, 2004, 17（4）：495-504.

［25］彭容秋．铅锌冶金学［M］. 北京：科学出版社，2003.

［26］王明玉，刘晓华，隋智通．冶金废渣的综合利用技术［J］. 矿产综合利用，2003，3：28-32.

［27］赵由才．固体废物污染控制与资源化［M］. 北京：化学工业出版社，2002.

［28］董保澍．我国工业固体废弃物现状和处理对策［J］. 中国环保产业，2001，5：17-18.

［29］L·奥特罗什德诺娃，李华．浸出浮选联合法从锌渣中回收银［J］. 国外金属矿选矿，1996，8：22-24.

［30］张平．湿法炼锌浸出渣中回收银的影响因素综述［J］. 有色金属科学与工程，2011，4：26-27.

［31］邓朝勇，张谊，杨茂麟，等．用硫脲从含银湿法炼锌废渣中浸出银［J］. 湿法冶金，2011，3：232-233.

［32］刘庆杰，贾玲，李广海．从湿法炼锌锑盐净化钴渣中回收钴、锌、镉、铜［J］. 资源再生，2010，9：39-41.

［33］程华月，陈少纯，邹家炎．从铅锌冶炼炉渣中回收镓的工艺方案研究及可行性分析［J］. 矿冶，2007，3：58-60.

［34］何启贤，覃毅力．烟化处理铅锑鼓风炉渣回收锌铟的生产实践［J］. 江西有色金属，2008，2：29-32.

［35］顾立民，付一鸣，杜纯印，等．含铅烟灰的处理方法［P］中国：98114118.8，1999-03-17.

［36］杨建军，丁朝，李永祥，等．湿法炼锌渣综合利用工艺现状及分析［J］. 世界有色金属，2011，6：44-46.

［37］李光辉，黄柱成，郭宇峰，等．从湿法炼锌渣中回收镓和锗的研究（上）——浸锌渣的还原分选［J］. 金属矿山，2004，6：61-64.

［38］李光辉，董海刚，黄柱成，等．从湿法炼锌渣中回收镓和锗的研究（下）——锈蚀法从铁粉提取镓与锗［J］. 金属矿山，2004，8：69-72.

［39］向平，冯其明，刘朗明，等．物理方法从锌阳极泥中分离锰与铅银矿物工艺研究［J］. 矿冶工程，2010，4：54-57.

［40］Jha M K, Kumar V, Singh R J. Review of hydrometallurgical recovery of zinc from industrial wastes［J］. Resources, Conservation and Recycling, 2001, 33（1）：1-22.

［41］高峰，贾永忠，孙进贺，等．锌冶炼废渣浸出液硫化法除砷的研究［J］. 环境工程学报，2011，4：812-814.

［42］Rashchi F, Dashti A, Arabpour-Yazdi M, et al. Anglesite flotation：a study for lead recovery from zinc leach residue［J］. Minerals Engineering, 2005, 18（2）：205-212.

[43] 吴攀，刘丛强，杨元根，等. 炼锌固体废渣中重金属（Pb、Zn）的存在状态及环境影响 [J]. 地球化学，2003，2：139-145.

[44] Shen H, Forssberg E. An overview of recovery of metals from slags [J]. Waste Management, 2003, 23（10）：933-949.

[45] 潘德安，张深根，保海彬，等. 一种铅渣制备钙铁辉石微晶玻璃的方法 [P]. 中国：201510153238. 2, 2015-07-15.

[46] 张深根，杨健，刘波，等. 一种危险固废制备微晶玻璃的方法 [P]. 中国：201410783923. 9, 2015-03-25.

[47] 纪斌，沈晓冬，马素花，等. 锌渣对水泥生料煅烧的影响 [J]. 硅酸盐通报，2008，4：686-689.

[48] 张义顺，廖建国，吴浩. 锌渣代替铁粉生产水泥的实践 [J]. 焦作工学院学报（自然科学版），2004，2：123-126.

[49] 唐声飞，李伟雄，郭文定. 用煤矸石、铅锌渣作主要原料生产水泥熟料 [J]. 四川水泥，2002，4：17-18.

[50] 肖忠明，王昕，霍春明，等. 焦作铅锌渣用做混合材料对水泥性能的影响 [J]. 广东建材，2009，10：22-25.

[51] 陈南洋. 我国有色冶炼低浓度二氧化硫烟气制酸技术进展 [J]. 硫酸工业，2005，2：15-18.

[52] 潘德安，张深根，郭斌，等. 一种重金属石膏复合无害化处理方法 [P]. 中国：201310467022. 4, 2014-01-08.

[53] 何焕华. 中国镍钴冶金 [M]. 北京：冶金工业出版社，2000.

[54] 王宁，陆军，施捍东. 有色金属工业冶炼废渣—镍渣的综合利用 [J]. 环境工程，1994，1：58-59.

[55] 牛庆君. 从镍冶炼弃渣中回收镍、钴的方法 [P]. 中国：200910117214, 2009-09-30.

[56] 南雪丽. 微晶玻璃的研制 [D]. 兰州：兰州理工大学，2006.

[57] 李克庆，苏圣南，倪文，等. 利用冶炼渣回收铁及生产微晶玻璃建材制品的实验研究 [J]. 北京科技大学学报，2006，11：1034-1037.

[58] 樊佳磊，李海宁. 使用镍钛渣配料生产优质水泥熟料 [J]. 水泥，2004，5：24-26.

[59] 赵素霞，李健生，江帆. 用镍渣代替铁粉配料煅烧水泥熟料 [J]. 河南建材，2003，4：25-29.

[60] 彭华. 诺兰达炉渣综合利用研究（下）[J]. 金属矿山，2004，3：62-66.

[61] 谢尧生，刘艳军，王绍华. 复合硅酸盐水泥 [P]. 中国：00100108. 6, 2000-07-05.

[62] 费文斌，张述善，马秋新，等. 少熟料水泥的试验研究 [J]. 新世纪水泥导报，2000，3：30-32.

[63] 刘伟波. 金川炼镍渣提铁的试验研究 [D]. 西安：西安建筑科技大学，2001.

5 电镀污泥处理及资源化技术

电镀是利用化学的方法对金属和非金属的表面进行装饰、防护及获得某些新性能的一种工艺过程。电镀工业是我国重要的加工行业，也是目前全球三大污染行业之一。2014年我国电镀行业从业人员达到近百万人，市场规模达到289亿元，比2013年增长9.57%[1]。我国每年约排放40亿立方米电镀废水，占我国工业废水总产量的10%，其中约80%的电镀废水采用铁氧体法、氧化还原法、沉淀法等方法处理，产泥率约0.22%，据此估计，每年约产生880万吨电镀污泥[2]。

电镀污泥含铬、镍、铜等重金属有毒物质而被列入《国家危险废物名录》（2008年）的HW17和HW21废物类别[3]，其含铬量通常高达2%~3%（质量分数），此外还含铜1%~2%（质量分数）、镍0.5%~1%（质量分数）、锌1%~2%（质量分数），金属品位远高于富矿石。就每年产出的电镀污泥中有价金属而言，其潜在价值就超过500亿元。

虽然我国电镀行业发展迅速，但在污泥处置和资源化方面起步较晚，技术研究和运用都还相对滞后。为了实现电镀污泥无害化处置、资源化利用，我国科研人员也大力开展技术研究，其成果显著。

5.1 电镀污泥来源及特点

电镀污泥主要来自各种电镀废液和通过液相化学处理所产生的固体废料，由于电镀生产工艺不同，电镀污泥的化学组分也不同，但都含有大量的铜、镍、铬、镉、锌等有毒重金属，是一种典型的危险废物。它具有易积累、不稳定、易流失等特点，如不妥善处理，易引起严重的二次污染。

5.1.1 电镀污泥的来源

电镀生产工艺由三部分组成：第一部分为前处理工艺，清洁和活化金属表面，其处理工序包括除油、清洗、酸浸、清洗等；第二部分为电镀工艺，利用电化过程将一层较薄的金属沉淀于导电的工件表面上；第三部分为后处理工艺，主要包括清洗及干燥工作。在整个生产过程中，前处理阶段和电镀之后的工件都需要用大量的水冲洗镀件，由此形成电镀废水。

处理电镀废水的方法很多，主要有化学沉淀处理、氧化还原处理、溶剂萃取分离处理、吸附处理、膜分离技术处理、离子交换处理和生物技术处理等。其中化学沉淀法是目前国内外应用最多的。据报道，我国约有41%的电镀厂采用化学法处理电镀废水；在日本，用化学沉淀法处理电镀废水的占85%左右。经过以上方法处理电镀废水后形成的沉淀物，称为电镀污泥。

电镀废水的成分非常复杂，除含氰废水和酸碱废水外，重金属废水是电镀行业潜在危害性极大的废水类别。根据重金属废水中所含重金属元素进行分类，一般可以分为含铬废水、含镍废水、含镉废水、含铜废水、含锌废水、含金废水、含银废水等。

按照对电镀废水处理方式的不同，可将电镀污泥分为混合污泥和分质污泥两大类，前者是将不同种类的电镀废水混合在一起进行处理而形成的污泥；后者是将不同种类的电镀废水分别处理而形成的分质污泥，即以某一类重金属元素为主，如含铬污泥、含镍污泥、含铜污泥等。根据电镀废水处理的条件不同，电镀污泥主要分为铬系污泥和非铬系污泥两种，前者除含铬外尚含铁、镍、铜等金属的氢氧化物，而后者不含铬，主要则为铁、镍、铜等金属的氢氧化物，但实际大多数电镀小企业的废水经过处理后得到的多是混合污泥。目前针对电镀污泥的治理和资源化利用也是以混合污泥为主要对象。

5.1.2 电镀污泥的特点

电镀污泥的特点是决定其处置方式的关键，其成分、性质比较复杂，所以在电镀污泥的收集、贮存、交换中间处理到最终处置过程，特别是资源化过程中，其特点分析是一项必需的基础性研究工作。

5.1.2.1 电镀污泥理化特性

由于电镀污泥系电镀污水处理后的剩余固体物质，具有含水率高的特点。污泥含水量的多少直接决定了其表观形态，含水量在90%以上时，呈浆体状；含水量在80%~90%之间时，呈半固半液的粥状；低于80%时，呈细颗粒固体状。电镀污泥的颜色根据电镀的镀层、工艺和添加的絮凝剂不同而呈现不同的感官色彩，主要有淡绿色、棕黑色、红色、紫色等。

陈永松等[4]分析了12种不同来源的电镀污泥试样的含水率、灰分、pH值等理化特性，研究结果显示：电镀污泥属于偏碱性物质，pH值在6.70~9.77之间，其水分、灰分含量均很高，水分一般在75%~90%之间，灰分在76%以上。电镀污泥的组成十分复杂且分布极为不均，属于结晶度比较低的复杂混合体系。

电镀污泥还具有重金属组分热稳定性高的特点，Espinosa等[5]研究了电镀污泥的热稳定性，经过1000℃以上的高温焚烧，污泥质量损失了34%，这部分污泥主要转化成CO_2、H_2O和SO_2，但99.6%的铬仍残留在焚烧残渣中。

5.1.2.2 电镀污泥的成分特点

由于电镀的方法不同,且电镀污泥多以混合污泥为主,所以其成分比较复杂。陈永松等[4]分析了广东省的几家电镀厂的电镀污泥的化学成分和微观结构,其化学组成如表 5-1 所示。

表 5-1 电镀污泥化学成分 (w/%)

电镀厂编号	MgO	Al$_2$O$_3$	SiO$_2$	SO$_3$	CaO	Cr$_2$O$_3$	Fe$_2$O$_3$	NiO	CuO	ZnO
1	0.91	37.88	10.12	7.55	9.52	0.04	17.78	0.10	10.35	0.19
2	22.75	1.31	3.67	11.12	16.12	6.40	1.82	12.81	10.60	4.97
3	1.06	19.51	11.88	4.59	1.42	3.16	19.88	21.08	0.75	0.48
4	0.78	8.77	33.27	3.44	2.01	1.19	6.83	4.02	27.96	1.76

从化合物组成来看,电镀污泥中常规化合物主要有 Al$_2$O$_3$、Fe$_2$O$_3$、CuO、SiO$_2$、CaO、SO$_3$、MgO 等,其他的有 Co$_2$O$_4$、SrO、Nb$_2$O$_5$、ZrO$_2$ 等。试样中 Al$_2$O$_3$、Fe$_2$O$_3$、CaO、CuO、SiO$_2$、SO$_3$ 等含量均比较高,Pb、Cd、Cr、Ni、Cu、Zn 等主要来自电镀溶液,其余则主要来自电镀废水处理过程中投加的次氯酸钠、硫化钠、硫酸亚铁或氢氧化钙等化学药剂。

刘刚等[6]对取自杭州某工业废物处理有限公司的电镀污泥研究后发现:该污泥中铬、镍、铜、铅、汞等重金属的质量分数相当高。毛谙章等[7]的研究表明:电镀污泥中还存在硫酸根及其他一些阴离子,如 Cl$^-$ 等。

5.1.2.3 电镀污泥的危害性

电镀污泥成分复杂、量多面广、难降解、不稳定、无热值且含有多种有害重金属,被列入国家危险废弃物名录,如果不当处理任意堆放,其产生的直接后果严重。电镀污泥中的重金属可以通过多种途径进入土壤和水体,造成严重的环境破坏,对动植物及人类健康也构成威胁。

(1) 土壤污染。电镀污泥含有大量的有毒有害重金属物质,这些有害成分向地下水渗透,将土壤的微生物杀死,使土壤板结、土壤质量下降,甚至导致农作物枯死、草木不生,严重破坏生态平衡。另外土壤中累积的重金属物质通过种植在污染土壤中的瓜果、蔬菜进入人体,将危害人类健康。

(2) 水体污染。电镀污泥对水体的污染主要表现在未妥善处理的电镀污泥经雨水淋溶后产生大量含有污染物的液体,该液体将渗入到地下水或流向四周的地表水,造成水体污染,并直接影响水生动植物赖以生存的环境,造成水质下降、水域面积逐步减少等恶劣影响。尤其是污泥中的重金属物质有可能随雨水进入淡水中,直接威胁人类饮用水源的安全。

(3) 人体污染。电镀污泥中的重金属物质可以通过环境或食物链等方式影响到动植物生长发育及人体健康。例如：镍经皮肤吸收后可导致"镍皮肤"，对呼吸道危害较大，可导致呼吸器官障碍及呼吸道癌；六价铬可通过皮肤、呼吸道、消化道进入人体，其氧化作用对皮肤、呼吸道、肠胃有毒害作用；铅能导致心悸，红细胞增多，影响神经系统，许多重金属化合物都是"三致"物质。

5.1.2.4　电镀污泥资源性

电镀污泥是一种廉价的二次可再生资源，其中个别金属的含量已经远远超过其在金属矿中的含量，如铜、镍、铬等电镀工业中常见的金属元素的质量分数都在 5% 以上，完全可以看作是一种宝贵的资源加以回收再利用。进入 21 世纪以后，我国电镀生产行业和电镀产品需求量将会越来越大，处理和处置好包括电镀废弃物在内的各类废弃物对确保我国经济的快速和持续增长具有重要意义。而国外已经把电镀废弃物尤其是电镀污泥作为宝贵的资源加以利用，其中的铜、镍、铬等金属更是具有回收价值。

电镀污泥中铜、镍的含量高。铜和镍广泛应用于电路板等电子行业和其他领域。因此，电镀污泥中铜、镍的回收再利用不仅可再利用于电镀行业，而且可用于电子行业等。

据深圳市危险废物处理站调查报告，珠江三角洲重金属污泥主要来源于电子行业和电镀行业，电镀过程所产生的污泥约占金属污泥的 80%。深圳有大小电镀企业 2000 余家，东莞、惠州、中山、顺德等珠三角地区有大小电镀厂家近万家。据 2005 年普查数据，深圳市所产生危险废物中重金属污泥排在第二位，每年约 5.2 万吨，其中含铜、镍电镀污泥约占一半以上，约 2.6 万吨。按照这个比例进行计算，珠江三角洲每年产生铜镍污泥（60%~80% 水分的湿污泥）约在 15 万吨，含铜污泥中铜的质量分数约 1%~10% 之间，相当于含 6000 吨铜，价值约 4 亿元。同时，相当于含有镍 3600 吨，价值约 11 亿元[8]。由此可知，含铜镍电镀污泥所蕴藏的财富巨大，回收电镀污泥中铜镍具有重要的经济和环境效益。

综上所述，电镀污泥含水量大，成分复杂，其中的重金属组分容易迁移，如果不进行妥善处理而将污泥直接堆放在自然界，重金属元素将会在自然界中迁移和循环，引发污染，直接或间接地危及人类健康；另一方面，电镀污泥中富含多种有价金属，其品位高于金属富矿石，其本身就是一种廉价的可再生资源。因此，研究如何实现电镀污泥减量化、无害化、资源化已成为目前国内外研究重点。

填埋和堆放曾经是电镀污泥等固废处置的重要途径，但是由于电镀污泥具有明显毒性，已被禁止大量填海处理，堆放处置对场地建造技术及防渗能力要求高，且浪费土地，并不是合理的处理措施。因此需要寻找能满足减量化、无害化、资源化的处理方式。

5.2 电镀污泥热处理技术

热化学处理技术是在高温条件下对废物进行分解，使其中的某些剧毒成分毒性降低，实现快速、显著地减容，降低或消除污泥的二次污染危害，并对废物的有用成分加以利用。近年来，利用热化学处理技术实现对危险废物电镀污泥的预处理或安全处置开始引起人们的重视。目前电镀污泥热化学处理技术主要包括焚烧、离子电弧及微波等技术。

5.2.1 电镀污泥焚烧处理技术

污泥焚烧是利用高温将污泥中的有机物彻底氧化分解，最大程度地使污泥中的某些剧毒成分毒性降低。通过焚烧热处理，可以大大减少电镀污泥的体积，降低对环境的危害。此外，焚烧的产物还有利用价值，如焚烧渣中重金属的质量分数提高有利于重金属和有价金属的回收利用；焚烧渣还可用于制砖、铺路或他用；焚烧产生的热量可用于发电。热化学处理有利于降低电镀污泥中铬的毒性，为高温热处理能将 Cr^{6+} 转化成为 Cr^{3+}，且温度越高转化效果越明显；在经高温处理的电镀污泥中，主要以 Cr^{3+} 为主。因此，焚烧热处理是实现电镀污泥减量化、无害化的一种快捷有效的技术。

熔炼法处理电镀污泥采用"干化预处理+焚烧炉焚烧+灰吹皿灰吹"工艺，其工艺流程图如图 5-1 所示。

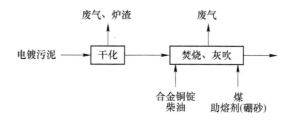

图 5-1 干化预处理+焚烧炉焚烧+灰吹皿灰吹工艺示意图

宋福明等[9]采用德国贺利氏回收技术（太仓）有限公司的先进技术，对电镀污泥焚烧工艺进行改进，采用"焚烧灰吹炉直接焚烧"工艺。整个工艺在密闭、负压条件下进行，有利于烟尘的收集和废气的集中处置和达标排放，其工艺流程如图 5-2 所示。

工艺说明：电镀污泥直接焚烧工艺采用生物质燃料代替柴油作为燃料，直接与电镀污泥混合加热燃烧，燃烧时因反应中得到的高效可燃物质在高温中与氧发生剧烈的化学反应瞬间产生 1080℃高温，炉火升温速度快，炉膛火力猛烈，而高密度的压制手段令飞灰、二氧化硫固留在炉渣中，从而大大延长了燃烧时间，达到节省燃料和低排放目标。由于焚烧炉内温度高，添加进去的电镀污泥中的水分迅速蒸发，不会导致炉火熄灭。焚烧产生的废气经过急冷、集尘塔旋风除尘以及碱液喷淋（4%NaOH 溶液）后排放。整个工艺在密闭、负压条件下进行，更有利于烟尘的收集和废气的集中处置和达标排放。

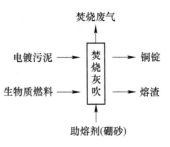

图 5-2　焚烧灰吹炉直接
焚烧工艺示意图

　　主要生产设备：采用直接焚烧灰吹工艺后，生产设备进行了变动，取消了原有的回转干燥炉、流化床等设备，工艺变更后主要生产设备及主要技术参数见表 5-2，工艺变更后采用的焚烧灰吹炉为德国贺利氏提供的生物质燃料专用燃烧设备。

表 5-2　主要生产设备

序　号	设备名称	规模型号	数量/台（套）	产地
1	焚烧灰吹炉	35 t/d	1	中国
2	鼓风机	风量 1500 m^3/h	1	中国
3	引风机	风量 3500~5000 m^3/h	1	中国

　　运行成本：采用"干化预处理+焚烧炉焚烧+灰吹皿灰吹"工艺，每处理 1000t 电镀污泥需消耗 64t 煤和 23t 柴油，以煤 1200 元/t、柴油 7800 元/t 计算，费用为 25.62 万元。采用直接焚烧灰吹工艺每处理 1000t 电镀污泥需消耗生物质燃料 90t，以生物质燃料 1150 元/t 计算，费用为 10.35 万元，大大降低运行成本。采用直接焚烧灰吹工艺去除了干化预处理工艺，减少了处理时间及投料过程，更便于操作管理。

　　"焚烧灰吹炉直接焚烧"技术运行成熟稳定、便于操作管理、运行成本较低，同时符合工艺先进性要求。采用生物质燃料代替煤和柴油供热，不仅污染物排放量有所降低，对周围环境影响有所减少，同时也为人类社会可持续发展作出了新的贡献。

　　电镀污泥焚烧处理过程中重金属的迁移特性是热化学处理技术研究的重点。Espinosa 等[10]对电镀污泥在炉内焚烧过程的热特性及其中重金属的迁移规律进行了研究，发现焚烧能有效富集电镀污泥中的铬，灰渣中铬的残留率高达 99%以上，而在焚烧过程中，绝大部分污泥组分以 CO_2、H_2O、SO_2 等形态散失，因此，减容减重效果非常明显，减重可达 34%。Barros 等[11]利用水泥回转窑对焚烧混合电镀污泥过程进行了研究，分析了添加氯化物（KCl、NaCl 等）对电镀污泥中 Cr_2O_3 和 NiO 迁移规律的影响，认为氯化物对 Cr_2O_3 和 NiO 在焚烧灰渣中的残留情况没有影响，焚烧过程中 Cr_2O_3 和 NiO 都能被有效地固化在焚烧残渣中。刘刚等[12]利用管式炉模拟焚烧炉研究电镀污泥的热处置特性时，分析了铬、锌、铅、铜等多种重金属的迁移特性，认为焚烧温度在 700℃ 以下时，污泥中的水分、有机质和挥发分就能被很好地去除，且高温能有效抑制污泥中重金属的浸出，但这种抑制对各种重金属的影响各不相同，如镍是不挥发性重金属，在焚烧灰渣中的残留率为 100%，铬在灰渣中的残留率也高达 97% 以上，而锌、铅、铜的挥发率则随焚烧温度的升高而有不同程度的增大。

5.2.2　电镀污泥电弧等离子处理技术

电弧等离子体[13]产生的瞬时高温突跃（T-jump），在数千度的高温下引起快速反应，使污泥中有机物质发生高温下的物理化学变化，如：挥发裂解氧化聚合等反应后的固体残渣表面明显碳化，含水率与挥发分含量明显下降，其中受到电弧直接作用的固体残渣呈熔融态，分解彻底气态产物则以 CO 为主，类似于水煤气，可直接点火燃烧，热值较高。

电弧等离子体装置如图 5-3 所示，主体设备为等离子反应器，反应器的进料装置是螺杆挤压器，泥样经螺杆挤压通过多孔片后呈细长条形并自然下垂经过等离子反应区，泥条的粗细取决于进料器顶端的多孔片，多孔片配有 2 个，孔径分别为 5mm、2mm。

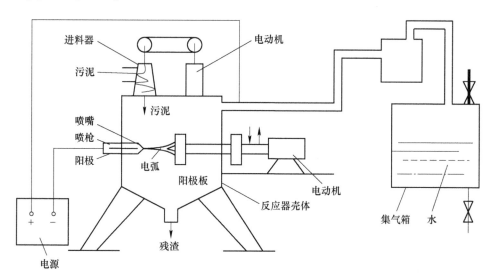

图 5-3　电弧等离子体装置示意图

反应区由等离子电弧构成，经喷枪压缩后的电弧温度高、能量集中，但作用区域较小，在反应区内受到电弧直接作用的泥条熔融并呈玻璃态，分解彻底，未受到电弧直接作用的泥条则表面明显碳化，恶臭消失，含水量、挥发分大大下降。

　　气体产物用排水法收集于储气箱，待可溶成分溶于水后，再利用水压排出最后得到的气体产物无臭无味，类似于水煤气，其主要成分为 CO 气体的产物接上煤气灯后可以直接点火燃烧，利用热电偶测得火焰温度达 800℃ 左右。

　　在等离子电弧作用下，泥样中有机质与水分解相互影响，充足的水分有利于有机质转化为 CO，所以碳元素的去除率与 CO 的转化率相当。但过多的水分则消耗热量导致 CO 产率降低，含水不足时有机质的分解不完全，只有部分转化为水煤气，原因是水分解提供的氧不足以使有机质彻底转化。

　　在反应器的内部设计中考虑到阴极、阳极要承受高温、高活性电弧的作用，因此采用了循环水冷保护。反应器的能耗很大一部分消耗于阴、阳极的冷却，冷却水吸收的热量 $Q = C_p G_水 (t_出 - t_入) T$ （C_p 为比热，$G_水$ 为流量，$t_出 - t_入$ 为冷却水温差，T 为时间），占反应器耗能的 71%，表明电弧能量大部分被冷却水吸收，并未充分作用于污泥。由于电弧构成的反应区域较小，且电弧作用垂直于泥样下落方向，导致泥样受作用的时间短促，电弧能量空耗于阴、阳极。如果在设计上改用 2 支或 3 支功率适中的喷枪，且电弧方向平行于泥样，那么既可提高污泥的反应程度，又可减少能耗，从而将明显改善过程的能量平衡。另一方面，反应器的工作气体使用 N_2 气，目的在于避免泥样中有机质高温下的完全氧化和阴、阳电极材料的氧化损耗，但是产物气体中混入 N_2 气，降低了产气的热值。考虑到既要提高反应程度和产气热值又要避免产物的完全碳化分解，反应器的工作气体中可以适当掺入压缩空气，既促进反应又能提高能量得率。

5.2.3　电镀污泥微波处理技术

　　微波是频率介于 300MHz 和 300GHz 的电磁波（波长 1m～1mm）。极性分子在电磁场作用下，会从随机分布状态转为依电场方向进行取向排列，而在微波电磁场作用下，这些取向运动以每秒数十亿次的频率不断变化，造成分子的剧烈运动与碰撞摩擦，从而产生热量，达到电能直接转化为介质内的热能。目前，微波加热技术作为一种非通信能源已广泛应用于化学、医药、陶瓷、塑料、矿业等各个方面。该技术不同于传统加热方式，具有即时性、整体性、选择性、能量利用的高效性、安全、卫生、无污染等特点，是一种深入到物料内部、由内向外的加热方式。利用微波加热的这些特点，研究运用微波技术来处理各类废弃物，使其在环境保护领域中的应用越来越广泛[14]。

　　将微波辐射技术应用于污泥脱水减量化方面，则能达到节能降耗、缩短处理时间、降低处理成本等目的。微波辐射脱水工艺具有工艺简单、设备构造简单等优点。

　　多年来，人们一直在寻求一种使污泥减量化、稳定化的处置方式，其中，厌氧消化就是经常采用的方式之一。厌氧消化处置污泥能耗低，污泥消化后稳定度高，并且能够产生甲烷等可利用的资源。采取一系列的方式对污泥进行预处理，目的就是破坏污泥细胞壁膜，将胞内物质释放出来，以增强污泥的生物降解能力，提高水解速率。目前，微波污泥预处理技术的研究较为热门。Cigdem 等认为，虽然污泥处理的前 7 天微波对产气影响不大，但明显提高了污泥厌氧消化的性能。Eskicioglu 等[15]的研究表明，微波对污泥絮体的结构和细胞膜具有破坏能力，使污泥释放胞内外溶解性颗粒 COD 有机物质（如蛋白质，多糖，核酸等）。在 96℃温度下，当污泥停留时间为 5 天时，污泥中总固体 TS 和挥发性固体 VS 的去除率比常温下处理的去除率分别提高了 32% 和 26%；而当污泥停留时间为 20 天时，同样操作条件下 TS 和 VS 去除率分别提高了 16% 和 12%，说明温度和污泥停留时间对微波提高污泥厌氧性都具有影响。Park 等[16]发现经微波处理后的剩余污泥中，产气量和 COD 去除率分别提高了 79% 和 65%，同时，污泥停留时间可由原来的 15 天缩短至 8 天。Gan 等[17]通过微波辐射对电镀污泥进行了解毒和重金属固化研究，发现微波辐射处理对电镀污泥中重金属离子的固化效果显著，原因可能是在高温干燥与电磁波的共同作用下，有利于重金属离子同双极聚合分子之间发生强烈的相互作用而结合在一起，而经微波处理的电镀污泥具有粒度细、比表面积高、易结团等特性。

微波预处理技术处理速度快、效果好，可有效溶解污泥细胞壁，提高厌氧消化效率，但运行费用较高，限制了其广泛应用。今后应以降低能耗为研究重点，研究影响微波处理效率的因素，找出最佳工况，并联合其他处理工艺，进一步提高厌氧消化效果，降低能耗。微波应用前景较好，值得进一步研究，并推动其在工程上的广泛应用。

5.3　电镀污泥固化/稳定化技术

在危险固废诸多处理手段中，固化/稳定化技术是危险废物处理中的一项重要技术。固化/稳定化技术是指通过向电镀污泥中加入固化剂，使其构成紧密结合的固化体过程，或者使固化剂与电镀污泥中有害物质发生化学反应，从而转变为低毒性的物质，固化体着重于固化之低渗透性与高抗压强度。该方法是最早被开发出来处理电镀污泥的技术，主要包括水泥固化、石灰固化、热塑性固化、熔融固化、自胶结固化等。常用的固化剂有水泥、沥青、玻璃、水玻璃等。

5.3.1　水泥固化技术

水泥固化是最常用的固化技术，在美国被认为是一种很有前途的技术，它被证明对一些重金属的固定是非常有效的。美国国家环保局也已确认它对消除一些特种工厂所产生的污泥有较好的效果。

Roy 等[18]以普通硅酸盐水泥作为固化剂，系统地研究了含铜电镀污泥与干扰物质硝酸铜的加入对水泥水化产物长期变化行为的影响，发现硝酸铜与含铜电镀污泥对水泥水化产物的结晶性、孔隙度、重金属的形态及 pH 等微量化学和微结构特征都有重要的影响，如固化体的 pH 随硝酸铜添加量的增加而呈明显的下降趋势，孔隙度则随硝酸铜添加量的增加而增大。在对单一水泥稳定化/固化系统研究的基础上，又进一步研究了以水泥和粉煤灰的混合物固化重金属（含铬、镍、锡等）的方法，这样可以达到以废治废、节约成本的目的。

添加剂的使用能改善电镀污泥的固化效果。在电镀污泥的固化处置中，根据有害物质的性质，加入适当的添加剂，可提高固化效果，降低有害物质的溶出率，节约水泥用量，增加固化块强度。在以水泥为固化剂的固化法中使用的添加剂种类繁多，作用也不同，常见的有活性氧化铝、硅酸钠、硫酸钙、碳酸钠、活性谷壳灰等。

王继元[19]以硅酸盐水泥作为固化剂，通过添加一定质量的河砂、硅酸钠、活性氧化铝，控制其质量比，可以达到提高固化强度，降低重金属溶出率。硅酸盐水泥固化电镀污泥重金属较佳的质量配比为水泥 : 电镀重金属污泥 : 河沙 : 活性氧化铝 : 硅酸钠 = 1 : 0.8 : 0.20 : 0.08 : 0.06。其水泥固化块的抗压强度在30MPa 以上。同时还考察了硅酸钠与硅酸钙及活性氧化铝对固化效果的影响，结果发现添加硅酸钠效果优于硅酸钙，活性氧化铝的添加有利于降低重金属的溶出率，该方法固化电镀污泥中重金属效果良好，其固化块的抗压强度得到提高。

钟玉凤等[20]通过水泥和细砂作为原料处理电镀污泥，研究通过污泥与水泥配比、螯合剂 KS-3 添加量、pH 值等因素考察重金属浸出率，结果表明螯合剂具有降低固化体的重金属浸出率。当螯合剂添加的质量分数为 2.5% 时，其固化效果最好，中性条件下重金属的浸出浓度最低。Orescanin 等[21]将电镀污泥与氧化钙按照一定质量比进行固化处理，考察不同质量比条件下其稳定性和浸出后重金属的含量，结果表明电镀污泥与氧化钙的质量比为 5 : 1 时，其稳定性最好，可将其固化体填埋或者应用到建筑材料中。Asavapisit 等[22]研究了应用 Na_2SiO_3 和 Na_2CO_3 两种碱性活性粉煤灰作为水泥固化剂来固化电镀污泥，结果发现电镀污泥中添加石灰与两种碱性活性粉煤灰后，其固化水泥的强度得到提高。当 Na_2SiO_3 质量分数为 4% 或者 Na_2CO_3 质量分数为 8% 时，其固化效果最好。另外研究了固化体的抗压强度，结果表明该固化体的抗压强度明显提高。考察了其固化体的毒性浸出实验，发现水泥固化体浸出液中重金属元素的含量只有铬的含量超过了相关规定标准。

目前我国的多数小型电镀厂对电镀污泥处理方式采用简单的稳定化/固化，在尽量少添加或者不加入固化剂的条件下，将电镀重金属污泥进行制砖或制成水泥，该方法处理成本低，技术门槛低、操作简单，适用对象广泛，但固化效果差、重金属的再溶出性高，给环境安全带来了潜在的威胁，其弊端已经逐渐显露出来，国家对于这种简易的处理方法已逐渐限制并淘汰。稳定化/固化技术仅考虑使重金属固化而不对其进行回收再利用，处理成本较低，固化后的稳定性不好，很有可能造成二次污染，填埋时会占用大量场地，综合效益一般，其使用范围受到限制。

5.3.2 熔体固化技术

熔融/玻璃固化是目前公认的处理含重金属固废最稳定、最安全的方法。熔融固化是将含重金属固废配比适量的添加剂，在 1000 ~ 1400℃的高温下，对污泥进行熔融处理，熔融所得熔渣为由 Si-O 网状结构组成的玻璃基体，重金属则被有效地包裹在此种无序的网状结构中，使得玻璃熔渣中的重金属浸出率极低。

相对于水泥固化等其他处理方法，熔融固化技术能使重金属长期稳定化，但是处理成本较高。许多学者提出污泥焚烧灰渣中含有丰富的氧化钙、氧化铝、氧化硅、氧化镁等无机成分，可以用于制备新一代建筑装饰用的微晶玻璃，同时，在微晶玻璃制备过程中，可以将污泥中磷以及各种重金属元素作为有益成分进行利用。例如，可将磷和重金属元素作为微晶玻璃的形核剂或着色剂，也可以在玻璃粉体软化的过程中降低玻璃软化温度，加快熔融进程。另一方面，微晶玻璃的结构和晶相特点也有利于磷以及各种重金属元素的固结，防止其滤出而危害环境。

日本是最先采用污泥灰为主要原料制备微晶玻璃的国家。东京 Metropolitan 工业技术中心从 1991 到 1995 年持续四年支持该项基础和试验性研究，并于 1997 年公开发表了其技术的相关成果，其熔化过程采用的是新型的吹氧间歇式熔渣工艺（Slag Bath O_2 Melting Method，简称 SBOM）。之后 Park[23] 采用污泥灰为主材料、掺杂少量 CaO 来制备微晶玻璃，760℃下核化 1h，分别在 1050℃和 1150℃温度晶化得到透辉石和钙长石主晶相，因透辉石晶相的连锁结构使其理化性能优于钙长石微晶玻璃。Toya[24] 使用石英砂和高岭土提炼的废弃物、造纸污泥灰（质量比为 55：45）制备微晶玻璃。原料在 1400℃熔融后水淬得玻璃珠，开始析晶温度在 950℃以上，分别在 1000℃和 1100℃晶化温度得到石英固熔体和方石英为主晶相的微晶玻璃，其理化性能均强于普通商业微晶玻璃。采用 36.4%（质量分数）的污泥、43.3%（质量分数）的 $CaCO_3$ 和 20.3%（质量分数）的废玻璃混合制得以钙铝黄长石、硅灰石为主晶相的微晶玻璃。

张深根等人开展了电镀污泥制备微晶玻璃的研究。采用 X 射线荧光光谱分析仪（XRF）分析某企业电镀污泥的矿物组成，见表 5-3。

表 5-3　电镀污泥矿物组成成分表　　　　　(w/%)

矿物组成	CaO	SiO$_2$	Al$_2$O$_3$	Fe$_2$O$_3$	Cr$_2$O$_3$	P$_2$O$_5$	MgO
质量分数	31.55	20.87	2.62	0.22	7.30	17.99	1.74

电镀污泥含有大量的 CaO 和 SiO$_2$，这是微晶玻璃的主要成分，同时含有大量的可用于制备微晶玻璃形核剂的 Cr$_2$O$_3$、P$_2$O$_5$ 及 Fe$_2$O$_3$。

采用美国毒性特征浸出方法（Toxicity Characteristic Leaching Procedure, TCLP）对电镀污泥进行毒性测试，测试结果见表 5-4。电镀污泥 Cr 浸出浓度为 22.30mg/L，超过美国 TCLP 标准，属于危险固废。

表 5-4　电镀污泥毒性浸出结果　　　　　（mg/L）

测试元素	Cr	Ni
电镀污泥	22.30	0.56
TCLP 标准	5	5

根据微晶玻璃成分设计原则，添加粉煤灰和废玻璃调整 SiO$_2$ 和 Al$_2$O$_3$ 配比，添加电镀污泥和 Na$_2$CO$_3$ 作为助熔剂，采用高温熔融法制备出以辉石相为主晶相的微晶玻璃。首先，通过实验优化微晶玻璃的配方为：40%（质量分数）的电镀污泥、20%（质量分数）的废玻璃、30%（质量分数）的粉煤灰并加上 5%（质量分数）的 Na$_2$CO$_3$ 和 5%（质量分数）的酸洗污泥。通过正交试验，优化了两步法热处理工艺和制度对微晶玻璃的密度、显微硬度、吸水率、耐酸性和耐碱性的影响，确定热处理工艺参数，并采用 XRD 和 SEM 分析了微晶玻璃的物相和显微组织。优化的热处理工艺参数为：核化温度 800℃、时间 1h；晶化温度 900℃、时间 2h，制备的微晶玻璃的硬度为 6.36GPa，抗弯强度为 98MPa，Cr 浸出浓度为 0.05mg/L，Ni 为 0.01mg/L，远低于 TCLP 标准，均达到国家标准《工业用微晶板材》（JCT 2097—2011）。

5.4　电镀污泥制备建材技术

利用电镀污泥为原料或辅料生产建筑材料，主要用于水泥生产，其次是陶瓷和砖块等。

5.4.1　电镀污泥制备水泥技术

目前电镀污泥用于生产水泥方面的研究最为广泛。Ract[25] 开展了以电镀污泥取代部分水泥原料的研究，认为在原料中加入铬为 2%（质量分数）的电镀污泥，水泥烧结过程也能正常进行，而且烧结产物中铬的残留率高达 99.9%。王立红等人从技术可行性、生产过程污染排放控制、产品安全性、经济效益等方面进行了分析评价：利用水泥回转窑焚烧重金属的质量分数较低的电镀污泥是一种安全有效的方法。另一方面，P. H. Shih 等[26]在对表面精加工和电镀等行业的可行性调查的基础上，分析了水泥原料中的重金属含量对水泥生产过程中结晶形成的影响。浸出试验表明，所用水合样品中的元素不会在酸性条件下沥出，不会造成烧结熟料浸出危险。使用含重金属的污泥替代水泥原料生产水泥是一个很有前途的方法。

采用400~500号硅酸盐水泥作为固化剂，干态电镀污泥∶水泥∶水的配比为(1~2)∶20∶(6~10)，制备的水泥体的抗压强度达10~20MPa。浸出实验表明，重金属的浸出浓度：$Hg<0.0002mg/L$（原污泥为 $0.13~1.25mg/L$）；$Cd<0.002mg/L$（原污泥为 $1.0~80.6mg/L$）；$Pb<0.002mg/L$（原污泥为 $165~243mg/L$）；$Cr^{6+}<0.02mg/L$（原污泥为 $0.3~0.4mg/L$）；$As<0.01mg/L$（原污泥为 $8.14~11.0mg/L$）。电镀污泥制水泥处理工艺流程如图5-4所示。

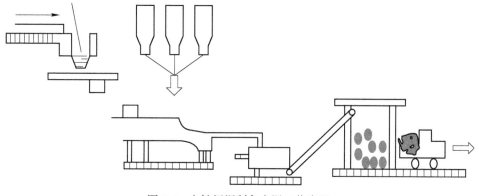

图 5-4   电镀污泥制备水泥工艺流程

宁波某公司利用新型干法水泥回转窑焚烧有毒有害电镀污泥，将其中的金属元素（包括重金属）固化在熟料矿物中，经过高温煅烧之后，电镀污泥可用作水泥的原材料，对水泥制品质量无不良影响，也不会构成对环境和人体的威胁。

5.4.2 电镀污泥制备陶粒技术

陶粒是一种建筑材料，其外观大部分呈球形或椭球体，也有一些仿碎石呈不规则碎石状。陶粒形状因工艺不同而各异，它的表面有一层坚硬的釉质外壳，具有隔水、保气的作用，并且赋予陶粒较高的强度。陶粒一般用来取代混凝土中的碎石和卵石，使混凝土在不减强度的前提下，大大减轻混凝土的自重。我国的陶粒主要以黏土陶粒为主，其主要原料来源于耕地。以电镀污泥为主要原料制成烧结陶粒，可消耗大量电镀污泥，避免其对环境的二次污染，还可节约土地资源。

陶粒烧制一般采用回转窑焚烧工艺，包括原料制备、污泥脱水、干化、粉磨、窑外成球、窑内成球、烧成热工、筛选分级、质检、成品出厂等。电镀污泥制备陶粒的基本工艺流程如图 5-5 所示。

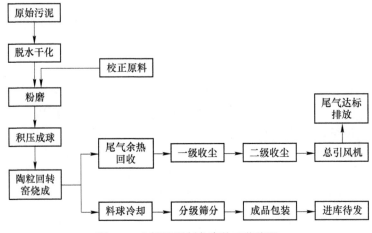

图 5-5 电镀污泥制备陶粒工艺流程

张静文等[27]以电镀污泥、粉煤灰为主要原料，以生活污泥和广西白泥为添加剂，通过正交试验对陶粒的生产工艺进行优化。结果表明，适量生活污泥的加入可提高气孔的形成率，并提高吸水率和陶粒的强度；加入广西白泥则可同时降低成本和烧成温度。

严捍东等[28]利用电镀污泥和海滩淤泥作原料烧制陶粒，系统地分析了高温烧制陶粒工艺对电镀污泥中 Cu、Zn、Cr、Ni 等重金属的固化效率，并探索了生产中电镀污泥的掺量对陶粒的影响规律。在海滩污泥中掺杂 30% 电镀污泥，可以满足陶粒塑性造粒的工艺要求，还可提高电镀污泥中 Cu、Zn、Cr、Ni 等重金属的固化率，不会在生产和使用过程中产生二次污染。

刁炳祥等[29]遵循循环经济理念，提出了以电镀污泥作为原料，混于粉煤灰、活性污泥和广西白泥中焙烧陶粒的方案，并对产物进行了测试，同时通过理论计算对其经济效益进行了分析比较，认为生产电镀污泥型陶粒的经济效益比较显著。

5.4.3 电镀污泥制砖技术

电镀污泥用于制作砖块是较有前途的处理方式之一。经过脱水干化和预处理后的含多种重金属离子的污泥来制作灰渣砖，在一定添加和特定的条件下，效果良好，其强度可达标准砖的指标。电镀污泥最终形态和制砖的原材料非常相似，与其他原料混合后能制成合格的砖块，具有节约能源、经济效益良好等优点。

分别将 800~1100℃ 烧结 30min 预处理和未预处理的电镀污泥与煤渣、石灰、石膏及极少量水泥按一定比例混合，烧制墙体粉煤灰砖。对电镀污泥烧制前后 Cr^{6+} 浸出浓度测试、成品砖强度试验，探讨电镀污泥前处理工艺和制砖的混合比例、烧结炉温等条件，以及电镀污泥制砖的安全性及可行性。电镀污泥制砖工艺过程流程如图 5-6 所示。

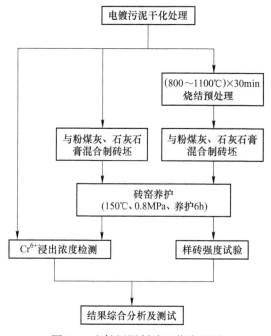

图 5-6 电镀污泥制砖工艺流程图

（1）电镀污泥经无烟焚化炉烧结后与粉煤灰及其他辅料混合制砖。将电镀污泥经无烟焚化炉在 800~1100℃烧结 30min；将烧结后的电镀污泥与粉煤灰、石灰、石膏以 4∶12∶3∶1 的比例混合，并加入 0.16%的水泥制成粉煤灰砖坯；砖坯经蒸汽砖窑在窑温 150℃、压力 0.8MPa 条件下养护 6h，得到粉煤灰砖（记为 1 号砖样）；测定成品砖的强度及 Cr^{6+} 的浸出浓度。

（2）电镀污泥与粉煤灰及其他辅料混合制砖。将电镀污泥经干化粉碎后，直接与粉煤灰、石灰、石膏以 4∶12∶3∶1 的比例混合，并加入 0.16%的水泥制成粉煤灰砖坯；砖坯经蒸汽砖窑在窑温 150℃、压力 0.8MPa 条件下养护 6h，得到粉煤灰砖（记为 2 号砖样）；测定成品砖的强度及 Cr^{6+} 的浸出浓度。

电镀污泥 Cr^{6+} 浓度为 0.9mg/L。1 号砖样在 pH 值为 5.5 的浸出条件下，Cr^{6+} 的浸出浓度远远低于《危险废物鉴别标准 浸出毒性鉴别》（GB 5085.3—2007）标准，满足生活饮用水水源水质标准、生活饮用水卫生标准和地表水环境质量标准 I 类标准。未经高温焙烧 2 号砖样 Cr^{6+} 的浸出浓度满足地表水环境质量标准 II 类标准。从环境角度可以认为，该实验技术路线合理，工艺流程基本可行，实验成品环境安全。

聂鑫淼等[30]将电镀污泥与煤渣、石灰、石膏按一定比例混合后，再加入少量的水泥制成粉煤灰砖，经检测样品的重金属浸出状况和青砖的质量均符合标准，证明了利用电镀污泥制砖是一种可行的方法。

龙军等[31]将电镀污泥与黏土按一定比例制成砖坯，然后采用不同工艺烧制成红砖和青砖，并进行浸出实验。实验表明，烧制红砖时铬由 Cr^{3+} 转化为 Cr^{6+}，使 Cr^{6+} 的浸出含量超过国家标准。而青砖浸出液中未检出 Cr^{6+}。另外，为了防止其他金属含量超过国家标准，需要采用合适的配比。吴秀英等为了消除电镀污泥中 Cr^{3+} 的污染，将含铬污泥掺入含煤渣的砖坯中，通过高温煅烧，利用碳将其中的 Cr^{3+} 转变为金属铬，从而消除 Cr^{3+} 对周围环境的污染。此法工艺简单，操作方便，不需额外增加设备，Cr^{3+} 的转变效率高，且可加强砖的抗压能力。电镀污泥掺入黏土的烧砖技术已得到广泛应用。随着环保要求日益提高，制砖需要大量土地资源，且不能从根本上杜绝重金属铬的污染。因此，继续寻找电镀污泥更加高效安全的无害化处置和资源化利用方法。

5.4.4　电镀污泥制备其他建材产品

（1）电镀污泥制备陶瓷。Yuanyuan Tang 等[32]研究了利用含铜电镀污泥和富铝的水处理厂污泥在高温下烧制陶瓷材料。结果表明，混合污泥在 650℃ 烧结开始出现 $CuAl_2O_3$ 尖晶石相，随着烧结温度的升高尖晶石相含量增加，1150℃ 时成为混合物的主要相。在 pH = 4.9 的溶液对烧成陶瓷进行毒性浸出，结果显示 $CuAl_2O_3$ 尖晶石相可以很好地固化 Cu 和 Al 元素。

（2）电镀污泥生产建材颜料。电镀污泥中铬、锌、铁的氧化物是生产颜料所需要的成分。李世良将不同工厂的电镀污泥进行调配，使其达到颜料配方要求，然后经混合均匀、磨碎处理，在 1100~1200℃ 的工业窑炉中焙烧而制成了颜料产品，可用于陶瓷行业及建筑行业，作为颜料、着色剂或内墙、外墙涂料等。

综上所述，将电镀污泥加工成各类工业原料和产品，真正做到废物利用，减少了对环境的危害。重金属含量较低的电镀污泥可以用于生产水泥、烧制陶粒及制砖。但电镀污泥上述几种利用方法没有对重金属进行回收，重金属污染风险存在，而且产品的附加值不高。

5.5　电镀污泥有价金属回收技术

电镀污泥中的铜、镍、铬等重金属含量较高，是重金属来源渠道之一。近年来，国内外重视电镀污泥有价金属回收技术的研究，主要集中在重金属湿法、火法及火法—湿法联合等工艺。传统火法工艺对环境污染较大，能耗高，适用于大型投资项目。全湿法工艺环境污染较小，金属回收率较高，但废水处理负担重。

5.5.1 电镀污泥湿法回收有价金属技术

从电镀污泥中回收有价金属，首先需要对电镀污泥中的有价金属进行选择性浸出，使其中的金属组分溶出，这是决定后续金属回收率的关键所在。金属浸出溶解主要有酸浸和氨浸两种工艺，然后采用液—液萃取、分步沉淀和离子交换等方法分离回收金属离子。

5.5.1.1 电镀污泥有价金属浸出技术

A 酸浸法

酸浸法是湿法冶金中应用最为广泛和有效的浸出方法之一，利用大部分金属在酸中的可溶解性，使电镀污泥中的铬、铜、镍、锌、铁等金属溶出。电镀污泥中的金属主要以金属氧化物或金属氢氧化物形式存在，通过向电镀污泥中添加酸性液体，使电镀污泥中大部分金属以可溶性的离子态或配合离子形态溶解到液体中。

电镀污泥浸出使用较多的酸性浸出剂包括硫酸、硝酸、盐酸、王水等，也可以采用复合酸作浸出介质，如柠檬酸与硝酸复合。浸出剂选择的原则是热力学上可行和动力学上高效，浸出率高、经济合理、来源容易。在具体回收过程中，需根据电镀污泥的性质并通过比较实验来确定酸性浸出剂。

酸浸法反应速度快、效率高，但酸浸出剂一般具有腐蚀性，对反应容器要求具有较好的防腐性。酸浸法中硫酸作为浸出剂应用较多，因其具有价格便宜、挥发性小、不易分解等特点。

Lee 等[33]研究采用王水作为浸出剂处理含碳化钨和钴的电镀污泥，通过优化浸出温度、反应时间等，可实现钴和钨的浸出率接近 100%。

Wu 等[34]研究采用硫酸和过氧化氢为浸出剂处理含铜的电镀污泥，在 pH 值为 2.87 的条件下，铜的浸出率达到 98.26%。浸出后用氨水和碳酸铵纯化、过滤、加碱液沉淀、干燥等步骤得到氧化铜产品。

Li 等[35]采用硫酸作为浸出剂、辅助超声波处理电镀污泥，结果表明在超声波的辅助下有助于加速电镀污泥中重金属的浸出。

全桂香等[36]分别采用硫酸、硝酸和盐酸作为浸出剂，比较电镀污泥中重金属的浸出效果，发现硫酸浸出效果最好，其浸出率高于硝酸和盐酸。研究固液比和温度对浸出率的影响，结果表明固液比对重金属浸出率的影响较大，升高温度可以提高重金属的浸出率。

Paula 等[37]利用工业盐酸浸出电镀污泥中的铬，在液固比为 5:1 时、150r/min 的摇床上震荡 30min，铬的浸出率高达 97.6%。

杨加定等[38]研究电镀污泥中金属的浸出方法，并确定了最佳的浸出条件。

电镀污泥、水以适当的比例（以电镀污泥完全溶解为限）进行混合，在 85~95℃ 条件下通入空气 30min 后加入硫酸，并根据电镀污泥中总铁量和滤液中一价阳离子的质量优化浸出工艺，将电镀污泥中 Cu、Ni、Cr 及 Zn 高效浸出，有利于后续有价金属的提取、分离，且废渣无害化，可按一般工业固废处置。

李盼盼等[39]研究了电镀污泥中铜和镍浸出的方法，选取硫酸为浸出剂，考察了酸的用量对浸出效果的影响，采用 10% 硫酸作为浸出剂、在液固比为 5：1 条件下，可将 $d = 0.15mm$ 的电镀污泥中铜、镍的浸出率提高到 95% 以上。

李雪飞等[40]对比研究了盐酸和硫酸浸出电镀污泥中的铬，并比较了两种方法的效果。浸出条件：m(污泥)：m(酸)为 1：0.736，浸出时间为 20min，温度 20℃。硫酸为浸出剂时，残渣中总 Cr 浸出浓度为 3.658mg/L，低于《固体废物浸出毒性浸出方法　水平振荡法》（GB 5086.2—1997）毒性标准，可以进行危险废物填埋处置。以盐酸为浸出剂时，处理后残渣中总浸出 Cr 浸出浓度为 35.60mg/L，超过了 GB 5086.2—1997 填埋废物浸出毒性标准的允许值。由此可以看出，硫酸的浸出效果优于盐酸，并研究了以硫酸浸出时，在 m(污泥)：m(硫酸)为 1：0.368，温度为 (50.0 ±0.5)℃的条件下可以获得最佳浸出率。

B　氨浸法

在湿法冶金中，氨浸法也是一种利用广泛的浸出方法，是利用目标金属与溶液中氨离子结合形成可溶性的氨配离子使其溶解到溶液中。电镀污泥中不与氨配合的其他金属则不能溶解到溶液中。与氨离子配合形成较稳定的氨配合物的金属主要包括铜、镍、银、锌、钴、镉、汞等，而铁、铬、镁、钙、铝等金属则很难通过氨浸法溶出。

池利昆等[41]采用氨浸法浸出含铜污泥中的铜，然后用离子交换法回收铜，研究了氨水浓度、固液质量体积比、温度、搅拌速度、时间对铜浸出率的影响。结果表明：固液质量比、搅拌速度和温度对浸出率的影响比较大，在合适的条件下，铜的浸出率达到 95% 以上，离子交换树脂对铜的回收效果很好。

郑爱华等[42]采用氨水与碳酸铵相结合的方式处理污泥，发现氨水浓度为 10%、浸出温度为 55℃、反应时间为 3h 的条件下，铜的浸出率为 70.6%，加入适量碳酸铵后，铜的浸出率可以提高到 89.1%。Silva 等[43]分别采用酸浸与氨浸来处理电镀污泥，结果发现用硫酸浸出的浸出率大于氨浸方法，氨浸法对重金属有选择性而酸浸法没有选择性。

Zhang Yi 等[44]的研究结果表明，在一定条件下，利用氨浸法能将 Fe、Cr、Ni、Cu 等加以有效分离。其方法如下：向浸出液中鼓入空气，将多组分的电镀污泥用 $NH_3-(NH_4)_2SO_4$ 溶液浸出，Cu-Ni-Zn 体系转化为氨络合物 $Me(NH_3)^{2+}SO_4$ 而稳定在液相，污泥中的 Fe、Cr 元素则生成惰性铬铁沉淀，从而有效地将 Fe、Cr 与 Cu、Zn、Ni 等分离。然后在 140℃ 和 0.1~0.2MPa 的氧分压下，将形成的铁铬渣用烧碱溶液浸泡，使其中的 Cr 和 Fe 元素分别生成铬酸盐和 Fe_2O_3：

$$4FeO \cdot CrO + 8NaOH + 5O_2 \longrightarrow 4Na_2CrO_4 + 2Fe_2O_3 + 4H_2O$$

经过滤实现铁铬分离。电镀污泥中 Cr 的回收率能达到 95%，大大减少了氨浸铬渣对环境的潜在危害，同时能获得一定的经济效益。

祝万鹏等[45]采用氨络合分组浸出—蒸氨—水解渣硫酸浸出—溶剂萃取—金属盐结晶工艺回收电镀污泥中有价金属，各金属回收率为：Cu>93%，Zn>91%，Ni>88%，Cr>98%，Fe>99%，且能得到较高纯度的金属盐类产品。

王浩东等[46]对氨浸法回收电镀污泥中镍的研究表明，含镍污泥经氧化焙烧后得焙砂，用 $w(NH_3) = 7\%$、$w(CO_2) = 5\% \sim 7\%$ 的氨水对焙砂进行充分搅拌浸出，得到含 $Ni(NH_3)_4CO_3$ 的溶液，蒸发结晶，使 $Ni(NH_3)_4CO_3$ 转化为 $NiCO_3 \cdot 3Ni(OH)_2$，再于 800℃ 煅烧即可得商品氧化镍粉。

程洁红等[47]研究了氨浸—加压氢还原法分离回收电镀污泥中的铜和镍，并分析了氨浸过程中各因素的影响。结果表明，采用 NH_3-$(NH_4)_2SO_4$ 氨浸体系，在浸出温度为 25℃、时间为 60min、NH_3 为 6.5mol/L、液固质量比为 3:1 的条件下，Ni、Cu 及 Zn 的浸出率分别达到 80.25%、77.42% 和 91.07%，Fe 和 Cr 等金属的浸出率很低。

杨振宁[8]提出酸法和氨法相结合的工艺，分别处理铬系铜镍电镀污泥和非铬系铜镍电镀污泥。通过对酸浸出液中金属种类及含量的分析，采用电解法回收铜，电解的同时将 Fe^{2+} 氧化成 Fe^{3+}，然后用适量 NaOH 溶液将电解余液 pH 值调至 1，再加入磷酸钠使溶液中产生铁、铝、铬相应的磷酸盐沉淀进行除杂，研究pH 值、温度、磷酸钠投加量等影响因素，优化除杂条件，使除杂后的溶液达到萃取回收镍的工艺要求。针对氨法浸出液，采用 N-902 为萃取剂，为降低成本，减少萃取级数，将浸出液中的铜、镍同时萃入有机相并同时反萃，采用电解法回收反萃溶液中的铜，同时达到铜、镍的分离。研究了萃取剂浓度、O/A、萃取时间、反萃硫酸浓度、反萃时间等萃取—反萃影响因素，寻找最佳铜、镍萃取—反萃条件，其工艺流程如图5-7所示。

结果表明：硫酸浸出的铬系电镀污泥，采用电解法回收铜，电压控制在2.4V，电解3h，铜回收率约为99%，同时可将 Fe^{2+} 氧化成 Fe^{3+}；用磷酸钠调节电解余液的 pH 值至 3.0，温度为 90℃，Na_3PO_4 用量为理论上的 1.4 倍，Al、Fe、Cr 去除率达99%；采用 NaOH 与磷酸盐沉淀反应回收 Na_3PO_4，回收率约为80%。氨法处理非铬系电镀污泥，浸出液以 N-902 为萃取剂，在萃取剂浓度为 30%、O/A = 1/5、萃取时间为 10min 的条件下，Cu、Ni 萃取率高达 100%，残留在有机相中的氨可用水洗脱出与萃余液一起返回用于电镀污泥的浸出；在反萃硫酸浓度为 4 mol/L、A/O = 3、反萃时间为 40min 的条件下，Cu、Ni 的反萃率基本在 97%左右。酸法处理中，经除杂后的含镍溶液与氨法处理后的含镍溶液混合进入镍萃

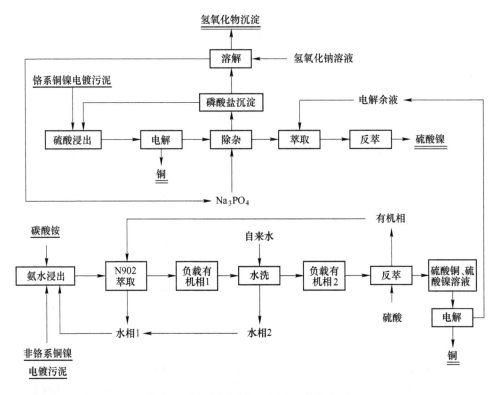

图 5-7   电镀污泥中铜镍回收工艺流程图

取工艺，最后得到硫酸镍。

酸浸或氨浸处理电镀污泥时，有价金属的总回收率和与其他杂质分离的难易程度，主要受浸取过程中有价金属的浸出率和浸取液对有价金属和杂质的选择性控制。酸浸法的主要特点是对铜、锌、镍等有价金属的浸取效果较好，但对杂质的选择性较低，特别是对铬、铁等杂质的选择性较差；而氨浸法则对铬、铁等杂质具有较高的选择性，但对铜、锌、镍等的浸出率较低。

5.5.1.2   电镀污泥重金属浸出液回收利用技术

经过浸出后的溶液富集有价金属离子或络合离子，要回收有价金属必须要进行金属分离。常用的金属分离方法有化学沉淀法、溶剂萃取法、离子交换法、氢还原法和电沉积法等。

A   化学沉淀法

化学沉淀法是金属分离中应用最广泛的一种方法，是利用沉淀剂将需要的主要成分（或不需要的干扰成分）形成沉淀，再经过过滤、洗涤以达到目标金属与杂质分离的目的，其原理是依据金属离子水解时 pH 值不同，或者在不同条件下与某种物质形成沉淀时的 K_{sp} 不同而进行分离。在电镀污泥的重金属回收处理技术中，常采用的化学沉淀法有氢氧化物沉淀法、碳酸盐沉淀法、硫化物沉淀法、氟化物沉淀法、金属置换沉淀法等。

采用氢氧化物沉淀法分离氨浸液中的铜和镍时，铜与镍的分离效果不仅与溶液的 pH 值有关，而且受总氨浓度的制约，具体为：当 pH 值为 5.5~6.0 时，可以得到最大量的 $Cu(OH)_2$ 沉淀，溶液剩余的总铜量急剧下降，分离效果较好；pH 值下降，$Cu(OH)_2$ 逐渐溶解，又由于氨的强络合性，使得 Cu^{2+} 的沉淀难以完全，分离效果较差。陈凡植等[48]在研究中运用此法，在含铜量为 30g/L 的酸性溶液中，调节 pH=5.5 时，静置沉淀 5min 后测得上清液含铜量为 0.8g/L，故铜的沉淀效率为 96.6%；若在以上溶液中加入了少量的氨水或铵盐将使得部分铜离子与氨生成铜氨络离子而无法沉淀，铜的沉淀效率降低；如果该溶液还含有待分离的镍组分，会有少量的铜混合在氢氧化镍中，要想得到使用价值较高的镍，必须进行二次分离。

采用硫化沉淀的方式从溶液中分离铜，具有较高的选择性，因为 25℃ 条件下 $CuS(K_{sp}=8.5\times10^{-45})$ 的溶度积远小于 $NiS(K_{sp}=1.0\times10^{-22})$、$FeS(K_{sp}=3.7\times10^{-19})$ 的溶度积。郭学益等[49]通过硫化沉淀的方式进行沉铜，如图 5-8 所示，考察了沉铜剂量、反应温度和反应时间对沉铜效果的影响，结果表明：沉铜率与沉铜剂加入量、反应温度呈正相关；而随着反应时间的增加，沉铜率反而下降，这主要是受溶液中离子浓度较高、强电解质较多而产生的盐效应的影响，但其影响较小。最终确定最佳沉铜工艺为：沉铜剂加入量为理论量的 1.2 倍，反应时间和反应温度分别为 1h 和 85℃，沉铜率可以达到 99.5%。

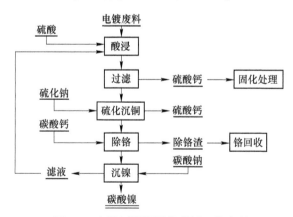

图 5-8 电镀污泥资源化利用工艺流程

此外，李磊[50]采用硫化沉铜—磷酸盐除铁铬—碳酸盐沉镍方法进行分步沉淀酸浸液中的重金属。考察硫化钠添加量、时间、温度对铜沉淀率、镍损失率的影响，分析铜和镍的回收率。研究结果表明：硫化沉铜在硫化钠添加量为铜离子摩尔量的 1.2 倍、温度为 50℃、反应 60min 的条件下，铜的沉淀率为 97.36%，镍的损失率为 4.92%。磷酸盐除铁铬在加入磷酸钠和温度 80℃ 的搅拌条件下反应 30min，铁离子和铬离子的去除率分别为 96.45% 和 99.06%。碳酸盐沉镍在加入碳酸钠反应得到碱式碳酸铜后，加硫酸溶解蒸发浓缩结晶得到硫酸镍，镍的回收率为 79.68%。

沉淀法是从溶液中去除金属物质的一种低成本方法，各种沉淀法各有其优缺点。金属的氢氧化物沉淀法与碳酸盐沉淀法相比有一定优点，如金属氢氧化物的溶解度低、稳定性强。但对于硫酸镍和硫酸锌溶液中分离铬可采用碳酸盐沉淀法效果更好。对于电镀污泥中铜的回收，由于硫化铜的溶度积远小于其他金属硫化物的溶度积，其形成沉淀的速度快，硫化物沉淀法通过有控制地添加硫化物离子来选择性沉淀铜离子。

B　化学置换法

化学置换法是指以一种还原能力强的金属单质作为原料，将溶液中还原能力较弱的金属离子置换出来，置换出的金属单质以固体形式从溶液中析出，固液分离得到置换出的金属物质。化学置换法不仅可将水溶液中重金属去除，还能回收溶液中的有价金属，其优点为成本低且易于控制。有关金属氧化还原能力强弱的顺序如下所示：K>Ba>Ca>Na>Mg>Al>Mn>Zn>Cr>Fe>Cd>Co>Ni>Sn>Pb>H>Cu>Ag>Pt>Au。许玉东等[51]向含重金属污泥的酸浸液中添加铁片为置换剂，使酸浸液中的铜得到置换回收，在铁片用量为每毫升浸出液需 30mg 铁片、置换时间为 6h 的条件下，铜的回收率为 91.82%，该方法对 pH 值没有特定要求，无需加酸或碱调节 pH 值，处理成本较低，产品纯度较高。杨春等[52]采用铁粉作为置换剂，将电镀污泥浸出液中铜镍置换出来，考察铁粉用量置换铜镍的影响，采用电化学理论解释铜和镍的分离原理，实验可知铁粉能够很好置换出浸出液中的铜和镍，铁粉的用量对铜镍的分离效果不显著。

C　溶剂萃取法

电镀污泥的溶剂萃取过程从物理学角度分析，实际上是物质传递过程。其原理是将有机溶液加入到电镀污泥的浸出液中，使水相中的目标金属转移至有机相，从而达到分离、富集的目的。电镀污泥经萃取富集目标金属还需通过反萃取过程进行回收利用。溶剂萃取法重金属回收率高，但难以工业化，该方法常用于提取和分离溶液中的铜、镍、铬等金属。

瑞典在 20 世纪 70 年代就提出了 H-MAR 与 Am-MAR "浸出—溶剂萃取" 工艺，使电镀污泥中铜、锌、镍的回收率分别达到了 80%、70% 及 70%，并已形成工业规模。而我国的祝万鹏等[45]在 "浸出—溶剂萃取" 工艺基础上进行改进，采用 "氨络合分组浸出—蒸氨—硫酸浸出—溶剂萃取—金属盐结晶回收" 工艺对电镀污泥进行有价金属的回收，电镀污泥中各金属总回收率高，并得到了各种高纯度的含铜、锌、镍、铬等金属盐类产品。后来，该萃取工艺优化为 N510—煤油—H_2SO_4 四级逆流萃取，采用此工艺后铜的萃取率高达 99%，而镍和锌几乎不与萃取剂 N510 进行反应，损失微小。经过萃取反萃后铜可以制成 $CuSO_4 \cdot 5H_2O$ 或电解高纯铜，实现了较高的经济效益，而且整个工艺过程较简单，可循环运行，基本不产生二次污染。

张华等[53]研究了以天冬氨酸和柠檬酸作为萃取剂对污泥中重金属的萃取性能，结果表明萃取体系 pH 值越高重金属的萃取率越低，萃取体系的 pH 值较低的情况下，重金属的萃取率较高，在 pH 值为 1.0 时，天冬氨酸对污泥中铜、锌和镍的萃取达到 86% 以上，天冬氨酸萃取性能优于柠檬酸。Silva 等[54]采用硫酸作为电镀污泥的浸出剂，浸出液后采用二（2-乙基己基磷酸）和双（2，4，4-三甲基戊基）次膦酸萃取金属离子，研究发现二（2-乙基己基磷酸）对锌的萃取率高于双（2，4，4-三甲基戊基）次膦酸，且有机相中的锌能全部被回收。

D 还原分离法

还原分离法是指采用还原性气体或某种还原性物质将浸出液中重金属物质选择性还原出重金属单质的方法。氢气还原性强、清洁、无毒，可作为理想的还原性气体。工业上在高压釜中用氢气还原铜、镍和钴等金属进而制取铜、镍金属粉，已经取得了显著的经济和社会效益，是比较成熟的技术。此法可用来回收电镀污泥氨浸出液中的铜、镍、锌等有价金属。

程洁红等[47]研究了利用加压氢还原法处理电镀污泥浸出液，考察该方法电镀污泥中的铜和镍的回收率，分析氢分压、搅拌速度、反应时间等影响因素，在其最佳条件下，加氢还原法使铜的回收率达到 71% 和镍的回收率达到 64%。

张冠东等[55]用氢还原工艺，在弱酸性硫酸铵溶液中通入氢还原铜粉，然后在氨性溶液中氢还原提取镍粉，最终采用沉淀法回收氢还原尾液中的锌。其中铜、镍两种金属粉末的纯度可达到 99.5%，铜、镍的回收率分别达到 99% 和 98% 以上，铜镍粉分别符合 3 号铜粉和 3 号镍粉的产品要求。

氢还原法的优点在于工艺流程较短，运行成本低，操作简便，可以得到品质较高的金属产品。

E 电解回收法

电解法是利用电解槽在不同电压下将电镀污泥浸出液中重金属离子进行电解，发生氧化还原反应，使金属离子向阴极方向移动，沉积在电极上，分离得到金属单质，从而达到回收重金属的方法。电解回收法在处理一种或两种金属时效果较好，而处理多种金属时过程比较复杂。

郭学益等[56]研究了采用旋流电积技术从电镀污泥中回收铜和镍。首先将电镀污泥用少量水浆化，然后用浓硫酸浸出，浸出液直接进行旋流电积铜。电积铜后用碳酸钙除铬后再旋流电积镍。旋流电积金属铜的电流密度为 $400A/m^2$，铜直收率达 99% 以上；旋流电积金属镍的电流密度为 300A/m²，电积温度为 55~60℃，电解液 pH 值控制在 2.5~3.0 之间，镍直收率在 93% 以上。

李盼盼[39] 研究了电镀污泥中的铜和镍的电沉积。结果表明，以钛涂钌铱合金为阳极，不锈钢为阴极，在极间距为 3.5cm、槽电压为 2.7V、pH=0.3 条件下电解 8h，铜直收率接近 95%，但镍的析出效果不明显，最多为 48%。

在实际生产中往往采用几种方法相结合的工艺，对污泥中的有价金属进行回收。例如采用化学法进行除杂往往达不到理想的效果，溶液中还残留少量的金属离子，或者有时尽管能够将金属杂质处理到较低的程度，但加入试剂量要相对提高，由此可能引入新的杂质或者造成回收金属的损失。化学法的优点在于处理成本低，工艺简单，易操作。鉴于以上原因，可以将化学法作为附属的除杂工艺，结合其他工艺，将产品中的杂质降低到理想的水平。离子交换法主要用在后续处理工艺上，使污水达到排放标准。萃取法虽然初次投资比较大，但是萃取剂可以循环使用，利用效率较高，后续投资较少，在生产领域应用较广。

5.5.2 电镀污泥火法回收有价金属技术

对于重金属含量较高的电镀污泥，经过脱水干化处理后冶炼回收，也是电镀污泥回收有价金属的一种有效途径。但是将成分复杂的混合污泥直接送去冶炼还存在较大的困难。因为，能有效进行冶炼回收的主要是分质污泥，如铬污泥可以用于炼不锈钢、铜污泥用于炼铜等。

火法熔炼相对其他回收方法不同，经过熔炼的污泥可以将可燃成分减容 95% 以上，有含水约 80% 的电镀污泥，经部分干化脱水后，进行无害化熔炼处理，在控制的高温下，加入一定的还原剂、助熔剂，使金属化合物还原成金属，制成粗金属锭。冶炼可将电镀污泥中有机有害成分分解，去除率达 99%；污泥中金属离子被还原剂还原成金属单质，冷却成粗金属锭，金属回收率达 96% 以上。冶炼渣中的有机成分低于 0.01%，金属成分低于 4%，并且经高温烧结固化处理不会对环境有危险影响，可以提供给厂家制造水泥或制作环保砖。

火法回收工艺基本流程为：电镀污泥经预处理后，加入熔炼炉或其他高温炉进行冶炼，得到粗产品后再精炼得到最终产品。

以电镀污泥中的铜镍为例介绍火法回收工艺。火法工艺回收铜的步骤为：预处理→粗炼→精炼。将含铜电镀污泥入回转窑烘干，降低含水率到一定程度后压制成具有一定强度和粒度的物料，再加入还原剂及造渣剂入熔炼炉进行冶炼，冶炼过程中杂质进入炉渣，与金属分离得到粗铜。再入精炼炉精炼，最后得到阳极铜板[57]，工艺流程如图 5-9 所示。

（1）预处理工艺。由于含铜电镀污泥的含水量较高，粒度很细，为了保证熔炼炉内温度、增加炉料的透气性，提高其床能率，需将这部分含铜污泥经回转

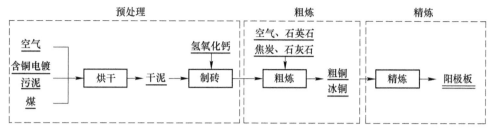

图 5-9 火法工艺回收电镀污泥中的铜

窑干燥，使含铜污泥的含水率降到 25% 左右。回转干燥窑采用高温烟气烘干含铜污泥水分，高温烟气来自原煤燃烧器，燃烧器出口烟气/干燥窑进口烟气温度不大于 900℃，干燥窑出口温度不大于 150℃。当污泥水分含量降至约 25%，送到特制的制砖机中添加少量石灰后压制成具有一定强度和粒度的砖形物料，作为熔炼炉的炉料。

（2）粗炼工艺。制砖后的含铜固废送入熔炼炉，加入焦炭与造渣剂石英石和石灰石，焦炭燃烧放出的热量足以使炉料熔化，并使熔体过热，同时形成一定的还原气氛，使铜及其他金属氧化物还原，得到铜含量大于 81% 的粗铜与铜含量约为 40% 的冰铜。具体反应过程为：

在高温作用下，高温还原物料中的铜发生氧化，形成 Cu_2O，由于铜对硫的亲和力大于铁对硫的亲和力，所以在高温还原过程中，产出的 Cu_2O 被炉料中的 FeS 硫化成 Cu_2S。还原过程中产生的 FeO 将与炉料中的 SiO_2 及 CaO 等造渣物质形成炉渣，含铜率小于 0.4%。由于冰铜与炉渣实际上不相互溶解，并且两者质量密度相差较大，可较好地分离，从而得到冰铜产品，该过程的主要反应式如下：

$$Cu_2O + FeS \longrightarrow Cu_2S + FeO$$
$$Cu_2S + FeS \longrightarrow Cu_2S \cdot FeS$$

熔炼炉以焦炭为燃料，炉膛内温度高达 1250~1300℃。高温下，污泥中的铜盐等重金属盐分解为氧化物，这些氧化物和一氧化碳接触还原为单质铜和其他重金属，由于炉温高达 1200℃ 以上，铜在炉底呈液态，定期将炉内的铜等重金属放出成型，可得到含以铜为主，同时含有其他重金属产品，该过程的主要反应式如下：

$$C + O_2 \longrightarrow CO_2$$
$$CO_2 + C \longrightarrow 2CO$$
$$2CuO + CO \longrightarrow Cu_2O + CO_2$$
$$Cu_2O + CO \longrightarrow 2Cu + CO_2$$

（3）精炼工艺。粗铜与冰铜精炼采用近代较普遍的回转式精炼炉精炼得到含铜量大于 98.5% 的阳极铜板，作为产品外销。火法精炼主要由氧化和还原两个操作环节构成。铜中有害杂质去除的程度主要取决于氧化过程，而铜中氧的去除程度度则决定于还原过程。

1) 氧化过程。在氧化过程中，首先是铜的氧化：

$$4Cu + O_2 === 2Cu_2O$$

生成的 Cu_2O 溶解于铜液，并与铜液中杂质发生反应，使杂质氧化：

$$Cu_2O + Me === 2Cu + MeO$$

在操作温度 1100~1250℃ 条件下，Cu_2O 的浓度越大，杂质金属 Me 的浓度就越小。为了迅速完全地除去铜中的杂质，氧化期间温度以 1100~1150℃ 为宜，此时 Cu_2O 的饱和浓度为 6%~8%。为了减少铜的损失和提高效率，加入溶剂石英砂，使各种杂质生成硅酸铅、砷酸钙等造渣除去。脱硫是在氧化精炼最后进行，氧化除杂质金属结束，立即就会发生剧烈的相互反应，放出 SO_2：

$$CuS + 2Cu_2O === 6Cu + SO_2$$

这时铜水出现沸腾现象，称为"铜雨"。除硫结束就开始还原操作过程。

2) 还原过程。还原过程主要是还原 Cu_2O，还原剂分解产出的 H_2、CO 等还原 Cu_2O，反应式为：

$$Cu_2O + H_2 === 2Cu + H_2O$$
$$Cu_2O + CO === 2Cu + CO_2$$
$$Cu_2O + C === 2Cu + CO$$
$$4Cu_2O + CH_4 === 8Cu + CO_2 + 2H_2O$$

还原过程的终点控制十分重要，一般以达到铜中含氧 0.03%~0.05%（质量分数）（或 0.3%~0.5%（质量分数）Cu_2O）为限。

在熔炼过程中，部分金属会随烟气排放，必须安装废气处理装置回收金属，做到废气达标排放。目前，一般采用布袋除尘和湿法除尘相结合的工艺方法。火法采取高温冶炼工艺，设备投资成本较高，但金属回收率高，铜回收率可达 95%以上，且回收方法及工艺流程简单，原料适应性及可操作性强。

吴展等[58]研究了从以含镍为主的电镀污泥中回收镍的工艺，如图 5-10 所示。含镍电镀污泥中的水分质量分数为 70%~80%，必须在一定温度下干燥脱水，最常用的是采用回转窑将物料脱去大部分水之后再用气流干燥，然后直接入炉或制团、烧结并入炉熔炼低冰镍。经熔炼得到的低冰镍，其镍质量分数为 7%~15%，通常还含有 5%~6%（质量分数）的铜。这种低冰镍在熔炼炉中进一步吹炼，除去部分铁和其他杂质后富集成高冰镍，其含镍可达 35%~45%（质量分数），针对不同的生产需求可对其进行不同的处理。如高冰镍可作为中间产品出售，或者高冰镍经浇注成阳极板后电解得到电镍，也有将这种脆性的高冰镍经水淬、球磨、浸出、分铜等流程生产工业级的 $NiSO_4 \cdot 7H_2O$，浸出渣返吹炼处理。

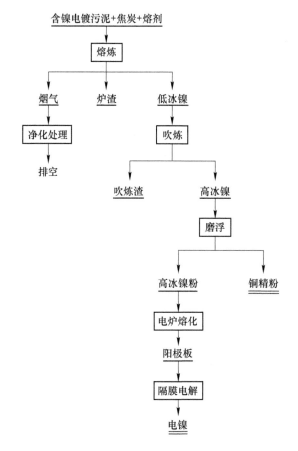

图 5-10 火法处理含镍电镀污泥工艺流程

5.5.3 电镀污泥火法湿法联合回收有价金属技术

由于湿法回收工艺需添加大量药剂，因此回收成本存在一个理论最小值，不适合处理金属含量较低的电镀污泥。火法工艺的投资大，污染难以控制。为避免火法和湿法工艺的弊端，提出了火法湿法联合工艺，如图 5-11 所示。该工艺首先用在低于熔炼温度的高温（焚烧、焙烧及离子电弧等）对电镀污泥进行减量处理。为有效富集金属，降低某些杂质含量，操作过程中往往会加入某些辅料。预处理后的湿法过程与 5.5.1 节所述全湿法工艺相同。

焙烧浸取法的原理是先利用高温焙烧预处理污泥中的杂质，然后用酸、水等介质提取焙烧产物中的有价金属。陈娴等[59]以含有铜、镍、锌、铬等金属的电镀污泥为研究对象，并采用还原焙烧—酸浸—萃取—浓缩结晶工艺选择性回收电镀污泥中的铜，其工艺流程如图 5-12 所示。先将污泥与还原剂、碳酸钙混合，

高温预处理过程 | 湿法过程

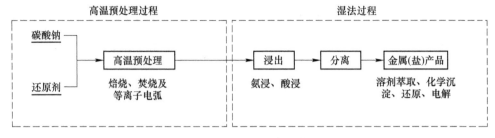

图 5-11 火法湿法联合工艺流程

入马弗炉焙烧后用硫酸浸出，再通过萃取
—反萃的方式制得硫酸铜溶液，然后经蒸
发浓缩结晶后得到硫酸铜产品。通过比较
直接焚烧和还原焙烧对电镀污泥金属浸出
的影响发现：直接焙烧导致金属浸出率迅
速下降，而还原焙烧底渣中金属浸出率有
不同程度的提高，特别是 Cu，其浸出率还
原焙烧温度的增加缓慢下降，在 400~700℃
仍保持在 90%以上，可见还原焙烧能有效
改善金属的浸出效果。同时还研究了煤粉
和助熔剂 $CaCO_3$ 对还原焙烧的影响作用，研
究结果表明：通过还原焙烧预处理，可以
实现电镀污泥的减量和金属的富集，并且
在 400~700℃下，Cu 浸出率仍保持在较高
水平，有利于 Cu 的回收。最佳还原焙烧条

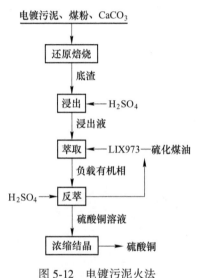

图 5-12 电镀污泥火法
湿法联合提铜工艺

件为：煤粉投加量 10%（质量分数），$CaCO_3$ 投加量 0.5%（质量分数），焙烧温
度 700℃，焙烧时间 20min。

郭茂新等[60]提出采用中温焙烧—钠化氧化法回收电镀污泥中的铬。电镀污
泥先烘干，按一定比例与碳酸钠混合后在一定的温度下焙烧氧化，电镀污泥中的
铬生成铬酸钠，铝、锌等金属进一步生成各自的盐，将水浸后的浸出液过滤分离
其他金属的固体。考察了焙烧温度、焙烧时间、Na_2CO_3 加入量对铬浸出率的影
响，发现 600℃焙烧 2h，电镀污泥 Na_2CO_3 质量比为 1：1 时铬浸出率最高。然后
浸出液水解酸化，过滤去除氢氧化铝、氢氧化锌，实现铬与铝、锌的分离，得到
的滤液进一步酸化成重铬酸钠，浓缩至一定体积后冷却，过滤分离去除硫酸钠。
经过上述步骤除杂后得到重铬酸钠溶液；重铬酸钠溶液浓缩结晶、离心、干燥后
得到成品重铬酸钠。

王浩东等[46]采用"氧化焙烧—氨浸—除杂—蒸发"工艺制取碱式碳酸镍。

电镀污泥入回转窑，400~450℃焙烧 1.5h，得到含水率约为6%的焙砂；后采用氨液浸出，用低压蒸汽加热浸出液，NH_3和CO_2受热后分解逸出，而镍以碱式碳酸盐的形式析出。

火法湿法联合工艺也存在一些问题。有学者研究了高温预处理后的电镀污泥与金属浸出率的关系，结果发现高温预处理虽能有效去除污泥中的杂质，提高金属含量，但高温也造成污泥中物相的组成变化，影响了金属的浸出率及回收率。该工艺的优点也是显而易见的，不仅能克服湿法工艺对金属含量的最低限制，而且解决了火法工艺投资高、二次污染严重的问题，高温预处理设备的投资和控制难度也大大低于熔炼设备。

5.6 电镀污泥其他处置技术

5.6.1 电镀污泥生物处理技术

（1）堆肥处理。电镀污泥进行堆肥处理的研究还不多见，周建红等人对含铬电镀污泥进行堆肥化处理后，Cr^{6+}含量显著下降，使重金属固定化，大大降低了其危害，含铬污泥作为微肥，施肥于花卉，有较好的生长响应，并且避开了人类食物链。贾金平等[61]对电镀污泥合成的铁氧体经磁化后制得的磁性肥料的工艺和田间应用作了研究，发现该磁肥对鸡毛菜、葱等农作物有明显的增产效果，而且这些植物中重金属含量与正常种植植物基本相同。含锌、铜的氢氧化物污泥可以加工制成锌、铜复合微肥。研究表明，锌、铜复合微肥能促进早稻的前期生长，而且能够提高水稻叶片中叶绿素含量，对减轻早稻僵苗有明显作用。由于电镀污泥中含有难降解重金属，用作肥料时是否会引起二次污染，影响生态，还需进一步研究，加上堆肥周期长、程序复杂，也限制了电镀污泥的堆肥化处理研究。

（2）生物方法处理。由于重金属对生物有毒性，因此生物法处理含铬污泥还处在研究探索阶段。Silver、Marques 等对Cr^{6+}用假单胞杆菌属进行了还原代谢。Kuhn用海藻酸钠固定生枝动胶菌（Zooloearamigera），能除去Cd^{2+}溶液中95.95%（质量分数）的Cd^{2+}。Bewtra 的试验表明，细菌能有效地将含铬污泥中的金属离子转化为不溶于水的硫化物。吴乾著等[62]研究了微生物治理电镀废水及污泥的新工艺。该工艺对Cr^{6+}、Cr^{3+}、Ni^{2+}、Zn^{2+}、Cu^{2+}和Cd^{2+}等离子的净化率达99.9%以上，金属回收率大于85%。黄青霉在含钙、铜、钴、镍等金属的混合溶液中，可优先吸附铅，其金属离子吸附顺序为：$Pb^{2+} > Zn^{2+} > Cd^{2+} > Ni^{2+} > Co^{2+}$。目前，生物处理重金属废物的机理尚未完全被了解，深入探索和研究生物吸附和转化重金属的机理，去除或回收污泥中的重金属，具有重要意义。

5.6.2 电镀污泥制备铁氧体技术

电镀污泥制备铁氧体技术是根据生产铁氧体的原理发展起来的。由于电镀污泥是电镀废水经亚铁絮凝的产物，故电镀污泥中一般含有大量的铁离子，尤其在含铬电镀污泥中，采用适当的无机合成技术可使其变成复合铁氧体，电镀污泥中的铁离子以及其他多种金属离子被束缚在反尖晶石面心立方结构的四氧化三铁晶格格点上，其晶体结构稳定，达到了消除二次污染的目的[61]。用电镀污泥反应生成的铁氧体可以作为磁性材料或铁黑颜料，是档次较高的综合利用产品，而且处理方法简单，可以实现无害化处置与高值化利用的统一，比传统被动的固化、处置方法更合理、高效。

铁氧体具有固化稳定（重金属离子在加热、弱酸碱等条件下长期稳定）、具磁性（可用作磁性材料，同时也易于分离）、产物可进一步产品化等特点。铁氧体法处理电镀污泥工艺流程如图5-13所示。

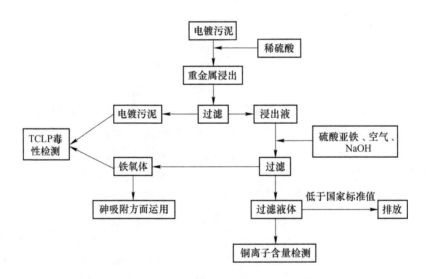

图 5-13　铁氧体法工艺流程图

根据《污水综合排放标准》（GB 8978—1996）要求污水的 pH 值应在 6~9 之间，而铁氧体制备需要在碱性条件，故设置铁氧体制备过程的 pH 值为 7、8、9三个值为参量。Salavati 等[63]研究发现制备铁氧体的温度至少在 60℃以上，设置温度 70℃、80℃和 90℃三个值为参量；根据常见二元铁氧体的化学式知 Fe/M 比值为 2，所需铁盐的摩尔量至少是其他金属的 2 倍，故设置 Fe/M 比值为 2、5 和8。据此设计了铁氧体制备正交实验进行优化电镀污泥酸浸液制备铁氧体的工艺条件。正交试验设计见表5-5。

表 5-5　电镀污泥酸浸液制备铁氧体正交试验

序　号	pH 值	温度/℃	Fe/M	时间/min
1	7	70	2	60
2	7	80	5	90
3	7	90	8	120
4	8	70	5	120
5	8	80	8	60
6	8	90	2	90
7	9	70	8	90
8	9	80	2	120
9	9	90	5	60

　　通过对正交试验结果进行二次多项式回归分析并通过拟合，最终优化后的工艺条件为：Fe/M 比值为 8:1，pH 值为 9，温度为 80℃，时间为 120min。在该工艺条件下进行三次制备铁氧体和测量铜离子浓度，发现三次实验的铜离子浓度的平均值为 0.06mg/L，远低于 GB 8978—1996 中铜的一级标准 0.5mg/L。

　　正交试验结果表明：pH 值和 Fe/M 比例对反应影响很大，而温度和时间对反应影响较小，其最佳工艺条件为 Fe/M = 8:1，pH = 9，温度为 80℃，时间为 120min，此时铜离子浓度为 0.06mg/L，远低于 GB 8978—1996 中铜的一级标准 0.5mg/L。考察了复合铁氧体在改进毒性浸出试验的浸出情况，发现复合铁氧体在 pH 值为 2~10 范围内重金属的浸出率都低于 TCLP 毒性浸出的标准值，其性质相当稳定。

　　铁氧体是一类以铁（Ⅲ）或多种金属组成的复合氧化物，如果仅含铁元素，则形成常见的磁性四氧化三铁，另外常见的尖晶石结构二元金属铁氧体的化学分子式为 $M_xFe_{3-x}O_4$ 或 $MO \cdot Fe_2O_3$，其中 M 是指化合价为二价的金属离子，如锌、铜、镍、钴、镁等。

　　采用电镀污泥酸浸后的重金属液为原料来制备复合铁氧体，投加硫酸亚铁或氯化亚铁等亚铁盐作为铁源。加入氢氧化钠调节重金属液的 pH 值至最佳范围。在常温和缺氧条件下，重金属离子会以二价或三价的氢氧化物沉淀出来。该氢氧化物不稳定，在酸性条件会使重金属离子解离出来，但在一定温度和添加空气的条件下，可以将重金属离子嵌入到铁与氧所形成的尖晶石结构内形成铁氧体。

　　铁氧体性质结构稳定，既不溶于水，也不溶于酸碱盐溶液中，主要原因是各种金属离子在形成铁氧体过程中使铁离子与金属离子以离子键的相互作用束缚到尖晶石结构的铁氧体晶格节点上，结合很牢固，难以溶解。

　　陈丹等[64]以电镀污泥为原料，采用水热法合成复合铁氧体。在过程中投加氯化铁和沉淀剂，获得的铁氧体粉体磁性较强，分散性好，粒度分布均匀，且浸出毒性低于 TCLP 的毒性鉴别标准值。

贾金平等[61]用铁质为主的混合电镀污泥及 $FeSO_4 \cdot 7H_2O$ 为原料，分别采用湿法合成及干法还原的工艺，获得了性能优良的磁性探伤粉；确定了干法还原的最佳条件为 750℃还原 10min；对比了干法和湿法两种方法得到的产品：湿法合成 1:7、1:8 产品、干法合成 1:1~1:8 产品均适合于实用；从加大消纳量、降低成本而言，经干法还原改造过的 1:1、1:2 产品最有发展前途。

5.6.3　电镀污泥制备改性塑料制品技术

电镀污泥与废塑料生产改性塑料制品是国内一项独创的新技术，由上海多家科研单位联合开发[65]。其基本原理是采用塑料固化的方法，将电镀污泥作为填充料，与废塑料在适当的温度下混炼，并经压制或注塑成型，制成改性塑料制品。电镀污泥在专用 TGZS300 型高湿物料干燥机中经 400~600℃高温干燥后，重金属基本达到稳定，浸出试验符合国家标准。研究表明，未经改性的电镀污泥与塑料之间属物理混合，故属包裹型固化。但是，经用表面活性剂（如油酸钠）改性处理后，经 XRD 分析表明，其具有显著的化学作用，提高了污泥的疏水性，接触角达 100°左右，因此可以推断与塑料有较好的相容性，充填均匀，机械性能将有所改善。该工艺生产的塑料制品，通过浸出试验表明，重金属的浸出率和塑料制品的机械强度都能达到规定指标。

电镀污泥生产改性塑料制品工艺流程如图 5-14 所示。

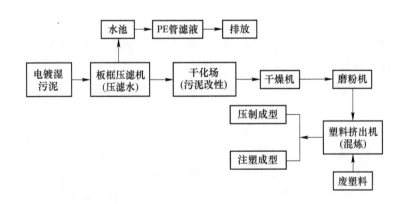

图 5-14　电镀污泥生成改性塑料制品的工艺流程

电镀污泥生产改性塑料制品的工艺流程分为三个组成部分：

（1）电镀污泥干粉的制备。将含水率 98%左右的电镀污泥通过脱水、干燥、粉碎，制成含水率 5%左右，粒度大于 74μm 的干粉。

（2）塑料团粒的准备。将废塑料通过清洗、干燥、增密造粒，制成塑料团粒料。

（3）生产改性塑料制品。将电镀污泥干粉和塑料团粒料通过加热混炼、压铸或挤压注塑成型（产品）。

为使电镀污泥均匀充填在塑料中，干污泥必须研磨成 106μm 以上的粉末，并通过与塑料粒子一起加热拌和或经多级混炼，使之充分混合均匀。塑料和填充料的混炼和制品的压制或注塑工艺及设备及常规的塑料加工工艺及设备基本相同。

利用电镀污泥生产改性塑料制品既解决了目前电镀污泥的出路问题，防止二次污染，同时为建立电镀污泥处理专业工厂提供技术。利用电镀污泥作为填充料制成各类工业改性塑料制品，具有机械化和化学稳定性良好、产品价格低廉的优势，市场潜力较大。

电镀污泥无害化处置和资源化利用一直是国内外的研究重点，取得了很多研究成果，但仍存在许多急需解决的问题，如传统的以水泥为主的固化技术、以回收有价金属为目的的浸取法存在对环境二次污染的风险等。电镀污泥材料化技术虽然可行，但重金属的二次污染问题以及产品的经济效益等方面仍存在瓶颈，要解决这些问题必须采取新的研究途径。近年来，利用热化学处理技术、生物处理技术等对电镀污泥的预处理或安全处置为未来电镀污泥的处理提供了更广阔的发展空间和前景，从而最终实现对电镀污泥的减量化、资源化及无害化处理。

参 考 文 献

[1] 中国产业调研网．中国电镀行业现状分析与发展前景研究报告（2015 年版）［R］.

[2] 张仲仪，张志达．对电镀废水零排放有关问题的探讨［J］．电镀与精饰，2008，30（3）：41-42.

[3] 国家环境保护部、发展改革委、公安部．国家危险废物名录［Z］.2016.

[4] 陈永松，周少奇．电镀污泥的基本理化特性研究［J］．中国资源，2007，25（5）：2-6.

[5] Espinosa D C R, Tenório J A S. Thermal behavior of chromium electroplating sludge［J］. Waste Management，2001，21（4）：405-410.

[6] 刘刚，池涌，蒋旭光，等．电镀污泥焚烧后的灰渣分析［J］．动力工程，2006，26（4）：576-603.

[7] 毛谙章，陈志传．电镀污泥中铜的回收［J］．化工技术与开发，2004，33（2）：45-47.

[8] 杨振宁．电镀污泥中铜镍回收工艺的研究［D］．南宁：广西大学，2008.

[9] 宋福明，陆家骝．直接焚烧灰吹电镀污泥工艺的研究［J］．环境科学与管理，2014，2：139-141.

[10] Espinosa D C R, Tenorio J A S. Thermal behavior of chromium electroplating sludge［J］. Waste

Management, 2001, 93 (2): 221-232.

[11] Barros A M, Tenório J A S, Espinosa D C R. Chloride influence on the incorporation of Cr_2O_3 and NiO in clinker: a laboratory evaluation [J]. Journal of Hazardous Materials, 2002, 93 (2): 221-232.

[12] 刘刚, 蒋旭光, 池涌, 等. 危险废物电镀污泥热处置特性研究 [J]. 环境科学学报, 2005, 10: 1355-1360.

[13] 李军, 陈邦林, 胡建斌. 等离子体技术处理生化污泥能源化研究 [J]. 上海环境科学, 2000, 8: 382-384.

[14] 李立新, 张亚. 微波技术在环境保护中的应用 [J]. 环境科学与管理, 2011, 1: 107-109.

[15] Eskicioglu C, Kennedy K J, Droste R L. Initial examination of microwave pretreatment on primary, secondary and mixed sludges before and after anaerobic digestion. [J]. Water Science & Technology, 2008, 57 (3): 311-317.

[16] Park B, Ahn J H, Kim J, et al. Use of microwave pretreatment for enhanced anaerobiosis of secondary sludge [J]. Water Science & Technology, 2004, 50 (9): 17-23.

[17] Gan Q. A case study of microwave processing of metal hydroxide sediment sludge from printed circuit board manufacturing wash water [J]. Waste Management, 2000, 20 (8): 695-701.

[18] Roy A, Cartledge F K. Long-term behavior of a Portland cement electroplating sludge waste form in presence of copper nitrate [J]. Journal of Hazardous Materials, 1997, 52 (2-3): 265-286.

[19] 王继元. 电镀重金属污泥的水泥固化处理试验研究 [J]. 化工时刊, 2006, 20 (1): 44-47.

[20] 钟玉凤, 吴少林, 戴玉芬, 等. 电镀污泥的固化及浸出毒性研究 [J]. 有色冶金设计与研究, 2007, 28 (2/3): 95-97.

[21] Orescanin V, Mikulic N, Mikelic I L, et al. The bulk composition and leaching properties of electroplating sludge prior/following the solidification/stabilization by calcium oxide [J]. Journal of Environmental Science & Health, Part A: Toxic/Hazardous Substances & Environmental Engineering, 2009, 44 (12): 1282-1288.

[22] Asavapisit S, Chotklang D. Solidification of electroplating sludge using alkali-activated pulverized fuel ash as cementitious binder [J]. Cement and Concrete Research, 2004, 34 (2): 349-353.

[23] Park Y J, Moon S O, Heo J. Crystalline phase control of glass ceramics obtained from sewage sludge fly ash [J]. Ceramics International, 2003, 29: 223-227.

[24] Toya T, Kameshima Y, Nakajima A, et al. Preparation and properties of glass ceramics from kaolin clay refining waste (Kira) and paper sludge ash [J]. Ceramics International, 2006, 32: 789-796.

[25] Ract P G, Espinosa D C R, Tenório J A S. Determination of Cu and Ni incorporation ratios in Portland cement clinker [J]. Waste Manag, 2003, 23 (3): 281-285.

[26] Shih P H, Chang J E, Lu H C, et al. Reuse of heavy metal-containing sludges in cement pro-

duction [J]. Cement & Concrete Research, 2005, 35 (11)：2110-2115.

[27] 张静文，徐淑红，姜佩华. 电镀污泥制备陶粒的正交试验分析 [J]. 环境科学学报，2008，8：12-15.

[28] 严捍东. 电镀污泥与海滩淤泥复合烧制陶粒重金属固化效果的试验分析 [J]. 化工进展，2005，24 (4)：383-386.

[29] 刁炳祥. 掺混电镀污泥焙烧陶粒的研究 [D]. 上海：东华大学，2008.

[30] 聂鑫森，王照丽，肖新峰，等. 电镀污泥制砖试验研究 [J]. 污染防治技术，2006，19 (6)：20-22.

[31] 龙军，俞珂，陈志义. 电镀污泥与黏土混合制砖重金属浸出毒性实验 [J]. 石油化工环境保护，1995，3：43-46.

[32] Tang Y, Chan S W, Shih K. Copper stabilization in beneficial use of waterworks sludge and copper-laden electroplating sludge for ceramic materials [J]. Waste Management, 2014, 34 (6)：1085-1091.

[33] Lee J C, Kim E Y, Kim J-H, et al. Recycling of WC-Co hardmetal sludge by a new hydrometallurgical route [J]. International Journal of Refractory Metals and Hard Materials, 2011, 29 (3)：365-371.

[34] Wu J Y, Chou W S, Chen W S, et al. Recovery of cupric oxide from copper-containing wastewater sludge by acid leaching and ammonia purification process [J]. Desalination and Water Treatment, 2012, 47 (1/2/3)：120-129.

[35] Li C, Xie F, Ma Y, et al. Multiple heavy metals extraction and recovery from hazardous electroplating sludge waste via ultrasonically enhanced two-stage acid leaching [J]. Journal of Hazardous Materials, 2010, 178 (1/2/3)：823-833.

[36] 全桂香，严金龙. 电镀污泥中重金属酸浸条件试验 [J]. 环境工程，2013，31 (2)：92-95.

[37] Paula Tereza de Souzae Silva, Nielson Torres de Mello NT, Marta Maria Menezes Duarte, et al. Extraction and recovery of chromium from electroplating sludge [J]. Journal of Hazardous Materials, 2006, 128 (1)：39-43.

[38] 杨加定. 电镀污泥中有价金属浸出试验研究 [J]. 海峡科学，2008，11：39-40.

[39] 李盼盼. 酸浸电解法回收电镀污泥中铜和镍的工艺研究 [D]. 青岛：中国海洋大学，2009.

[40] 李雪飞，杨家宽. 含铬污泥酸浸方法的对比研究 [J]. 江苏技术师范学院学报，2006，12 (2)：26-28.

[41] 池利昆，王吉华. 氨浸法从含铜污泥中回收铜的研究 [J]. 云南师范大学学报 (自然科学版)，2012，32 (6)：67-70.

[42] 郑爱华. 氨浸法回收铜冶炼污泥中的铜 [J]. 辽宁化工，2012，41 (3)：217-219.

[43] Silva J E, Soares D, Paiva A P, et al. Leaching behaviour of a galvanic sludge in sulphuric acid and ammoniacal media [J]. Journal of Hazardous Materials, 2005, 121 (1/2/3)：195-202.

[44] Zhang Y, Wang Z K, Xu X, et al. Recovery of heavy metals from electroplating sludge and stainless pickle waste liquid by ammonia leaching method [J]. Journal of Environmental Sciences, 1999, 11 (3): 381-384.

[45] 祝万鹏, 杨志华. 溶剂萃取法回收电镀污泥中的有价金属 [J]. 给水排水, 1995, 21 (12): 16-18, 26.

[46] 王浩东, 曾佑生. 用氨浸从电镀污泥中回收镍的工艺研究. 化工技术与开发, 2004, 33 (1): 36-38.

[47] 程洁红, 陈娴, 孔峰, 等. 氨浸—加压氢还原法回收电镀污泥中的铜和镍 [J]. 环境科学与技术, 2009, 33 (6): 135-137.

[48] 陈凡植, 陈庆邦. 从铜镍电镀污泥中回收金属铜和硫酸镍 [J]. 化学工程, 2001, 29 (4): 28-33.

[49] 郭学益, 石文堂, 李栋, 等. 从电镀污泥中回收镍、铜和铬的工艺研究 [J]. 北京科技大学学报, 2011, 33 (3): 328-333.

[50] 李磊. 电镀重金属污泥的资源化研究及运用 [D]. 无锡: 江南大学, 2014.

[51] 许玉东, 张雅琼, 黄启成. 线路板污泥酸浸液中铜的置换回收 [J]. 环境工程学报, 2012, 6 (11): 4083-4088.

[52] 杨春, 刘定富, 龙霞. 电镀污泥酸浸出液中铜和镍分离的研究 [J]. 无机盐工业, 2010, 42 (8): 44-46, 59.

[53] 张华, 朱志良, 张丽华, 等. 天冬氨酸和柠檬酸对污泥中重金属萃取的比较研究 [J]. 环境科学, 2008, 29 (3): 733-737.

[54] Silva J E, Paiva A P, Soares D, et al. Solvent extraction applied to the recovery of heavy metals from galvanic sludge [J]. Journal of Hazardous Materials, 2005, 120 (1-3): 113-118.

[55] 张冠东, 张登军, 李报厚. 从氨浸电镀污泥产物中氢还原分离铜、镍、锌的研究 [J]. 化工冶金, 1996, 17 (3): 214-219.

[56] 郭学益, 石文堂, 李栋, 等. 采用旋流电积技术从电镀污泥中回收铜和镍 [J]. 中国有色金属学报, 2010, 12: 2425-2430.

[57] 王静, 叶海明. 含铜电镀污泥中铜的资源化回收技术 [J]. 化学工程与装备, 2010, 8: 197-199, 205.

[58] 吴展, 胡琴. 镍二次资源回收利用的现状与展望 [J]. 矿产与地质, 2013, 27 (增刊): 59-62.

[59] 陈娴, 程洁红, 周全法, 等. 火法—湿法联合工艺回收电镀污泥中的铜 [J]. 环境工程, 2012, 30 (2): 68-71.

[60] 郭茂新, 沈晓明, 楼菊青. 中温焙烧/钠化氧化法回收电镀污泥中的铬 [J]. 环境污染与防治, 2009, 31 (4): 21-23, 32.

[61] 贾金平, 何翙, 陈兆娟, 等. 富铁电镀污泥合成磁性探伤粉的研究 [J]. 上海环境科学, 1996, 15 (4): 31-33.

[62] 吴乾著, 李昕, 李德福, 等. 微生物治理电镀废水的研究 [J]. 环境科学, 1997, 18 (5): 47-50.

［63］Salavati Niasari M, Mahmoudi T, Amiri O. Easy Synthesis of Magnetite Nanocrystals via Copre-cipitation Method ［J］. Journal of Cluster Science, 2012, 23 （2）: 597-602.

［64］陈丹，朱化军，钱光人，等 . 电镀污泥水热合成复合铁氧体与回收铜试验研究 ［J］. 环境科学学报，2007，27 （5）: 873-879.

［65］国家环境保护局科技标准司 . 电镀污泥及铬渣资源化实用技术指南 ［M］. 北京：中国环境科学出版社，1997.

6　制革污泥处理及资源化技术

6.1　制革污泥的分类和特点

制革过程产生的污泥主要来自于以下两个方面：一是浸水阶段产生的含菌有机污泥、脱毛阶段产生的含硫污泥和鞣制工段产生的含铬污泥；二是用物理、化学、生物方法处理制革废水后产生的生化污泥[1]。制革污泥中含有大量水分、丰富的有机物，同时还含有 N、P、K 等营养元素，是一种有效的生物能源；但同时还含有铬等重金属及病原菌等有毒有害物质[2]。

6.1.1　制革污泥的分类

皮革制造过程中的不同阶段会产生不同的制革污泥，根据制革污泥的来源、成分和性质将制革污泥进行分类。根据制革污泥的来源，可分为浸水污泥、浸灰/脱毛污泥、含铬污泥和处理制革废水产生的污泥四类。根据污泥的成分可分为有机污泥和无机污泥两类。根据污泥的性质可分为未消化生污泥和消化污泥。

污泥中有机物含量较高的称为有机污泥。生物处理废水产生的污泥是典型的有机污泥，有机物高达 60%~80%（质量分数），污泥颗粒大小范围为 0.02~0.2mm，密度范围为 1.002~1.006g/cm³，与水接近，呈现胶体结构。有机污泥是一种亲水性污泥，容易进行管道运输，但脱水性较差。混凝沉淀污泥、化学沉淀污泥和沉砂池产生的泥渣大多属于无机污泥。无机污泥中有机物含量少，同有机污泥相比，无机污泥有以下特点：颗粒大、密度大、水的质量分数低，一般呈疏水性。因此脱水性较好，但流动性差，不易用管道进行运输。污泥的消化分好氧和厌氧两类。这两种性质差别很大，决定了后续处理的方式与工艺。

6.1.2　制革污泥的特点

制革污泥作为有机污泥的一种，其性质不稳定，极易腐化，散发恶臭[3]。制革污泥是介于液体与固体之间的半固液状态的浓稠物，其中的固体物质只有 0.25%~12%（质量分数）。污泥的固体成分主要包括有机残片、细菌菌体、无机颗粒和胶体等，是以有机物为主、组分复杂的混合物。图 6-1 为制革污泥的主要成分构成示意图。

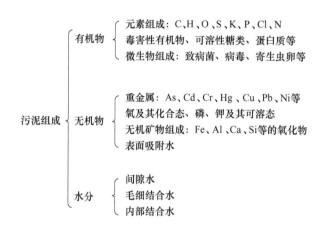

图 6-1　制革污泥的主要组成

6.1.2.1　物理特点

制革污泥是固体与液体的中间相,是一种含水率高呈黑色或者黑褐色的流质物质。制革污泥是由水中悬浮的固体物质经过多种方法胶结凝聚形成,因此,其结构松散、形状各异、比表面积与孔隙率极高。

(1) 水分的存在方式。根据制革污泥中水分与污泥颗粒的物理位置关系,可以将水分的存在方式分为表面吸附水、间隙水、毛细结合水和内部结合水。

1) 表面吸附水:通过颗粒的表面张力作用将水分吸附在颗粒表面,位于颗粒的整个表面。

2) 间隙水:又被称为自由水,位于颗粒之间的游离水分,可以通过重力或者机械力将其分离出来。这部分的水的质量分数最大,一般占65%~85%。

3) 毛细结合水:通过毛细力存在于污泥的毛细间隙里,可通过真空过滤、压力过滤、离心分离及其挤压等有较高机械力和能量的方法对其进行分离。这类水的质量分数约为15%~25%。

4) 内部结合水:指包含在污泥中微生物体内的水分,其含量与微生物的数量有着直接关系。可通过热处理或者好氧菌、厌氧菌的作用破坏微生物的细胞膜,分离出微生物体内的结合水。这类水的质量分数约为10%。

(2) 污泥颗粒的特点。

1) 粒径范围大:污泥颗粒粒径有着数量级的差异,分布范围广。粒径越大,沉降性能越好。

2) 组成复杂:制革污泥中既存在有机残片和细菌菌体,又存在着无机的颗粒、胶体等,组成相当复杂。

3）形态多样：污泥颗粒组成复杂以致形态多样，有球状、块状、不规则形状，即使同一形状的颗粒其大小、长短也是各不相同的。

4）具有电化学特性：制革污泥中的大部分颗粒带有电荷，并且能够形成双电层结构，对颗粒的稳定性和性质有着重要的作用。

5）胶体性质：污泥颗粒粒径小、比表面积大、表面有双电层结构，具备胶体粒子的特点，能使污泥悬浮液保持长时间的稳定而不沉降。

（3）热值。污泥的热值取决于污泥含水率和有机物组成。污泥中如含有较多的可燃物如油脂、浮渣等，则其热值较高；反之，含有的不可燃物如砂砾、化学沉淀等较多时，其热值较低。

（4）流变特性和黏性。根据流变特性可以推测运输、处理过程中污泥的特性变化，因此污泥的流变特性对选择运输装置和流程有着很好的指导意义。根据黏性则可以确定污泥切应力与剪切速率之间的关系。

6.1.2.2　化学特点

（1）含有丰富的植物营养成分。制革污泥中含有 N、P、K、Ca、Mg、Cu、Zn、Fe 等多种植物生成过程中需要的元素以及能改良土壤的有机质。因此可以经过处理后用于农业，对促进农作物生长有着良好的帮助作用。

（2）制革污泥中含有重金属。制革工艺中包括鞣革阶段，因此污泥中含有铬等重金属，如不加处理直接施用，污染土地，对环境产生恶劣影响。

（3）污泥中含有有机物。制革工艺中包括浸灰/脱毛等阶段，在此阶段会有大量的蛋白质、毛发及其微生物等物质流失到污泥中，导致污泥中有机物的含量增加。

6.1.2.3　生物特点

（1）生物稳定性。污泥的生物稳定性可以从降解度和剩余生物活性这两个方面进行评价。

1）降解度：污泥降解度描述生物可降解性。降解度 $P(\%)$ 可通过下式计算：

$$P = (1 - CVSS1/CVSS0) \times 100\%$$

式中　CVSS0——消解前污泥中的挥发性固体悬浮物浓度，mg/L；

　　　CVSS1——消解后污泥中的挥发性固体悬浮物浓度，mg/L。

2）剩余生物活性：污泥的剩余生物活性是通过厌氧消解稳定后，生物气体的再次产生量来测定的。当污泥基本达到完全稳定化后，其生物气体的再次产生量可以忽略不计。

（2）致病性。污泥中重要的病原体包括细菌类、病毒、寄生生物虫卵和幼虫等。病原菌可以通过多种途径进行传播，并通过皮肤接触、呼吸和食物链危及人畜健康。

6.2 污泥预处理方法

污泥处理的原则同其他固废的一致，都遵循减量化、无害化和资源化。污泥预处理一般包括调制、浓缩、消化、脱水与干燥等方法。

6.2.1 污泥调制

通过调整污泥固体颗粒性质及其排列状态，增强凝聚力，使颗粒变大，便于过滤或浓缩的处理操作称为调制（调理、预处理），通常分为物理调制法和化学调制法。通过调制，可以提高污泥浓缩和脱水效率，改善污泥的脱水性能。

6.2.1.1 物理调制法

物理调制法包含加热法、冷冻法、淘洗法等。

（1）加热法。加热法即在一定的压力下对污泥进行短时间加热的方法。热处理增加污泥颗粒的凝聚，破坏污泥颗粒的结构，污泥中的细胞物质发生破坏分解，提高污泥颗粒的亲和力。加热法按照温度不同，可分为高温法和低温法两种，见表6-1。

表6-1 加热法污泥调制

方 法	高 温 法	低 温 法
条 件	170~200℃，1.0~1.5MPa，反应时间40~120min	150℃以下，1.0~1.5MPa，反应时间60~120min
效 果	水的质量分数降低到80%~90%	有机物的水解受到控制，分离液BOD的质量分数较高温法低40%~50%
优 势	不需要添加絮凝剂；滤饼产生量不增加；改善了污泥的脱水性	
缺 点	反应时间长；成本高	
适应污泥类型	初次沉淀污泥、消化污泥、活性污泥、腐殖污泥、混合污泥	

（2）冷冻法。冷冻法即将污泥交替进行冷冻、融化来改变其物理结构，使污泥颗粒脱稳凝聚并使细胞膜破裂，内部结合水游离出来，从而提高污泥的脱水性能。处理过程中需要缓慢冷冻，逐步将水排挤出来，形成大的冰晶体，融化时水容易与固体颗粒分离。冷冻法调制比加热法节省能量。

（3）淘洗法。通过机械搅拌或者吹入空气的方式，使污泥处于悬浮状态而与水充分接触，利用固体颗粒沉降速度的不同，将细颗粒和部分有机颗粒除去，降低污泥的黏度，提高污泥的浓缩效果。该方法主要用于消化污泥的预处理，降低污泥的黏度和碱度，减少絮凝剂的用量。但是淘洗法也存在缺陷，它会将洗涤水带走污泥中的一部分氮，不适合用作土壤改良剂或肥料的污泥处理方法，并且造价相对较高。

6.2.1.2　化学调制法

化学调制法指向污泥中投加不同性质的化学剂——絮凝剂，利用絮凝剂和污泥的固体颗粒所带电荷的作用，增大颗粒之间的凝聚力，使污泥颗粒粒径变大，产生絮凝现象，便于过滤、脱水处理的方法。

使用的絮凝剂主要有三氯化铁、绿矾、硫酸铝、石灰等。应根据污泥的性质、絮凝剂供应条件、调制效果和成本来选择使用何种絮凝剂。

化学调制主要工艺过程是混合和絮凝。影响化学调制的因素有絮凝剂的种类及投加量、药剂投加顺序、污泥组成等。

6.2.2　污泥浓缩

在污泥的处理处置中浓缩是不可缺少的一步。污泥浓缩最常用的方法有重力浓缩、气浮浓缩和离心浓缩等。

6.2.2.1　重力浓缩

重力浓缩是利用重力作用的自然沉降分离方式，不需要外加能量，是一种最节能的污泥浓缩方法。浓缩率的变化比较大，对后续脱水工艺有影响，需要严格操作控制，并加以改进。密度大于 $1g/cm^3$ 的污泥都可以利用固体与水的密度差进行重力浓缩，因为密度大从而沉降性能好，易实现重力浓缩，因此重力浓缩法适用于初沉污泥、化学污泥和生物膜污泥。

重力浓缩要求上清液比较清，没有污泥颗粒随水流出，浓缩污泥中水的质量分数应降到95%，但是浓缩效果受污泥的沉降性能、污泥中固形物质质量分数、污泥颗粒性质以及污泥来源等因素影响。

6.2.2.2　气浮浓缩

气浮浓缩是使溶于水中的气体以微气泡的形式释放出来，并能迅速又均匀地附着于污泥固体颗粒上，使固体颗粒的密度小于 $1g/cm^3$ 而产生上浮，从而使固体颗粒与水分离。一般来说，当固体颗粒与水的密度差越大，浓缩效果越好。气浮浓缩的简介见表6-2。

表6-2　气浮浓缩两种方法对比

方法分类	分散空气气浮	加压气浮
原　理	将空气直接吹入污泥中，形成的直径比较大的气泡	提供一定压力增加水中空气的溶解量，然后恢复到常压，溶解在水中的过饱和空气便从水中释放出来，产生大量微气泡

方法分类	分散空气气浮	加 压 气 浮
优 势	浓缩度高；操作适应性强；浓缩速度快，设备简单，占地面积小；刮泥较方便；运行管理简单等	
缺 点	基建费用和运行费用较高	
适用污泥类型	剩余活性污泥、好氧消化污泥、接触稳定污泥等	

6.2.2.3 离心浓缩

离心浓缩是利用污泥中的固体、液体的相对密度差及惯性差，在离心力场所受到的离心力不同而被分离，离心力远远大于重力或浮力，分离速度加快，浓缩效果好。可用于污泥颗粒直径非常小的浓缩。

常用的离心浓缩设备有转筒式、笼式、转盘式、盘喷嘴式等。离心浓缩方法占地面积小，设备造价低，但是运行费用和机械维修费用高，一般用于较难浓缩的剩余活性污泥。

6.2.3 污泥消化

污泥的消化指在人工控制下，通过微生物的代谢作用，使污泥中的有机物稳定化的过程。污泥的消化有厌氧消化和好氧消化两种方式。采用何种方式，根据污泥的数量、有无利用价值、运转管理水平的要求、运行管理与能耗、处理场地大小等决定。

有机污泥经过消化后，不仅有机污染物得到进一步的降解、稳定，而且污泥数量减少（在厌氧消化中，减容 1/2 左右），污泥的生物稳定性和脱水性大为改善。污泥消化在废水生物处理厂中是必不可少的，与废水处理组合在一起，构成一个完整的处理系统，使污泥中有机物完全达到无害化。

6.2.3.1 厌氧消化

厌氧消化过程中，初沉混合物中的有机物和生物污泥在厌氧条件下转化为甲烷、二氧化碳等不同产物。这一过程在隔绝空气的反应池中进行，减少了有机物和病原体含量。污泥厌氧消化具有以下优点：

（1）产生能源——甲烷，所释放的能量有时超过废水处理过程中所需能量；

（2）使最终需要处置的污泥减容 30%～50%；

（3）消化完全时，可以消除恶臭；

（4）杀死病原体微生物，特别是高温消化时；

（5）消化污泥容易脱水，含有有机肥效成分，适用于改良土壤。

6.2.3.2 好氧消化

好氧消化的基本原理就是微生物利用氧气来分解制革污泥中的生物可降解物

质及细胞原生质的内源代谢。制革污泥经好氧消化后产生的挥发物质，从而达到稳定、减量。好氧消化适合于规模较小、数量少的污泥处理，综合利用价值不大时，也可考虑采用污泥好氧消化。

好氧消化只适于处理以下几类污泥：

(1) 废的活性污泥；

(2) 缓流的过滤污泥和初沉污泥；

(3) 沼气池中产生的剩余污泥；

(4) 未设计初沉设施处理厂的活性污泥。

与厌氧消化相比，好氧消化的挥发性固体减少量大约等于厌氧过程中的减少量，上层清液的 BOD 质量浓度低，最终产物无臭味、具有高肥效、稳定，处理过程中需排出的污泥量少、初期投资少、运行操作相对比较简单、方便和稳定。但耗用氧气的成本高、需要输入动力，能耗也多，运行费用高。消化过程受温度、位置和消化池所用材料种类的影响，没有回收利用附产物——甲烷。

6.2.4　污泥脱水

脱水可以进一步分离出污泥中的水分。经浓缩、脱水后的污泥，体积大大减小，其固体能达到 5%~30%，并且有较多的污泥趋于干燥状态。脱水的方式有自然蒸发脱水、真空过滤脱水、压滤脱水、离心脱水等。各种脱水方法的介绍见表6-3。

表6-3　脱水方法的介绍

脱水方法	设　备	优　点	缺　点	适用污泥类型
干化场脱水	干化场	费用低、管理简单	占地面积大、效率低	适用范围很广
真空过滤脱水	真空转鼓、真空转盘	设备维修量小、连续生产	能耗大、工序复杂、噪声大	适用于各种污泥
压滤脱水	板框压滤机、带式压滤机	滤饼剥离容易、效率高	滤布消耗大	活性污泥、有机亲水性污泥
离心脱水	离心脱水机	卫生条件较好、占地小、连续生产、自动控制	对预处理的污泥要求较高	初沉污泥、活性污泥及混合污泥

6.2.5　污泥干燥

利用自然风干或者通过输入的热量实现污泥的减量化，可将污泥中的水分从 70% 减少到 10% 以下。最常用的污泥干燥方式为热空气干燥法，包括流化床干燥、旋转干燥、多炉干燥等。

6.2.5.1　流化床干燥

脱水污泥通过传送器从流化干燥器床位高的一段连续被输入并与热空气逆流

相遇，随着水分被逐渐蒸发，污泥也逐渐变轻，污泥的固体颗粒因热运动加剧而呈流化状态，类似流体沸腾，被称为流化干燥。干燥过程中所需的热量由蒸汽通过安装在流化床内的热交换器提供，干化后的污泥从流化干燥床位低的一段连续排出。被蒸发的水蒸气通过冷凝器加以回收，其过程如图6-2所示。这种方法具有污泥颗粒分散均匀、热风与颗粒接触充分、传热接触面积大、水分汽化速度快、干燥较彻底等优点。

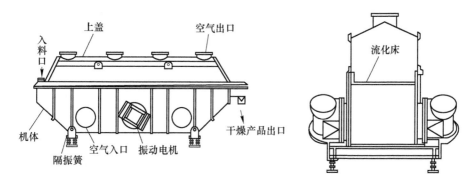

图 6-2　流化床干燥过程示意图

6.2.5.2　旋转干燥

旋转干燥又称为鼓式干燥、转鼓干燥，干燥过程是将污泥送入旋转鼓体中，提升污泥到一定高度后落下，在下落过程中与高温热空气充分混合，水分逐渐蒸发而得到干燥。污泥与热空气可以为并流或者逆流方式。旋转干燥具有污泥含水量适用范围广、操作稳定、处理量大等优点，缺点是污泥容易黏结鼓体，传热效率比较低。

6.2.5.3　多炉干燥

多炉干燥是借助多级焚化炉将脱水污泥转变为惰性灰的过程。炉中堆叠的有多层带耙子的旋转圆盘。泥饼从炉顶沿着转盘逐层下降到炉底，在这个过程中与热空气充分接触得到干燥。这种干燥方法占地面积小，设备结构复杂，干燥时间调节灵活。

6.3　制革污泥处置

制革污泥处理方法主要包括堆存、填埋或投海、焚烧、重金属提取等。

6.3.1　制革污泥的堆存

国内许多制革厂在对制革污泥还没有行之有效的处理方法之前都在其厂内、

污水处理池旁甚至租地堆放。有的制革厂甚至将污泥和生活垃圾或工业垃圾一起堆放，然后运到城市垃圾场集中处理。根据对我国 100 家具有代表性的不同区域、不同生产规模及不同类型的制革厂进行了制革污水、污泥处理现状的调查，我国绝大多数制革厂（约 77%）对制革污水进行不同程度的处理，但 95% 以上的制革工厂对制革污泥未经处理，或将制革污泥作为垃圾直接排放，存在的问题比较突出与严重。许多制革厂区的污泥已经堆成一座座小山，占了厂区很大的面积，环境十分恶劣[4]。

堆存处置这种处理方法对污泥中的有毒物质根本就没做任何处理，将会对环境造成严重污染，只能将其作为临时处理措施，而不能作为污泥的最终处置方法。而且也没有对其中的 Cr、P、K、C、Mg、S、Na、Fe、C 等有用元素进行资源回收，是一种对资源的浪费，不利于社会、工业生产的可持续发展。

6.3.2 制革污泥的卫生填埋或投海

填埋或投海处置方式国外使用很多，美国有 40%、日本有 59% 的企业使用这种方式。但此法没有对污泥中可利用的物质进行合理地利用，是一种消极的方法。

制革污泥的卫生填埋处置是指制革污泥经过简单的灭菌处理直接倾倒于低地或谷地制造人工平原，是污泥填埋处置的基本方式。卫生填埋方式的好处：一是污泥无毒无害化处理成本低，不需要高度脱水；二是既解决了污泥出路问题，又可以增加城市建设用地。但是制革污泥中含有大量的硫化物以及重金属铬等危险成分，和常规的城市垃圾填埋相比，制革污泥的填埋被认为是一种不安全也不彻底的处理方法，只是污染物的转移，而不是一种有效的处理方法。

制革污泥属于危险废物，进行填埋处置前必须进行预处理，其处置费用往往十分昂贵。填埋处置浪费铬资源、重金属污染风险高、占用大量土地，是不宜提倡的处理方法。同样投海法虽然也比较简便且成本较低，但同样会对海洋造成污染，不宜提倡。

6.3.3 制革污泥的焚烧

由于制革污泥有一定的热值，且具自燃能力，所以可采用焚烧的办法处理，可彻底消除污泥中大量有害的有机体和病原体，如大量细菌、病毒、寄生虫卵等，使污泥量大大减少，可使二次污染程度减小到最低[5]，还可以利用一部分热能。因此，焚烧可以较好地达到减量化、稳定化的目的。焚烧处理制革污泥的方法以其巨大的优势越来越受到世界各国的重视，有着重大的发展前景。焚烧法在欧洲大城市是一种很流行的污泥处置方法，1997 年英国的污泥焚烧技术达到成熟期[6]。研究和应用结果表明[7]，制革污泥经焚烧处理后其质量和体积均减少为原来的15%左右。但制革污泥在焚烧时会产生二氧化硫、二噁英等气体而造成空气污染，所含的 Cr^{3+} 会转化成毒性更大的 Cr^{6+}，可能造成二次污染[8]。此外，焚烧法的处理成本昂贵。

根据焚烧的气氛不同，制革污泥的焚烧工艺分为两种：一是在空气中直接焚烧；二是贫氧焚烧[9]。

（1）空气中直接焚烧。空气中直接焚烧是向焚烧炉中通入足够的空气，使制革污泥充分燃烧。由于制革污泥中氮、硫、氯的含量较高，焚烧废气中 SO_2、NO_x、铬尘、HCl 等有害物质的浓度较高，必须进行净化。研究表明[10]，焚烧过程中随气体排出的铬占污泥中总铬的40%，在使用了改性的固硫剂条件下，仍有至少28.5%的硫进入大气；烟尘中的铬全部为毒性较大的 Cr^{6+}[11]。因此，采用直接焚烧法处理制革污泥时，必须严格控制烟气排放。

（2）贫氧焚烧。贫氧焚烧法是将制革污泥在供氧量大大低于化学计量的条件下进行燃烧。该方法能阻止污泥中的 Cr^{3+} 在焚烧过程中被氧化成 Cr^{6+}，使灰渣中的铬全部以 Cr^{3+} 存在。Swarnalatha 等[12]向焚烧炉内通入体积比为 9：1 的 N_2 和 O_2 的混合气，在800℃条件下对制革污泥进行了贫氧焚烧试验，以涂 Ni 陶瓷颗粒为催化剂在450℃下将经碱液吸收酸性气体后的烟气进行处理，然后用等量的电厂粉煤灰和等量的水泥（或石膏）对焚烧灰渣进行固化处理，其工艺流程如图6-3所示。制革污泥中水分、灰分、鞣酸、COD、TOC、Cr^{3+}、Fe^{2+} 的质量分数或浓度分别为8%、57%、4.8mg/g、52.4mg/g、61mg/g、11mg/g、6mg/g。试验结果表明，烟气中污染组分得到彻底氧化分解，所得灰渣固化体的强度和浸出毒性均满足建筑用砖要求。

无论是在空气中直接焚烧还是采用贫氧燃烧法，都要对烟气进行严格处理，而且还需要特殊的设备，选址困难，故该法的推广也受到限制。

6.3.4 制革污泥提取重金属技术

污泥中的重金属主要以难溶性的硫化物、有机结合态等形式存在于污泥的固相，将重金属从固相中溶解出来是去除污泥中重金属的前提。重金属提取技术主要有化学浸提法、动电修复技术、超临界流体萃取以及较为新型的微生物淋滤技术等[13]。

6.3.4.1 化学浸提法

化学浸提法[14]是利用无机酸或者络合剂如 H_2SO_4、HNO_3、HCl、EDTA 等处理污泥以溶解和浸提重金属。由于制革污泥中的铬主要以沉淀态存在，占60%~70%，有机结合态和残渣态各约占20%，而水溶态和可交换态的含量较少，两者总和还不到0.1%[4]。因此，可采用化学试剂浸出提取法回收铬。具体方法

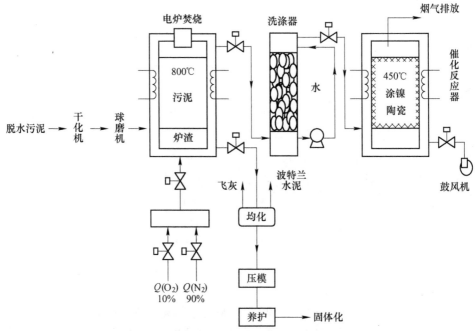

图 6-3 制革污泥贫氧焚烧及固化系统示意图

是在污泥中先加入强酸和强氧化剂，提高污泥中铬的迁移能力，然后再加入化学萃取剂，以萃取分离水相中的铬。

化学试剂浸出的方法主要有以下两种。

（1）单独加入无氧化性的强酸（H_2SO_4）进行酸溶使沉淀态、有机结合态和残渣态的铬进入水相。此法只能利用低 pH 值使铬形成酸式盐，因此浸出效果有限。丁绍兰等[15]用 1∶1 硫酸对含水率和干污泥铬质量分数分别为 98.44% 和 2.05% 的制革污泥进行化学浸出，当 pH 值为 2.0 时，铬的浸出率仅为 64.90%。

（2）加入具有氧化性的强酸（HNO_3）和氧化剂（H_2O_2）通过酸溶和氧化作用，使沉淀态、有机结合态和残渣态的铬进入水相，转化为水溶态和可交换态，此法的浸出率明显要高于第一种方法。

此外，还有先在碱性条件下利用氧化剂将 Cr^{3+} 氧化为 Cr^{6+}，再加强酸（H_2SO_4）使铬浸出，其浸出率介于以上两种方法之间。

化学试剂浸出—萃取法中所使用的化学萃取剂一般选用易降解的、对环境污染较小的绿色试剂，以免造成二次污染。

Eylem Kilic 等[16]采用天然皂角苷和硫黄酸两种萃取剂对制革污泥进行了回收试验。制革污泥水分质量分数为 75%、pH 值为 7.25、有机物质量分数为 76.4%（干基）、铬含量为 8.04g/kg（干基）。以天然皂角苷为萃取剂，在 33℃ 和 pH 值为 2.5 的条件下，用 5% 的皂角苷溶液洗涤两次，铬回收率为 24.2%。

以硫黄酸为萃取剂，先用 Na_2CO_3 使 pH 值调至大于 10，加入 H_2O_2 将 Cr^{3+} 氧化为 Cr^{6+}，再用 H_2SO_4 将 pH 值调至 2.0，用硫黄酸萃取，回收率为 70%。Dantas T N C 等[17]以工业用椰子油与 NaOH 发生皂化反应制得的表面活性剂为萃取剂，对巴西一工厂的制革污泥进行了回收试验，此污泥中的钙、有机物和铬质量分数（干基）分别为 20.05%、49.86% 和 13.32%。先用浓硝酸消解，再用 30% 的 H_2O_2 在 95℃ 下加热，然后向表面活性剂的微乳液系统加入消解后的高铬溶液，至刚好出现过量水相。27℃ 时，萃取率达到 93.4%。

化学浸提法虽然能在短时间内大幅度去除某些重金属（如 Zn、Cd、Ni 等），但耗酸量大、处理费用高、废水量大，难以付诸于工程实际，而且对某些重金属的去除效果较差（如 Cr 的去除率低于 40%），很难得到广泛应用。

6.3.4.2 动电修复技术

动电修复技术[18]是指通过直流电场力的作用，污泥中的重金属经过电迁移、电渗流、电泳和自由扩散等过程穿过污泥向电极区移动并富集，最后用工程化的收集系统将其收集以达到脱除的目的。这种方法费用低、处理彻底、环保，并且对 Mn、Ni、Cu 的去除率较高，但是其处理周期较长（一般为 50 天左右），对 Cr、Pb 等的去除率较低，一般用于土壤污泥中重金属的脱除。

动电修复技术有阳离子选择性膜法、阳极陶土外罩法、Lasagna™ 技术和电吸附技术等。

阳离子选择性膜法[19]是指在动电过程中，两侧极室的水会电解成 OH⁻ 与 H⁺，在电场作用下 OH⁻ 向阳极迁移，H⁺ 向阴极迁移，由于大部分重金属会与 OH⁻ 发生沉淀反应，向阳极迁移的 OH⁻ 会与向阴极迁移的重金属发生反应生成沉淀，从而影响了重金属的迁移性和去除率。为了避免 OH⁻ 进入系统，在系统的阴极泥水界面设一层阳离子选择性膜，阳离子可以通过这层选择性膜，而 OH⁻ 则不能通过，OH⁻ 与进入膜的 H⁺ 反应生成水，使阴极附近污泥的 pH 值下降，避免了重金属离子与 OH⁻ 生成沉淀化合物。

阳极陶土外罩法[20]是指在动电过程中，系统两侧极室的水会因电解而不断减少。污泥系统的水也会渗流到两侧极室中而导致污泥含水率下降，从而使污泥导电性变差，电阻增大，电流密度降低，重金属迁移性降低。为了避免含水率下降，可以在阳极的陶土外罩上加水以补充因电解减少的水量，这种方法称为阳极陶土外罩法。

Lasagna™ 技术[21]是一种污染土壤的原位修复的电动力学技术，可以去除污泥中可溶性有机物和金属离子。该技术在渗透反应区加入了吸附剂、接触反应剂、缓冲剂和氧化剂，外加电场使污染物迁移到渗透反应区中进行各种物理化学反应并在阳极附近加水，在外加电场的作用下污染物随水流迁移到阴极附近并抽出进行单独处理。

电吸附技术[22]是在电极外面包着一层特殊的聚合体材料，并在其中充满调节 pH 值的化学物质，防止 pH 值的跃变。电极放置于污泥中，然后通以直流电。在电场作用下，离子穿过孔隙水迁移至电极，被捕获到聚合体中。另外，聚合体中可以包含离子交换树脂或其他吸附剂来吸附污染物质。

动电技术可以打破所有的污泥—重金属键，在电场作用下，使可迁移的重金属从阳极向阴极迁移，并在阴极室富集。污泥中重金属元素的存在形态对重金属的迁移性质有很大的影响。溶解态和可交换态迁移性能好，在电场作用下很容易去除，对于硫化物等不溶态可以通过提高污泥的氧化还原电位和降低其酸度的办法，或用 EDTA 或柠檬酸等作为阴极液将其转化为可交换态而去除。R. Shrestha 等用动电技术对德国 Weisse Elster 湖的污泥进行实验，通过柱状电极装置，在 $U = 3V$ 的条件下，Cd、Pb、Zn 等重金属离子在电场作用下，从阳极迁移至阴极并在阴极沉淀下来，通过污泥取样分析，污泥中的重金属浓度降低至接近零。Jingyuan Wang 等采用当地污水处理厂的污泥进行动电实验，在 $U = 3V$、污泥 pH = 2.10、通电 7d 后，重金属离子去除率分别为 Zn 95%、Cu 96%、Ni 90%。Jurate Virkutyte[22]等用动电技术对厌氧颗粒污泥进行实验，并在污泥中加入螯合剂 EDTA，研究 Cu 在污泥中的形态变化，在 $0.15 mA/cm^2$ 直流电、污泥 pH = 7.1、通电 14d 后，证明虽然加入 EDTA 对 Cu 的各种形态没有很大影响，但大大减少了污泥中总 Cu 的质量分数。

6.3.4.3　超临界流体萃取技术

超临界流体萃取技术[24]是利用流体溶剂（液体或者气体）在临界点附近某区域内，与待分离混合物中的溶质具有异常相平衡行为和传递性能，并且对溶质的溶解能力会随温度和压力的变化而变化。这种流体溶剂可以是单一组分，也可以是复合的，一般来说会向溶剂中添加适当的夹带剂来增加溶质的溶解性和选择性。此法虽然对 Cu、Pb、Zn、Cd 的去除率较高，但是其成本高，操作较为复杂，而且和前两种方法一样对 Cr 的去除率低。

超临界流体萃取技术设备及工艺如图 6-4 所示。将萃取原料装入萃取釜，采用二氧化碳为超临界溶剂，二氧化碳气体经热交换器冷凝成液体，用加压泵把压力提升到工艺过程所需的压力（应高于二氧化碳的临界压力），同时调节温度，使其成为超临界二氧化碳流体。二氧化碳流体作为溶剂从萃取釜底部进入，与被萃取物料充分接触，选择性溶解出所需的化学成分。含溶解萃取物的高压二氧化碳流体经节流阀降压到低于二氧化碳临界压力以下进入分离釜（又称解析釜）。由于二氧化碳溶解度急剧下降而析出溶质，自动分离成溶质和二氧化碳气体，前者为过程产品，定期从分离釜底部放出，后者为循环二氧化碳气体，经过热交换器冷凝成二氧化碳液体再循环使用[25]。

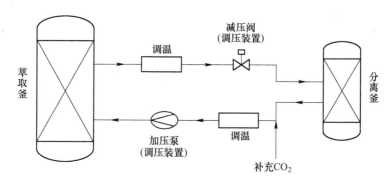

图 6-4 超临界流体萃取技术设备及工艺

超临界流体萃取技术关键影响因素有萃取压力、萃取温度、萃取时间、CO_2流量和粒度大小。

6.3.4.4 生物淋滤技术

化学浸提法、动电修复技术和超临界流体萃取技术三种方法对 Cr 提取效果不是太理想，都不适宜用于制革污泥中 Cr 的去除。近几年来，国内外专家研究利用微生物的方法来去除制革污泥中的Cr，即微生物淋滤技术。其原理是向污泥中接种嗜酸性微生物，通过其生物氧化作用及产生的低 pH 值环境，使重金属溶出进入水相，再通过固液分离而去除，具有成本低、环境污染小、Cr 的去除率高等优点。生物淋滤技术处理制革污泥是当前研究热点之一[26]，通过嗜酸性硫杆菌为主体的复合菌群的生物氧化作用，使污泥中还原性硫（包括单质硫、硫化物或硫代硫酸盐等）被氧化导致污泥酸化，污泥中难溶性的重金属（主要是 Cr）在酸性条件下被溶出进入液相，再通过固液分离将 Cr 回收利用。

生物淋滤法处理制革污泥，因其运行成本低廉、操作简便、环境污染小以及资源化率高，已成为目前制革污泥处理与资源化研究的重点。生物淋滤法一般分两步进行，首先是利用嗜酸性氧化亚铁硫杆菌（LX5）和氧化硫硫杆菌（TS6）将 Cr 从污泥中转移到淋滤液中，然后向淋滤液中加入化学萃取剂将其中的有害杂质 Fe^{3+}萃取分离[9]，流程如图 6-5 所示。

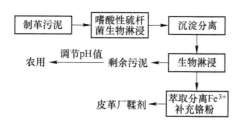

图 6-5 生物淋滤法回收利用制革污泥流程

嗜酸性氧化硫硫杆菌通过细胞内特有的氧化酶系统直接氧化金属硫化物，生成可溶性的硫酸盐，将污泥内部的重金属以细菌代谢产物的形式，从污泥中释放到水中。同时，氧化亚铁硫杆菌的代谢产物——硫酸高铁与金属硫化物共同氧化还原作用后，被还原成硫酸亚铁，并生成单质硫，金属以硫酸盐形式溶解出来，而 Fe^{2+} 又被氧化亚铁硫杆菌氧化成 Fe^{3+}，硫被氧化硫硫杆菌氧化生成硫酸，生成的硫酸又使液相的 pH 值下降，促进金属硫化物的溶解，构成氧化—还原的循环系统，最终使污泥中的 Cr 全部进入淋滤液后，加入适当的化学萃取剂再将淋滤液中的 Fe^{3+} 和 Cr^{6+} 萃取分离，剩余的生物淋滤液可回收作铬鞣剂，而除去 Cr 后的剩余污泥可直接用作农肥。

A 嗜酸性硫杆菌对铬的生物淋滤

我国嗜酸性硫杆菌处理制革污泥的研究始于 20 世纪初，周立祥等[26]于 2002 年和 2003 年先后从制革污泥中提取出氧化亚铁硫杆菌和氧化硫硫杆菌，分别命名为 LX5 和 TS6，并申请了专利。

使用硫杆菌生物淋滤法分离富集制革污泥中的 Cr 时，驯化污泥中制革干污泥的添加量、添加方式、pH 值以及基质硫的添加量等因素，对硫杆菌的活性都有较大影响。丁绍兰等[28]研究得出，硫的添加量影响因子最大，硫杆菌最大增殖条件为：500mL 制革活性污泥驯化至 pH 值为 3.5 时，加入 10g 硫，分 3 次共加入制革干污泥 7.5g，搅拌曝气，控温 30℃左右。方迪等[29]研究得出：污泥浓度越低，污泥中 Cr 的去除率越高，去除速率越快，当含固率在 6% 以下时，污泥中 Cr 的去除率在第 6 天时就达 100%；同时，介质的 pH 值是影响 Cr 溶出最关键的因素，pH 值小于 2 时才能使污泥中 Cr 去除率达到 80% 以上，pH 值为 1.6 时可完全溶出 Cr。

方迪等[30]还研究了在 12～36℃ 范围内，温度对生物淋滤法脱除制革污泥中重金属 Cr 效果的影响。结果表明，随着温度的升高，污泥中 Cr 的溶出率相应加快，在 28～36℃ 时，制革污泥中接种嗜酸性硫杆菌同时添加 4g/L 的硫粉作为能源物质，将生物淋滤反应 8 天，Cr 的溶出率可高达 100%。实际工程应用中控温 28℃ 较适宜。

王电站等[31]研究了在连续曝气条件下，连续搅拌 30min 后，分别停机 30min、45min、60min 后再搅拌的间歇运行方式的生物淋滤效果。结果表明，当固定供气量为 9L/min、溶解氧保持在 1.2～2.7mg/L 时，搅拌 30min 再停机 30min 的间歇运行方式的淋滤效果与连续搅拌方式相近。此外，王电站等[32]还采用生物淋滤污泥回流的方法，研究了回流比、混合污泥起始 pH 值、酸化污泥 pH 值对生物淋滤技术去除制革污泥中重金属 Cr 的影响。结果表明，采用回流的方法能够同步完成原污泥的预酸化和接种，当控制回流后混合污泥的起始 pH 值在 4.0 左右时，经过 3 天的淋滤，Cr 的溶出率到 95% 以上。

王世梅等[33]研究得出，酵母菌 R30 与硫杆菌 LX5 和 TS6 复合可加速污泥淋滤的进程，最佳的复合比是酵母菌 R30 的接种量为 2.0%，硫杆菌 LX5 和 TS6 的接种量为 10%，在序批式污泥淋滤反应中，添加 2.0% 的酵母菌 R30 在 108h 内，Cr 的溶出率达到了 98%，较不添加酵母菌 R30 提前 36h。

周立祥等[34]通过研究发现，生物淋滤具有显著的污泥调理功效，能显著提高污泥的沉降与机械脱水性能。制革污泥经生物淋滤处理后，无需添加任何絮凝剂，即可取得良好的机械脱水效果。同时，还发现生物淋滤处理导致的污泥体系 pH 值的下降与 Fe^{3+} 浓度的上升可能是污泥沉降与水性能得以改善的主要原因。此外，经生物淋滤后的剩余污泥中的营养物质依然非常丰富，其中的有机质、全氮、全磷的含量依然较高[26]。将其 pH 值从 1.6 左右调节至中性，即可直接农用。

B 生物淋滤液中 Fe^{3+} 的萃取分离

制革污泥经嗜酸性氧化亚铁硫杆菌和氧化硫硫杆菌代谢去除 Cr 后所得生物淋滤液，pH 值一般在 1.6 左右，同时含有较高的 Fe^{3+}、Cr^{3+} 以及大量的盐基离子 Ca^{2+}、Na^+、Mg^{2+}、K^+，其中 Fe^{3+} 和 Cr^{3+} 的浓度高达 2000~6000mg/L，总金属离子浓度达 6000~10000mg/L。而有机物含量不高，且主要为多糖类、脂肪族或芳香族羧酸类化合物，TOC 一般低于 1000mg/L。由于 Cr 含量偏低，低浓度的有机物对皮革鞣制效果无影响[35]，而较高浓度的 Fe^{3+} 会影响皮革对 Cr 的吸收，降低皮革的鞣制效果。如果欲将其用于皮革鞣制，必须补充铬粉并去除 Fe^{3+}。

目前一般是采取有机试剂萃取分离方法去除淋滤液中的 Fe^{3+}。孙永会等[36]采用 5% 磷酸二（2-乙基己基）酯（D2EHPA）-95% 煤油萃取体系，对淋滤液中的 Fe^{3+} 和 Cr^{3+} 进行了萃取分离，将 pH 值控制在 1.9 左右，经过二级萃取，分离系数可以达到 2000 以上，残留水相中的 Fe^{3+} 小于 1mg/L，实现了 Fe^{3+} 和 Cr^{3+} 的有效分离。马宏瑞等[37]研究了 D2EHPA-正己烷和十二胺盐（RNH_3Cl）-正辛醇-正己烷两个萃取体系，并对比了它们的萃取分离效果和适用的淋滤液情况。研究表明，5% D2EHPA 正己烷和 10% RNH_3Cl-10% 正辛醇-正己烷两种萃取体系的萃取率均达到 99%，在相同 Fe^{3+} 和 Cr^{3+} 的浓度下，前者的分离系数要优于后者，且萃取平衡和静置时间也小于后者。采用 D2EHPA 作为萃取剂时，反萃所需盐酸浓度较高，且萃取与反萃间隔时间应为 20~60min。而 RNH_3Cl 不受 Cl^- 浓度影响，且用水或稀盐酸就可以很容易地反萃出金属。就反萃效果而言，当淋滤液中 Cl^- 浓度较低时，应选用 D2EHPA，而当 Cl^- 浓度较高时，选用 RNH_3Cl 效果更好。

利用生物淋滤技术方法来处理制革污泥，是一条颇具潜力的道路，但仍面临许多困难，比如硫杆菌是典型的无机化能自养细菌、生长速率缓慢、极端嗜酸、生物氧化浸出的时间很长等；另外还有如何筛选培育专一性浸出重金属 Cr 的硫杆菌，以及生物氧化浸出工艺反应器的设计，如何平衡众多的影响因素，比如起始 pH 值、反应温度以及细菌的各种抑制因子等。

6.4 制革污泥农业利用技术

制革污泥含有大量植物所需的营养成分和有机成分，因此将制革污泥应用于农业是比较理想的最终处置方法。一般制革污泥用于农业有堆肥和制动物饲料两方面。

6.4.1 制革污泥堆肥

堆肥就是依靠自然界中的细菌真菌等微生物，人为地、可控制地促进可被生物降解有机物向稳定的腐殖质转化的生物学过程[38]。堆肥方法成本低、易操作，增肥产品可以在市场上销售，是一种很有前途的污泥处置方法。自然界中许多微生物具有氧化、分解有机物的能力，微生物在一定的温度、湿度、pH 值条件下，可以将有机物生物化学降解，从而形成类似于腐殖质土壤的物质，用于制作肥料和改良土壤。堆肥化就是在人工控制下，在一定的水分、碳氮比（C/N）和通风条件下通过微生物的发酵作用，将有机物转变为肥料的过程。在堆肥化的过程中，有机物由不稳定状态转化为稳定的腐殖质物质，对环境，尤其是土壤环境不构成危害。

有机固废是堆肥微生物生存、繁殖的物质条件，根据微生物生活时是否需要氧气，将污泥的堆肥可以分为好氧堆肥和厌氧堆肥[39]。好氧堆肥是在通入空气的条件下，在好氧微生物的作用下，将污泥中的有机物降解；厌氧堆肥是在厌氧微生物的作用下，将污泥生物发酵，降解污泥中的有机物。好氧堆肥通常要求温度比较高，一般在 50~60℃，极限可达 80~90℃，也被称为高温堆肥。根据制革污泥含有重金属铬的特点和避免中间代谢产物的恶臭发生，应选用好氧堆肥法。好氧堆肥周期短、堆肥温度高、杀菌彻底，易于被制革厂所接受。

厌氧堆肥对制革污泥中含铬量要求严格（厌氧菌对铬金属十分敏感），铬对厌氧生物处理过程有抑制作用。此外，厌氧堆肥中有机物分解缓慢、堆置周期长（一般为 4~6 个月），还存在堆肥过程中易产生恶臭，占地面积大，并且伴有甲烷气体的产生等问题，因此较少应用。

堆肥的主要影响因素有污泥中的有机物质量分数、水分质量分数、通入空气量、碳氮比（C/N）、温度、pH 值和接种剂。

堆肥能使污泥中易腐解物质进行生物转化并稳定下来，减轻恶臭并可借助堆肥过程中产生的高温杀死病原体。堆肥后污泥生成无害化、资源化物质，其中含有农作物需要的各种营养成分。制革污泥堆肥是优质的有机肥，污泥中含有可以被植物所吸收的 N、P 等元素。堆肥过程中微生物分解有机物要消耗氧，产生大

量的 CO_2、水蒸气并且产生一定的热量，其中 CO_2 和水的散失会使堆肥物质的质量减少一半，使污泥变得蓬松。进行堆肥时设备投资相对较低，但周期长并且占地面积大。

堆肥过程中还需要注意重金属铬的污染问题、制革污泥中的病原体以及有毒有害物质的影响。生物堆肥虽然能基本消除制革污泥中的有机质污染，但是对重金属铬却无能为力，污泥中通常含有 0.1%~0.4% 的重金属铬[40]。为避免重金属铬污染，一般采用重金属浸提后污泥进行堆肥。

6.4.2 制革污泥制动物饲料

在不含或极少含铬的制革污泥中，蛋白质量分数为 28.7%~40.9%、灰分质量分数为 26.4%~46.0%、纤维素质量分数为 26.6%~44.0%、脂肪酸质量分数为 0~3.7%。其中粗蛋白的 70% 以氨基酸形式存在，包括蛋氨酸、胱氨酸、苏氨酸等。污泥蛋白中含有几乎所有家畜饲料所需的氨基酸，且各种氨基酸之间相对平衡，因此可以作为饲料蛋白加以利用[41]。为避免重金属铬肉产品污染，一般采用重金属浸提后污泥制作动物饲料。

6.5 制革污泥材料化利用技术

制革污泥若采取一定的方法使其组分固定，则不会造成污染。将含铬污泥与含硅、锌、镁等化合物混合，在一定的高温条件下一起焙烧，可制成彩色玻璃、墙砖、地砖路基等。

6.5.1 制砖

采用制砖法处理制革污泥，基本无二次污染产生，具有投资省、操作方便等特点。经脱水后的制革污泥或经焚烧干燥后的干化物都可以制砖。但由于脱水、干化的制革污泥本身组分与制砖用的黏土差异较大，需要对污泥进行适当的调配，使其组分与传统的黏土材料成分相当。首先脱水，使制革污泥的水分质量分数降到 60%~70%，再将制革污泥与煤渣、石灰、粉煤灰、水泥等材料以适当比例混合。

某公司曾试验利用制革污泥掺入黏土烧结红砖。结果表明：制革污泥掺入比例宜控制在 10% 以下，不影响强度。模拟酸雨（pH 值为 5~6）将红砖浸泡 36h，浸出液中的总铬浓度均值为 0.0526mg/L，Cr^{6+} 浓度均值为 0.0273mg/L，这说明烧结过程中部分 Cr^{3+} 转变成 Cr^{6+}，但铬的浸出浓度较低，可满足环境保护的要求，不造成二次污染。但当建材到了使用年限，作为固废时，仍会产生二次污染，而且制革污泥作为建筑材料对铬的含量也有一定的要求。据推算，含制革污泥10%的砖，酸浸出液中铬要达到未检出质量浓度（<0.004mg/L），则制革污泥（含水率80%）中铬含量应小于2.87g/kg。姚丹对制革污泥制砖进行实验性研究[42]，得出在制黏土砖过程中掺入不超过10%的制革污泥，成品砖的质量合格，成品砖中Cr^{6+}或总铬的溶出率极低，大气污染物排放也能达标。

6.5.2　制水泥

水泥生产中利用的废物主要是高炉水淬渣、粉煤灰、炉渣、烟尘和污泥等。近年来日本研究出利用脱水污泥为原料制造水泥技术，原材料中约60%为废料，水泥的烧成温度为1000～1200℃，比普通水泥烧成温度低，因而燃料耗用量和CO_2的排放量也较低。因而，以污泥为原料生产的水泥称为"生态水泥"。

生态水泥生产工艺流程为：污泥→封闭式汽车运输→堆放→陶泥机→调制生料→泥浆库→生料磨→料浆库→搅拌池→入窑焚烧。

首先在污泥中掺入生石灰，可以防止污泥堆放过程中产生恶臭，然后用水调和，再用泵输送到泥浆库，整个过程基本处于封闭状态，直至进入水泥窑。利用污泥为原料生产水泥时，应解决好污泥的储存、生料的调配及恶臭的防治，确保生产出符合国家标准的水泥熟料。

这种生态水泥的凝结时间较硬水泥快，较普通水泥短，如适当添加缓凝剂或其他混合材料，还可进一步提高强度。化学组成因污泥原料的不同而有所变化，但基本组成都在水泥允许范围内，生态水泥含氯盐量较高，会使钢筋锈蚀，因此主要用作低级的增强固化材料、素混凝土以及应用于道路铺装混凝土、大坝混凝土、重力式挡土岸墙、消波砌块等。

6.5.3　制轻质陶瓷

陶粒作为一种优良的建筑用轻骨料，以其质轻、保温、环保等特性受到了极大的重视。污泥制轻质陶粒的方法按原料不同分为两种。一是用生污泥或厌氧发酵污泥的焚烧灰制粒后烧结[36]。此种方法需单独建焚烧炉，而且污泥中的有机成分得不到充分利用。二是直接用脱水污泥制陶粒的新技术。目前国内已经研究生产出以污泥为原料制成的陶粒和陶粒空心砖。这种轻型砖与传统的黏土实心砖相比，具有轻质、高强度、保温隔热、抗震等功能。用这种陶粒空心砖代替普通黏土烧结实心砖，既可节约土地，又节约能源及钢材，降低环境污染，提高了综合效益，变废为宝。

轻质陶粒可以用作路基材料、混凝土骨料，还可以改良重质土壤、无土栽培基料和花卉覆盖材料，近年来已经将其用于环保行业，作为废水处理厂快速滤池的滤料和生物载体。

6.5.4 制路基、路面

制革污泥熔融材料可以做路基、路面，近年来科研人员开发了直接用污泥制备熔融材料的技术，大大降低了投资和运行成本。温祖谋[44]研究了应用流化干燥床装置对制革污泥进行干化固定，然后作路基材料，认为干化处理能达到污泥减量化的目的，且 Cr^{3+} 保持稳定。但该法实质上仅是对污泥进行了干燥和浓缩，并不能真正解决污染隐患，且成本和运行费用高，产业化前景不容乐观。

6.6 制革污泥能源化利用技术

制革污泥成分中含有丰富的蛋白质、油脂和多糖等有机物等资源，其能源化利用技术已进行了多年研究[45,46]。制革污泥能源化利用技术是从污泥的处理技术中逐渐探索形成的，其较为成熟的技术有[47]：（1）制革污泥发酵制沼气；（2）制革污泥热解与制燃油技术；（3）制革污泥燃烧发电。

6.6.1 制沼气

利用厌氧发酵处理制革污泥制沼气，不仅能从污泥中回收大量能源，解决治理污水所需能源和供生活之用，又能大幅度地降低污泥中 COD、BOD、S^{2-} 等有害物污染程度和固形物含量及黏度，便于脱水处理，而且其设备简单、管理方便、耗能省，是目前环保与能源相结合治理制革污泥较理想的途径。

6.6.1.1 厌氧发酵制沼气的原理

制革污泥在厌氧菌群的作用下消化，有机物分解成稳定物质并产生甲烷气体。厌氧菌群有产酸菌（兼性厌氧菌）和甲烷菌（专性厌氧菌）两类。污泥的消化产气过程分为两个阶段，如图6-6所示。

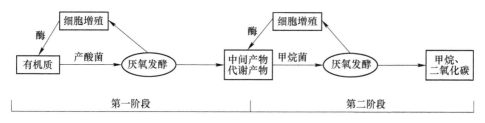

图 6-6 污泥厌氧发酵制沼气的两阶段示意图

第一阶段属酸性发酵阶段。污泥中的有机物在产酸菌的作用下转化为单糖、氨基酸、脂肪酸、丙三醇以及有机酸、硫化物等中间产物和代谢产物，并产生少量甲烷气体。产酸菌的分解产物和代谢产物几乎都呈酸性，从而使污泥也呈酸性。这一阶段的分解作用称为"酸性发酵"或"酸性消化"。在酸性发酵过程中产生的能量只有少部分转化为细胞增殖。

第二阶段属碱性发酵阶段。甲烷菌将第一阶段产酸菌产生的中间产物和代谢产物分解成大量甲烷、二氧化碳和以亚硝酸铵形式留在污泥中的氮。亚硝酸铵呈碱性，因而中和第一阶段产生的酸，使发酵环境呈弱碱性。这一阶段的分解作用称为"甲烷发酵"或"碱性消化"。在碱性发酵过程产生的能量主要消耗于甲烷菌的生存，很少量的能量用于细胞增殖。

污泥中的有机物有蛋白质、脂肪和糖类等三类，它们的厌氧发酵过程是不同的。在发酵的第一阶段，多糖首先在胞外酶的作用下水解成单糖，然后渗入细胞在胞内酶的作用下转化为乙醇等醇类和醋酸等酸类物质。在第二阶段进一步被分解成甲烷和二氧化碳。脂肪在第一阶段通过解脂菌或脂肪酶的作用被水解为脂肪酸和甘油，然后在产酸菌的作用下，进一步转化为醇类和酸类，接着第二阶段被分解成甲烷和二氧化碳。蛋白质在第一阶段能分泌出水解蛋白酶，使蛋白质水解成多肽、氨基酸、尿素、氨、二氧化碳、硫化氢、硫醇等。尿素则在尿素酶的作用下迅速地全部分解成二氧化碳和氨。第二阶段多肽、氨基酸等进一步被水解成甲烷、二氧化碳和氨。

6.6.1.2　厌氧发酵产气量的影响因素

影响厌氧发酵产气量的因素较多，其影响因素见表6-4。

表 6-4　影响厌氧发酵产气量的因素

影响因素	影　响　方　式	适　宜　条　件
污泥成分	产气量的贡献大小为脂肪>碳水化合物>蛋白质，有机物中的碳氮比对产气量的影响很大	制沼气前必须做好预处理，尽量除去有毒物质
温度	温度适宜，厌氧菌活力高，有机物分解完全，产气量大	中温发酵的适宜温度为 $30\sim37℃$ ，高温发酵的适宜温度为 $50\sim56℃$
pH 值	厌氧菌特别是甲烷菌，对 pH 值非常敏感	酸性发酵最适宜的 pH 值为 5.8，甲烷发酵最适 pH 值为 7.8。产酸菌和甲烷菌共存时，pH 值的最适范围是 $7.0\sim7.6$
污泥接种状况	发酵池中发酵污泥的数量越多，有机物分解过程就越活跃，单位质量有机物的产气量就越多	发酵污泥与新污泥之质量比控制在 $1:1\sim1:3$ 之间比较合适
污泥投配率	投配率过大，有机酸将会大量积累，pH 值和温度降低，甲烷菌生长受到限制，有机物的分解程度减弱，产气量减少；投配率适当减小，污泥中有机物分解程度提高，产气量增加	中温发酵的生污泥投配率在 6%～8% 为宜

纪荣芳等对制革污泥进行了厌氧处理研究，结果表明厌氧消化可以使污泥减量28%，可燃气体的平均产量为0.083m³/kg。厌氧消化将部分硫和铬排到了气体中，厌氧处理可将65.2%的六价铬还原成低价态的铬。

近年来污泥发酵技术水平有了大幅度提高，采取一些高效发酵方法，如机械浓缩和高浓度消化的有机结合、完全厌氧二相消化法等，使发酵时间有较大程度地缩短，甲烷发生量和消化率提高，大幅降低了技术成本。

6.6.2 热处理制燃油

从污泥成分来看，其有机物含量丰富，制革污泥中挥发性固体含量超过50%，是制油的好原料。污泥制油工艺是利用污泥中含有大量有机物和营养元素这一特点，利用热解技术使污泥中有机质转化成油制品的过程。污泥油化通常有低温热解油化和直接热化学液化法两种技术。

6.6.2.1 低温热解法

污泥低温热解制油是目前正在发展的一种新的热能利用技术，即在300~500℃、常压（或高压）和缺氧条件下，借助污泥中所含的硅酸铝和重金属的催化作用将污泥中的脂类和蛋白质转变成碳氢化合物，最终产物为燃料油、气和炭。热解前的污泥干燥可利用这些低级燃料（燃料气、炭）的燃烧来提供能量，实现能源循环，热解生成的油可以用来发电。

污泥低温热解制油技术在20世纪70年代由Bayer等提出，Campbell评价了该方法的经济性，Briddle等研究了该过程的二次污染控制。1983年，Briddle和Campbell在加拿大建造了小规模的连续反应系统。Frost等评价了热解油的市场应用前景。20世纪90年代末，第一座商业规模的污泥炼油处理厂在澳大利亚Perth的Subiaco建成。

在澳洲较成功的低温热解制油实例是ESI（Environmental Solutions International Ltd of Australia）公司设计的污泥回收生物能量，其主要思路是将干燥的污泥中有机物通过低温热解方式转换为干净的燃料。首先，将含固率为2%~4%的污泥通过离心脱水后，得到含固率为28%的污泥。经干燥后的污泥首先进入第1个转换反应器，有机物在450℃下进行分解。然后，有机物在第2个反应器内被催化生成碳氢化合物，并且进行浓缩、分离及净化，为下一步能量的生成利用作准备。非凝性的碳氢化合物以及非挥发性焦炭从转换反应器流入到热气机。通过燃烧提供的热量干燥泥饼，完成整个循环，且在整个过程中使用了燃烧的热量。灰分随燃烧过程产生，可以存储待销售。最后，干燥中消耗的热气通过烟气净化系统达标排放。

该工艺对原污泥及消化后的污泥均可产生能量，但能量产生效率较大的还是原生污泥。表6-5是主要生成的产品以及能量产率。通过该装置后的产物主要有三种产品：合成油、惰性灰分和燃烧热，均具有较好的商业价值。处理干燥 1t 污泥生成 200~300L 合成油，可用于发电；惰性灰分稳定性很高，主要用于多种建筑产品，如铺路的砖块；燃烧热：有约 2/3 可以以油的形式回收，炭和油的总回收率占 80% 以上。

表6-5 低温污泥炼油情况 （%）

产　品	原生污泥产量	污泥能量	消化污泥产量	消化污泥能量
油分	30	60	20	50
焦炭	45	32	55	40
非冷凝气体	13	5	13	7
反应水	12	3	12	3

污泥低温热解技术利用了污泥有机质在加热条件下的部分热裂解能量，相当于产生污泥衍生燃料，转化为油、炭和可燃气。该技术是一个能量自给有余的过程，并可有效地控制重金属的排放，有可观的应用前景。

6.6.2.2　直接热化学液化法

直接液化是生物质在 200~400℃、5~25MPa 压力、反应 2min 至数小时的条件下，通过一系列物理化学作用转变为液态有机小分子的过程，其主要产物是生物油。相对于热解技术而言，虽然热化学直接液化法中油的回收率仅有 50%，但直接液化法只需提供加热到反应温度的热量，省去了原料干燥所需的加热量。综合考虑和比较，还是直接液化法的能量剩余较高。因此，对于污泥等含水量大的原料来说，直接液化技术更具优势。

6.6.3　燃烧发电

燃烧发电主要是指制革污泥与煤（或其他化石燃料）掺烧发电。通过对煤和制革污泥进行分析研究，发现混烧表现出的着火和燃尽、最高燃烧温度等燃烧特性在某些方面优于污泥或煤单独的燃烧特性。美国 Hyder 公司提出了一种将污泥（已经机械脱水过）首先进行热干燥，然后再在沸腾炉中燃烧产生高压蒸汽，推动蒸汽机发电的综合系统。和焚烧系统相比，全年处理 9.5 万吨干污泥，可节省资金 60%。

参 考 文 献

[1] 高忠柏，苏超英. 制革工业废水处理 [M]. 北京：化学工业出版社，2001.

[2] M. Barajas-Aceves, L. Dendooven. Nitrogen, Carbon and phosphorus mineralization in soils from semiarid highlands of central Mexico amended with tannery sludge [J]. Bioresource Technology,

2001, 77: 121-130.

［3］ 余陆沐, 兰莉, 陈慧, 等. 制革污泥的处理及利用 ［J］. 中国皮革, 2009, 39（9）: 1-5.

［4］ 徐娜, 章川波, 安从章. 制革污泥中的铬形态分析及稳定化研究 ［J］. 中国皮革, 2005, 23: 24-26.

［5］ 李文兵, 胡新根, 夏凤毅, 等. 制革污泥处理与资源化研究 ［J］. 环境工程, 2008, 26（4）: 31-33.

［6］ 王仲军. 制革污泥处理方法的研究 ［J］. 中国皮革, 2006, 11: 32-33.

［7］ 黄新文, 林春绵, 何志桥, 等. 制革污泥资源化处理的研究 ［J］. 中国皮革, 2002, 17: 9-11.

［8］ 林炜, 穆畅道, 唐建华. 制革污泥处理与资源化利用 ［J］. 皮革科学与工程, 2005, 4: 57-61.

［9］ 韩松, 王罗春. 制革污泥的处理方法与资源化 ［J］. 上海电力学院学报, 2012, 2: 138-142.

［10］ 舒展, 许绿丝. 焚烧法和厌氧消化法处理制革污泥中热值、硫、铬的比较 ［J］. 环境工程, 2008, S1: 259-262.

［11］ 蔡璐璐, 许绿丝, 郭小燕. 生物沥滤—焚烧法处理制革污泥中铬迁移转化研究 ［J］. 环境工程学报, 2010, 9: 2120-2124.

［12］ Swarnalatha S, Ramani K, Karthi A G, et al. Starved air combustion-solidification/stabilization of primary chemical sludge from a tannery ［J］. Journal of Hazardous Materials, 2006, 137（1）: 304-313.

［13］ 谭擎天, 刘文涛, 李国英. 制革污泥处理技术的现状及研究进展 ［J］. 皮革与化工, 2010, 4: 20-25.

［14］ Tyagi R D, Couillard D, Tran F. Heavy metals removal from anaerobically digested sludge by chemical and microbiological methods ［J］. Environmental Pollution, 1988, 50: 295-316.

［15］ 丁绍兰, 王睿, 那成媛. 生物法和化学法回收制革污泥中铬的对比研究 ［J］. 环境污染与防治, 2007, 5: 367-370.

［16］ Kilic E, Font J, Puig R, et al. Chromium recovery from tannery sludge with saponin and oxidative remediation ［J］. Journal of Hazardous Materials, 2011, 185（1）: 456-462.

［17］ Dantas T N C, Oliveira K R, Neto A A D, et al. The use of microemulsions to remove chromium from industrial sludge ［J］. Water Research, 2009, 43（5）: 1464-1470.

［18］ Yalcin B Acar, Akram N Alshawabkeh. Principles of electrokinetic remediation ［J］. Environmental Science & Technology, 1993, 27（13）: 2638-2647.

［19］ Karim M A, Khan L I. Removal of heavy metals from sandy soil using CEHIXM process ［J］. Journal of Hazardous Materials, 2001, 81（1-2）: 83-102.

［20］ 乔志香, 金春姬, 贾永刚, 等. 重金属污染土壤电动力学修复技术 ［J］. 环境污染治理技术与设备, 2004, 6: 80-83.

［21］ Mike Roulier, Mark Kemper, Souhail Al-Abed, et al. Feasibility of electrokinetic soil remediation in horizontal Lasagna™ cells ［J］. Journal of Hazardous Materials, 2000, 77（1-3）:

161-176.

［22］ Virkutyte J, Sillanp M, Lens P. Electrokinetic copper and iron migration in anaerobic granular sludge ［J］. Water Air & Soil Pollution, 2006, 177 (1-4)：147-168.

［23］ Gidarakos E, Giannis A. Chelate agents enhanced electrokinetic remediation for removal cadmium and zinc by conditioning catholyte pH ［J］. Water Air & Soil Pollution, 2006, 172 (1-4)：295-312.

［24］ Lin Y, Smart N G, Wai C M. Supercritical fluid extraction and chromatography of metal chelates and organometallic compounds ［J］. Trac Trends in Analytical Chemistry, 1995, 14 (3)：123-133.

［25］ 陈耀彬, 卿宁, 罗儒显. 超临界流体萃取技术及应用 ［J］. 中国皮革, 2010, 9：43-47.

［26］ 周立祥, 方迪, 周顺桂, 等. 利用嗜酸性硫杆菌去除制革污泥中铬的研究 ［J］. 环境科学, 2004, 1：62-66.

［27］ 沈镭, 张太平, 贾晓珊. 利用氧化亚铁硫杆菌和氧化硫硫杆菌去除污泥中重金属的研究 ［J］. 中山大学学报 (自然科学版), 2005, 2：111-115.

［28］ 丁绍兰, 李玲, 都雅丽. 生物法回收制革污泥中铬时硫杆菌活性的研究 ［J］. 中国皮革, 2009, 1：51-54.

［29］ 方迪, 周立祥. 固体浓度对生物淋滤法去除制革污泥中铬的影响 ［J］. 中国环境科学, 2004, 2：36-38.

［30］ 方迪, 周立祥. 温度对制革污泥的生物淋滤除铬效果的影响 ［J］. 环境科学, 2006, 7：1455-1458.

［31］ 王电站, 周立祥. 生物淋滤法处理制革污泥的运行方式研究 ［J］. 环境污染治理技术与设备, 2006, 10：113-117.

［32］ 王电站, 周立祥. 酸化污泥回流的生物淋滤技术处理制革污泥 ［J］. 中国环境科学, 2006, 3：284-287.

［33］ 王世梅, 周立祥, 黄峰源. 酵母菌与两种硫杆菌复合对污泥中三价铬的去除 ［J］. 中国环境科学, 2006, 2：197-200.

［34］ 周立祥, 周顺桂, 王世梅, 等. 制革污泥中铬的生物脱除及其对污泥的调理作用 ［J］. 环境科学学报, 2004, 6：1014-1020.

［35］ 黄宁选, 马宏瑞, 李健, 等. 制革污泥生物淋滤液中有机物性质及对鞣制的影响 ［J］. 陕西科技大学学报, 2007, 3：17-20.

［36］ 孙永会, 马宏瑞, 李冬雪. 制革污泥中铁和铬的连续萃取分离工艺研究 ［J］. 中国皮革, 2008, 37 (7)：50-53.

［37］ 马宏瑞, 李冬雪. 有机磷和十二胺对制革废液中 Cr^{3+} 和 Fe^{3+} 的萃取分离研究 ［J］. 环境工程, 2007, 4：91-94.

［38］ 赵鹏, 吴星五. 浅谈污水厂污泥堆肥化技术 ［J］. 四川环境, 2005, 24 (3)：41-43.

［39］ 丁绍兰, 李桂菊, 马宏瑞, 等. 制革污泥及施含铬污泥土壤中铬含量测定方法的研究 ［J］. 中国皮革, 2000, 29 (3)：22-24.

［40］ 管蓓, 吴浩汀, 周永根. 制革污泥的处理与处置 ［J］. 中国皮革, 2008, 37 (9)：31-33.

［41］林冬，王成瑞. 变废为宝的污泥资源化技术［J］. 环境导报，2003，15：9.

［42］姚丹，王华庆，陈学群. 制革污泥的制砖试验研究［J］. 西部皮革，2007，29（2）：35-38.

［43］纪荣芳，许绿丝，沈维. 制革污泥厌氧处理基础研究［J］. 中国皮革，2008，37（9）：34-37.

［44］温祖谋. 制革污泥流化干燥试验研究［J］. 中国皮革，2000，29（9）：33-36.

［45］舒展，许绿丝. 制革污泥与煤掺烧的试验研究［J］. 能源与环境，2007，6：17-19.

［46］李桂菊，白丽萍，王昶. 钠盐催化剂对制革污泥热解制油的影响［J］. 太阳能学报，2013，34（3）：407-411.

［47］赵锐，刘丹，李启彬，等. 污泥能源化的前景探讨［J］. 安徽农业科学，2008，36（14）：6004-6007.

7　电子废弃物处理及资源化技术

电子废弃物指被废弃不再使用的电器或电子设备，主要包括电冰箱、空调、洗衣机、电视机等家用电器和计算机等通信电子产品等电子科技的淘汰品。随着科技的快速发展，人们生活水平的提高，电子产品的升级换代加速，产生了大量电子废弃物。调查显示，2014 年全球共产生 4180 万吨电子废弃物，而我国电子废弃物产生量高达 603.3 万吨[1]。一方面，电子废弃物中含有大量的重金属（铅、汞、铬、镉等）和苯类等有毒有害成分，对环境和人们健康构成严重的威胁；另一方面，电子废弃物中含有大量铜、铅、锡等有色金属和少量金、银、铂、钯等贵金属，也是重要的二次资源，被誉为"城市矿产"。因此，电子废弃物无害化处置和资源化利用成为重大的技术问题和社会关切。本章重点介绍了废旧线路板（Printed Circuit Boards——PCBs）、废电池、废弃 CRT（Cathode Ray Tube）显示器等典型的电子废弃物部件处理和资源化技术。

7.1　电子废弃物的分类和特点

电子废弃物的种类繁多，不同国家根据自己的国情对电子废弃物进行了分类。

7.1.1　电子废弃物的分类

电子废弃物大致可分为两类：一类是所含材料比较简单，对环境危害较轻的废旧电子产品，如电冰箱、洗衣机、空调机等家用电器以及医疗、科研电器等，这类产品的拆解和处理相对比较简单；另一类是所含材料比较复杂，对环境危害比较大的废旧电子产品，如电脑、电视机显像管内的铅，电脑元件中含有的砷、汞和其他有害物质，手机的原材料中的砷、镉、铅以及其他多种持久性和生物累积性的有毒物质等。2003 年 1 月 27 日，欧盟公布了 2002/95/EC《关于在电子电气设备中限制使用某些有害物质的指令》（简称 RoHS 指令）和 2002/96/EC《关于废弃电子电气设备指令》（简称 WEEE 指令）。为提高电子废弃物的环境管理和促进循环经济的发展，2012 年欧盟对 RoHS 和 WEEE 指令进行了修订。

RoHS 指令（2002/95/EC）规定，投放欧盟市场的电子电气新设备应不含铅、汞、镉、六价铬、多溴联苯（PBB）及多溴二苯醚（PBDE）6 种有害物质。

但必要时允许在电子电气设备的特殊物资和组件中含有上述 6 种物质，但不能超过 RoHS 指令规定的最高限量，即镉（Cd）质量分数不超过 0.01%，铅（Pb）、汞（Hg）、六价铬（Cr^{6+}）、多溴联苯（PBB）、多溴二苯醚（PBDE）的最大允许质量分数为 0.1%（$1×10^{-3}$）。WEEE 指令（2002/96/EC）将电子电气产品分为十大类，包括大型家用电器、小型家用电器、信息技术和通信设备、通信类电子产品、照明设备、电动和电子工具、玩具、休闲和运动设备、医用设备和系统、检测和控制设备、自动售货机。修订后的 WEEE 指令（2012/19/EU）规定，从 2018 年 8 月 15 日开始，新的 WEEE 指令适用于所有电子电气产品，并将电子电气产品重新分为六大类，见表 7-1。

表 7-1 电子电气产品分类

序号	产品大类	产品清单（开放式清单）
1	温度交换设备	冰箱
		冰柜
		冷产品自动售货设备
		空调设备
		除湿设备
		热泵
		含油散热器
		使用除水之外的液体进行温度交换的其他温度交换设备
2	屏幕、监视器和屏幕表面大于 $100cm^2$ 的设备	屏幕
		电视
		LCD 相框
		监视器
		便携式电脑
		笔记本电脑
3	灯	直管荧光灯
		紧凑型荧光灯
		荧光灯
		高强度放电灯，包括高压钠灯和金属卤化物灯
		低压钠灯
		LED

序号	产品大类	产品清单（开放式清单）	
4	大型设备（任何尺寸超过 50cm），此类不包括 1 到 3 所列的设备	家用器具	如洗衣机、干洗机、洗碗机、电饭煲、电炉、电热板、灯具、产生声音图像音乐的设备、音乐设备、针织和编织设备、大型计算机、大型印刷机、复印设备、大型投币机、大型医疗设备、大型监测器
		IT 和通信设备	
		消费类设备	
		灯具	
		产生声音、图像、音乐的设备	
		电子和电气工具	
		玩具、休闲和运动设备	
		医用设备	
5	小型设备（任何尺寸不超过 50cm），此类不包括第 1、2、3、6 类中的设备	家用器具	如真空吸尘器、地毯清扫设备、灯具、微波炉、通风设备、电熨斗、烤面包机、电刀、电水壶、钟表、电动剃须刀、秤、头发及身体护理器具、计算器、收音机、摄像机、高保真音响设备、乐器、产生声音图像的设备、电器及电子玩具、运动设备、用于自行车跳水跑步划船的电脑、烟雾探测器、加热调节器、恒温器、现行电子电气工具、小型医疗器械、小型监测和控制仪器、集成太阳能光伏电池板等小型设备
		消费类设备	
		灯具	
		产生声音、图像、音乐的设备	
		电子和电气工具	
		玩具、休闲和运动设备	
		医用设备	
		监测和控制器具	
		自动售货机	
		产生电流的设备	
6	小型 IT 和通信设备（任何外部尺寸不超过 50cm）	手机	
		GPS	
		掌上计算机	
		路由器	
		个人电脑	
		打印机	
		电话	

美国国际电子废弃物回收商协会把电子废弃物定义为废弃的电子和电气设备及其元器件。该定义把电子废弃物分为废弃电子设备和机电设备两大类。根据用途，电子设备这一大类又细分为 6 类产品：商用电子设备、工业电子设备、家电产品、自动化设备、航空电子设备、国防或军事电子设备。废弃机电设备包括物料输送设备、自动加工设备、机器人系统、发电和输电设备、商用和日用机电设

备。美国环保局把电子废弃物分为 3 种类型：大宗电器、小型电器、消费型电子产品。大宗电器是指冰箱、洗衣机、热水器等体积较大的白色家电；小型电器则包括电吹风、咖啡机、烤面包机等体积较小的家电；消费型电子产品又分为音频产品、视频产品、信息产品[2]。

国家环境保护总局制定的《电子废弃物污染环境防治管理办法》中将电子废弃物分为两类，即电子废弃物和电子类危险废物。其定义为"电子废弃物"，是指废弃的电子电器产品、电子电气设备（以下简称产品或者设备）及其废弃零部件、元器件和国家环境保护总局会同有关部门规定纳入电子废物管理的物品、物质。包括工业生产活动中产生的报废产品或者设备、报废的半成品和下脚料，产品或者设备维修、翻新、再制造过程产生的报废品，日常生活或者为日常生活提供服务的活动中废弃的产品或者设备，以及法律法规禁止生产或者进口的产品或者设备。电子类危险废物，是指列入国家危险废物名录或者根据国家规定的危险废物鉴别标准和鉴别方法认定的具有危险特性的电子废物，包括含铅酸电池、镉镍电池、汞开关、阴极射线管和多氯联苯电容器等的产品或者设备等。

7.1.2 电子废弃物的特点

随着信息科学技术的高速发展，电子产品的更新换代周期不断缩短，电子废弃物的种类和数量也在大幅增长，已成为城市垃圾中增长最快的垃圾。由于电子废弃物成分复杂，不仅含有大量的有价资源，同时还有重金属和溴化助燃剂，具有资源性和污染性双重特点。

（1）数量多，增长快。2014 年全球人均产生 4.9kg 电子废弃物，全球电子废弃物为 4180 万吨，预计到 2018 年将超过 5000 万吨，各地区人均产生量与总量见表 7-2[1]。在电子废弃物总量方面，美国和中国在去年产生了最多的电子垃圾，分别为 707.2 万吨和 603.3 万吨，两国总额占到了全球总量的 32%。以人均来计算，2014 年美国人均产生 22.1kg 电子废弃物，排在世界第八位。而中国只有 4.4kg。全世界人均产生电子废弃物最多的国家是挪威，人均达到 28.3kg，此外瑞典、冰岛、荷兰等北欧国家的人均电子废弃物产生量也排在前十名之列。很明显，发达国家电子废弃物产生量明显高于发展中国家。随着电子信息工业的发展，新兴国家的快速崛起，未来电子废弃物产生量还会有大幅度增长。

表 7-2　2014 年全球主要地区电子废弃物人均产生量和总量

地　区	人均产生量/kg	总量/×10⁴t
全球	5.9	4180
欧洲	15.6	1160
大洋洲	15.2	60

地　区	人均产生量/kg	总量/×10⁴t
美洲	12.2	1170
亚洲	3.7	1600
非洲	1.7	190
美国	22.1	707.2
德国	21.7	176.9
日本	17.3	220.0
澳大利亚	20.1	46.8
中国	4.4	603.3
印度	1.3	164.1

根据中国家用电器研究院发布的《2014 年中国废弃电器电子产品回收处理及综合利用行业白皮书》，我国"四机一脑"（电视机、电冰箱、洗衣机、空调器及电脑）理论报废量如图 7-1 所示。从 2001 年到 2014 年，我国"四机一脑"产生量从 1002 万台增长到 11356 万台，平均年增长率为 18.9%。其中，电视机累积报废量最多，2009 至 2014 年共报废 1.62 亿台；废弃电脑增长速率最快，从 2006 年 393 万台增长到 2013 年 3706 万台，平均年增长率超过 30%，年报废量稳定在 3000 万台以上。

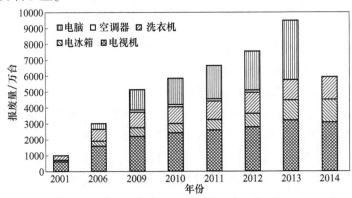

图 7-1　我国 2001~2014 年"四机一脑"理论报废量

（2）危害大。电子废弃物成分复杂，含有大量有害物质，主要有卤素阻燃剂和重金属两个大类，见表 7-3。卤素阻燃剂主要存在于塑料电线皮、外壳、线路板基板等材料中，由于其在燃烧或加热过程中会生成二噁英，因此，含有卤素阻燃剂的材料已经被确定为有毒污染物，需要特殊处理，以降低环境危害。

电子废弃物中含有大量的重金属，如铅、铬、汞、镉等，电子废弃物被填埋或者焚烧时，重金属渗入土壤，进入河流和地下水，将会造成当地土壤和地下水的污染，直接或间接地对当地的居民及其他的生物造成损伤；有机物经过焚烧，释放出大量的有害气体，如剧毒的二噁英、呋喃、多氯联苯类等致癌物质，对自然环境和人体造成危害。铅会破坏人的神经、血液系统以及肾脏，影响幼儿大脑的发育。铬化物会破坏人体的 DNA，引致哮喘等疾病。在微生物的作用下，无机汞会转变为甲基汞，进入人的大脑后破坏神经系统，重则致人死亡。遗弃后的空调和制冷设备中的氟利昂排放到大气中后将会破坏臭氧层，引起温室效应，增加人类皮肤癌的发生几率。

电子废弃物的不当处理一方面严重污染土壤、河流、地下水、大气，危及人类健康，另一方面浪费大量的资源。

表 7-3 电子废弃物中有毒物质及其来源

有毒物质	来　源
氯氟碳化合物	制冷剂
卤素阻燃剂	PCBs、电缆、电子设备外壳等
汞	显示器、汞开关、荧光灯等
镍、镉	电池、计算机显示器、PCBs、焊料等
铅	阴极射线管、蓄电池、焊锡、电容器及显示屏等
铬	金属镀层、催化剂、颜料等
钡	阴极射线管、线路板等

（3）资源价值高。电子废弃物是宝贵的"矿产资源"，含有大量的钢铁、铜铝、铅锡、黄金、铂钯、塑料、玻璃等[3]。表 7-4 给出了典型电子废弃物中金属的含量，可以看出，电子废弃物所含的金属，尤其是贵金属，其品位是原矿的几十倍甚至是数百倍[4]。美国环保部的研究表明，从电子废弃物中回收的材料，其能耗远低于原生矿冶炼。如从废旧家电中回收废钢，可减少 97% 的矿渣、86% 的空气污染、76% 的水污染、40% 的新水用量，节约 90% 的原材料、74% 的能源。电子废弃物具有很高的潜在价值，回收利用具有明显的社会效益和经济效益。

表 7-4 典型电子废弃物金属成分

种　类	质量分数/%					质量分数/$g \cdot t^{-1}$		
	Fe	Cu	Al	Pb	Ni	Ag	Au	Pd
电视机主板	28	10	0	1.0	0.3	280	20	10
电脑主板	7	20	5	1.5	1	1000	250	110
手机	5	13	1	0.3	0.1	1300	350	210
DVD	62	5	2	0.3	0.05	115	15	4
PCBs	12	10	7	1.2	0.85	280	110	—
电视（除 CRT）	—	3.4	1.2	0.2	0.038	20	<10	<10
电脑	20	7	14	6	0.85	189	16	3

7.2　废旧线路板处理与资源化技术

线路板是电子电器产品的重要部件,其主要构成材料有金属、塑料和氧化物等。金属材料主要有铜、锡、镍、铅、锌、铁等贱金属以及金、银、铂、钯等贵金属,约占线路板质量的40%;塑料主要由发泡聚氨酯、玻璃纤维和增强环氧树脂等热固性塑料组成,约占线路板质量的30%;氧化物主要包括氧化铝、氧化硅以及一些碱性氧化物等,约占线路板质量的30%[5]。由此可见,废旧线路板成分复杂且含有很多重金属及有机物,如果不对其进行有效的处理,就会导致资源的严重浪费和生态环境的严重污染。废旧线路板是电子废弃物中价值最高、处理难度最大的部件,因此,废旧线路板处理和回收技术已成为研究的热点。

废旧线路板的处理回收方法有机械破碎法、火法和湿法冶金等传统方法,以及热解法、生物处理法、超临界流体法等新兴回收技术。

7.2.1　机械破碎回收技术

机械破碎回收技术是将线路板破碎解离金属和非金属,再利用金属、非金属的物理性能差异,通过重力、磁力、静电、涡流等分选技术进行分选。研究结果表明,线路板经破碎后,金属和非金属完全解离的颗粒尺寸应小于0.6mm,金属颗粒尺寸集中于0.15mm和1.25mm[6]。在实际生产过程中,为了更加有效地分离金属,通常将多种分选技术结合,有层次地分离破碎后线路板中各种材料。比如,日本NEC公司采用两段破碎—旋风分离—静电分选工艺,从废旧电路板中回收铜,回收的铜质量分数约为82%,回收率大于97%。德国Noell公司开发了拆解—破碎—磁选—涡流分选—气力分选联合工艺,获得的含铁质量分数高达95%~99%的铁富集体,有色金属富集体中的有色金属质量分数达91%~99%。

李金惠教授等将线路板破碎至约0.9mm,物料经一次电选后,精料中Cu的富集情况较好,Cu品位由32.10%富集到63.16%,回收率为78.17%[7]。两段式破碎—筛选—风力分选工艺,从废旧印刷线路板中回收金属和非金属材料,所获得的材料纯度为95%,回收率达到95%[8]。许振明教授等设计了风力—高压静电分选复合回收工艺[9, 10]。废旧线路板先经过二级破碎保证混合物颗粒尺寸小于1.0mm,再通过三级旋风分选去除线路板混合物中过量的非金属粉末,然后以高压静电分选将金属颗粒与非金属颗粒有效分离[11]。实验结果表明,三级旋风分选能够去除大部分非金属粉末,使该工艺的金属回收率达到了95%~98%;非金属的产物纯度达到了99%以上。最后,金属颗粒再通过真空蒸馏分离出金、铜、铁等各种成分[12],非金属细粉能挤压制作成塑木材料[13]。

采用三级破碎—磁选—静电分选—比重分选工艺对废旧线路板进行预处理。即将人工拆解后的电路板进入一级破碎机，将电路板破碎成5cm左右的小块；再进入二级破碎，变成1~2cm左右的碎块；最后进入三级精细破碎，将各种物料破碎成毫米级乃至更细的颗粒（粉状）料。破碎后的物料进行磁选，将线路板中铁磁性金属（铁、镍）分离。静电分选的作用是将颗粒物料进行金属与非金属的分离，得到金属混合物和塑料颗粒。最后经过重力分选将金属混合物中的铝分离回收，整个工艺流程如图7-2所示。

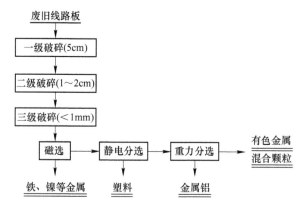

图 7-2 废旧线路板破碎分选工艺流程

张深根等发现了废旧线路板破碎过程产生的金属碎片切割树脂和玻纤现象，建立了废旧电路板剪切破碎模型，如图7-3所示。

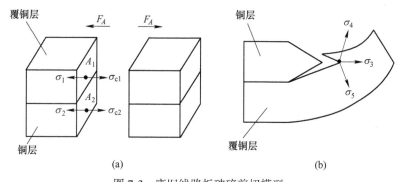

图 7-3 废旧线路板破碎剪切模型
（a）线路板受力分析；（b）线路板剪切时受力分析
A_1—覆铜层断裂面面积；A_2—铜层断裂面面积；σ_1—覆铜层张应力；σ_{c1}—覆铜层单位面积黏结力；σ_2—铜层张应力；σ_{c2}—铜层单位面积黏结力；σ_3，σ_4—铜层作用于覆铜层的张应力；σ_5—铜层作用于覆铜层的压应力；F_A—总张应力

假设 $k = \dfrac{\sigma_1}{\sigma_2}$，

$$\sigma_1 = \frac{F_A}{A_1 + A_2/k}$$

当 $\sigma_1 > \sigma_{c1}$ 时，覆铜层断裂；同理，当 $\sigma_2 > \sigma_{c2}$ 时，铜层断裂；当 $\sigma_4 + \sigma_5 > \sigma_{c1}$，覆铜层断裂，类似于铜层切断覆铜层。

基于上述原理，开发了废旧线路板"机械破碎—重力分选"新技术和装备，其工艺流程如图 7-4 所示，解决了废旧线路板中树脂和玻纤破碎难的技术瓶颈，将杂铜粉中非金属粉末质量分数降低到 0.2% 以下。实现了杂铜粉后续冶炼的烟气达标排放（二噁英浓度为 0.26ng/Nm^3，低于 GB 31574—2015 限值 0.50ng/Nm^3），淘汰了废旧电路板"直接焚烧"回收金属工艺，避免了二噁英污染的问题。

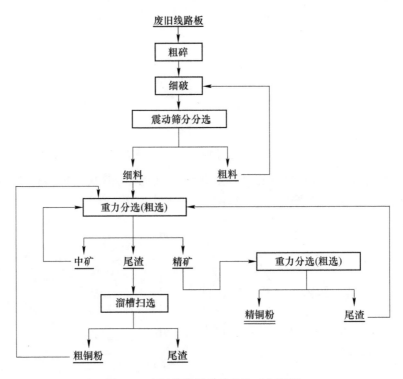

图 7-4 废旧线路板破碎分选工艺流程

7.2.2 湿法冶金回收技术

湿法冶金技术是一种比较成熟的电子废弃物金属回收技术，广泛应用于电子废弃物处理的小作坊。将破碎后的电子废弃物颗粒置于酸性溶液中将金属溶解浸出，溶液经分离和深度净化除杂，再通过化学还原、电解或结晶的方式回收金属[14]。比较传统的工艺主要包括有硫酸氧化脱铜、氰化物、硫脲或卤化物分金。

湿法回收技术流程简单、贵金属有较高的回收率，但其他贱金属往往不能回收，造成资源的浪费，尾液处理困难。

张深根等研发了废旧线路板高效绿色无氰回收资源化成套技术，通过废旧线路板破碎、分选、冶炼电解、阳极泥湿法处理等工艺，实现铜、金、银、铅、锡的分步分离回收[15]。相比传统工艺，具有序流程短、效率高、绿色环保、无重金属排放等优点，杜绝了传统焚烧和"王水溶解—氰化物萃取"提取贵金属污染严重的弊端，解决了国内外现有火法技术和湿法技术的环保和产业化难点，实现了废旧线路板有价金属的无害化再生利用。回收工艺及流程如图 7-5 所示。

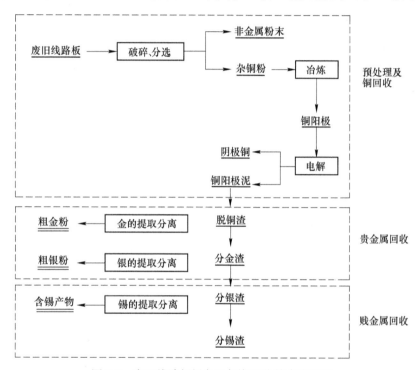

图 7-5 废旧线路板绿色无氰资源化技术流程图

研究成果显示[16]：通过破碎—重选—电选组合工艺，实现金属和非金属再分离，可大大降低金属粉末中的有机物含量，得到的杂铜粉中铜质量分数约为95%，有机物质量分数小于2%，有利于减轻后续熔炼有毒气体的排放。杂铜粉添加熔剂后经压团、干燥送入反射炉熔炼，原料中玻璃纤维（主成分为 SiO_2）与加入的熔剂形成熔渣，实现与金属组分的良好分离，可得到纯度为99.7%以上的铜，烟气经余热利用、冷却、收尘后达标排放。以熔炼再生铜板为阳极，通过硫酸体系电解精炼铜的方法，回收阴极铜，一次电解可以得到3N级阴极铜（纯度可以达到99.96%），满足国家标准 GB/T 467—2010 中 1 号标准铜的要求。

电解铜阳极泥中富集了 Au、Ag、Pb、Sn 等有价金属。通过研发绿色回收工艺，实现了贵金属的无氰回收和重金属的协同处置。无氰全湿工艺流程如图 7-6 所示。

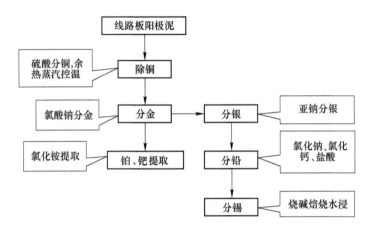

图 7-6   无氰全湿提取有价金属流程图

从电子废弃物中回收贵金属的传统方法是"王水溶解—氰化物萃取"，贵金属回收率低（80%左右）、剧毒氰化物污染严重。为解决上述问题，作者研究了电极电位 ε 与体系 pH 值关系，建立了 Au、Ag、Pt、Pd、$AuCl_4^-$、AgCl、$PtCl_6^{2-}$、$PdCl_4^{2-}$、$(NH_4)_2Pt^{6+}$、$(NH_4)_2Pd^{6+}$ 等物质的 ε-pH 数据库，确定了各贵金属及其化合物相区边界，绘制了 ε-pH 相图，确定了反应活性顺序为 $AgCl > AuCl_4^- > PdCl_4^{2-} > PtCl_6^{2-}$。根据贵金属氯配位体活性顺序和 ε-pH 相图，制定了贵金属分离提取流程、确定了贵金属化合物控制参数，创建了无氰全湿理论，提高了贵金属回收率（总回收率达 98%以上），杜绝了氰化物污染。

以 Au 为例，简述无氰全湿"氧化—络合—还原"提取贵金属原理。

图 7-7 是 Au 在不同 pH 值条件下氧化产物相区分布图。pH<6 时，Au 被氧化并与 Cl^- 络合为 $AuCl_4^-$。其反应原理为：

$$2Au + ClO_3^- + 6H^+ + 7Cl^- \Longrightarrow 2AuCl_4^- + 3H_2O$$

图 7-8 表明 H_2SO_3-H_2O 体系的电极电位明显低于 Au-Cl-H_2O 体系，SO_3^{2-} 可还原 $AuCl_4^-$。pH>6 时，$AuCl_4^-$ 水解为 $Au(OH)_3$ 沉淀；pH>7 时，SO_3^{2-} 稳定区间狭窄。因此，pH>6 时，$AuCl_4^- \rightarrow Au$ 反应不能进行。pH<6 时，$AuCl_4^-$ 和 SO_3^{2-} 热力学稳定，因此，$AuCl_4^- \rightarrow Au$ 反应顺利进行，其反应原理为：

$$2AuCl_4^- + 3SO_2 + 6H_2O \Longrightarrow 2Au + 3HSO_4^- + 9H^+ + 8Cl^-$$

研究表明：通过研究无氰全湿提取贵金属理论，开发了"氧化—络合—还原"全湿法工艺，实现了金、银、铂、钯等贵金属绿色提取并产业化应用，贵金属总回收率不小于 98%，避免了氰化物污染和火法吹铅的铅尘等污染，实现了从废旧线路板中绿色高效回收贵金属。

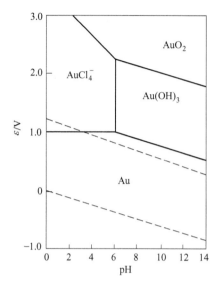 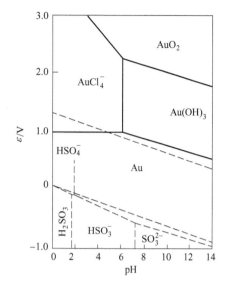

图 7-7 Au-Cl-H$_2$O 体系 ε-pH 相图   图 7-8 Au-Cl-SO$_3^{2-}$-H$_2$O 体系 ε-pH 相图

张深根、李彬、潘德安等提出了重金属协同回收思路，开发了"亚钠分银—甲醛还原"提银工艺，沉银后液经再生返回分铅工序；分银渣采用"盐酸—氯化钠—氯化钙"工艺回收氯化铅，经铁粉置换得到海绵铅和氯化铅，尾液返回分铅工序。分铅渣采用碱熔工艺，分步结晶或电积工艺分别得到锡酸钠晶体和电解锡。该研究实现了铅锡银协同回收，避免了重金属污染。协同回收铅锡银等重金属理论和技术具有重金属绿色高效回收，避免了重金属污染、生产成本低等特点，达到了资源综合回收利用和环保的双重效果，铅、锡、银总回收率达到93%以上。

分银渣中铅主要是以 PbSO$_4$、PbCl$_2$、PbS、PbO 和 Pb 形式存在，其中硫酸铅占95%以上。而锡主要以 SnO$_2$ 形态存在，占锡总量的95%以上。依据氯化法浸铅的理论，PbSO$_4$、PbCl$_2$ 在水中的溶解度很小，但两种沉淀溶于热的浓 NaCl 溶液中，所以高温条件下，以盐酸水溶液为介质，加入氯化钠，硫酸铅溶解于食盐水中，硫化铅、金属铅和氧化铅在盐酸与氯化钠介质条件下也相应地转化为氯化铅从分金银渣中提取出来。

将分铅液放入搅拌槽中，加入氢氧化钠进行中和，使得分铅液 pH 值调整为6~8，铅将以氢氧化铅的形式沉淀，过滤得到含铅料和滤液1，含铅料水洗返回分铅工序进行分铅；滤液1加入硫酸钠，直到溶液不产生沉淀停止加入硫酸钠，过滤，得到滤渣和滤液2，滤渣集中处理；利用氢氧化钠调节滤液2 pH 值不小于11，加入适量的甲醛，搅拌 10~30min，过滤得到银粉和滤液3，滤液3加入盐酸调整 pH 值小于 1，返回分铅工序。所述加入适量的甲醛，甲醛∶银（质量比）= 1∶2~1∶5。分银渣中铅和银回收流程如图 7-9 所示。

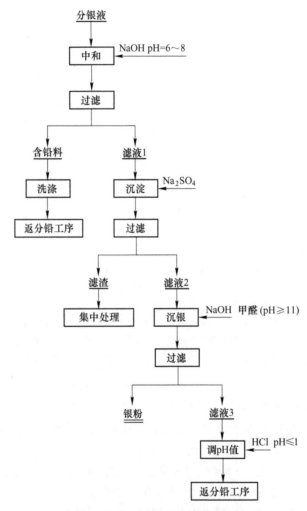

图 7-9 铜阳极泥分银渣回收铅和银流程

分铅渣中的锡主要以二氧化锡形式存在，二氧化锡呈稳定的四方结构，不溶于酸碱。因此，必须将二氧化锡转型为能溶于酸的形态，才能实现锡的湿法回收。采用了球磨和碱熔工艺，并在处理过程中加入碳酸钠作为铅的稳定剂，得到高纯度的二氧化锡产品，锡回收率高；同时尾液采用石灰再生工艺，可得到工艺所需的氢氧化钠原料，实现原料的循环使用，整个工艺流程如图 7-10 所示。

将分铅渣、碳酸钠、氢氧化钠进行混合并球磨，其中分铅渣∶碳酸钠（质量）= 5∶1~10∶1，分铅渣∶氢氧化钠（质量）= 1∶1~4∶1，球磨时间为 1~3h 得到球磨料；球磨料在 350~500℃焙烧 1~3h 得到焙烧料；焙烧料水浸过滤得

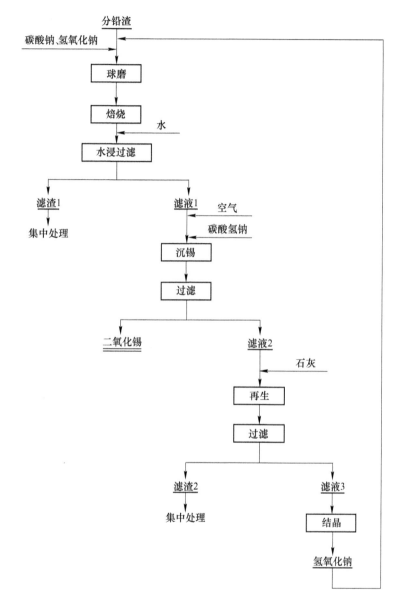

图 7-10 分铅渣回收流程图

到滤渣 1 和滤液 2，水浸过程中水：焙烧料（质量）＝5：1~20：1；滤液 1 通入空气，直到不产生白色沉淀，加入碳酸氢钠，直到不产生白色沉淀，过滤得到二氧化锡和滤液 2；将滤液 2 加入石灰并搅拌，直到滴入饱和石灰水滤液 2 不产生白色沉淀停止加入石灰，过滤得到滤渣 2 和滤液 3；将滤液 3 结晶得到氢氧化钠，部分返回球磨工序。滤渣 1 和滤渣 2 集中处理。本工艺采用空气中的二氧化碳来沉淀回收原料中的锡，具有成本低、操作简单等优点。

湿法回收阳极泥中铅锡等贱金属收率不稳定，水消耗量大，尾液处理难度大，环境负担重，仍有许多需要攻克的难题。因此，世界主要企业都采用火法回收阳极泥中贱金属，回收率高且稳定，但烟气等环保设施投资大。

7.2.3　火法冶金回收技术

火法冶金是通过焚烧、高炉熔炼等高温方法，将线路板中的金属和非金属分离，有机物（如塑料）分解成气体和灰分，无机物（如硅酸盐）则进入渣相。废旧线路板中铜、铅等金属将贵金属和其他金属（如锡、铋）等捕集在金属相中，再通过电解精炼或其他精炼方法分别提炼出贵金属和贱金属。火法冶金适用于大批量处理电子废弃物。

将废旧线路板露天直接焚烧生产粗铜锭带来严重的环境污染。有研究表明，直接焚烧工艺空气中二噁英含量高达 $64.9 \sim 2365 ng/m^3$，远高于安全浓度 $0.6 ng/m^3$[17]；空气中铅含量是其他地区的 $2.6 \sim 2.9$ 倍[18]。我国 2008 年 2 月 1 日施行的《电子废物污染环境防治管理办法》，明确禁止以露天或简易冲天炉焚烧等方式从电子废物中提取金属。

工业上主要是通过火法冶金回收废旧线路板中的各种金属。通常采用铜或铅捕集贵金属，再通过电解精炼等方式将贵金属富集在阳极泥中，最后综合回收阳极泥中贵金属。如比利时 Umicore 公司、瑞典 Boliden 公司以及日本同和矿业等企业均采用火法冶炼的方法综合回收电子废弃物。

比利时 Umicore 是一家全球性的材料科技集团。该公司的主营业务为从回收的电子废品中拆解提炼稀贵金属，其技术先进，产值巨大，在全球矿产与金属行业 500 强中位于第 28 名。Umicore 公司从电子废弃物中回收包括贵金属、稀散金属等 17 种金属，年处理电子废弃物 25 万吨，是欧洲最大的黄金生产商和全世界最大的贵金属精炼厂，年黄金产量超过 100t，白银达到 2400t，铂族金属产量超过 50t。Umicore 集团位于 Antwerp 的 Hoboken 综合冶炼厂，电子废弃物处理工艺流程如图 7-11 所示[19]。

比利时 Umicore 公司电子废弃物处理工艺主要是将铜冶炼和铅冶炼结合，利用铜和铅特有的性质，分别捕集不同元素，从源头将贵金属和贱金属分离开来。采用艾萨炉将破碎后废旧线路板与其他工业废料进行熔炼，其中的有机物替代焦炭作为能源与还原剂，高温下将二噁英裂解并避免其再合成。根据各金属间特有的作用，绝大部分贵金属进入铜液中，同时贱金属进入铅渣中。铜铸成阳极板电解精炼得到阴极铜，同时贵金属进入阳极泥得到富集，阳极泥单独处理将贵金属分离。铅渣用鼓风炉吹炼得到粗铅和黄渣，黄渣富集 As、Ni。粗铅富集其他贱金属和少量贵金属。粗铅再通过哈里斯火法精炼得到精铅，并将贱金属一一分离，达到回收的目的。

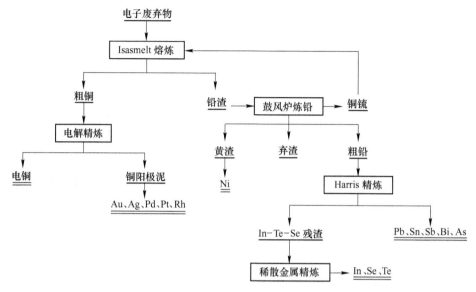

图 7-11 Umicore 公司电子废弃物综合处理工艺流程

瑞典 Boliden 公司 Rönnskär 冶炼和精炼中心从 1980 年开始采用卡尔多炉处理电子废弃物，其工艺流程如图 7-12 所示。卡尔多炉处理能力为 45000t/a，主要处理废旧线路板和经破碎的计算机报废件。卡尔多炉炉体为可回转的倾斜反应器，

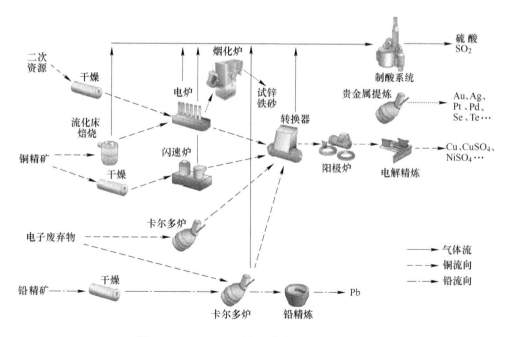

图 7-12 Boliden 公司电子废弃物处理工艺流程

配置有氧枪以便向炉内通入富氧空气，提供燃烧所需要的氧气。由低品位铜废料与铅精矿组成的混合物料进入炉进行反应，产出的铜合金经吹炼回收 Cu、Au、Ag、In、Ni 等金属，炉渣含 Pb、Fe 等另需处理回收其中的金属，含有 Pb、Sb、In 等金属的粉尘进行后续分离提取得到单一金属。另外，吹炼步骤产生的气体经过净化后作为制备硫酸或二氧化硫的原料。卡尔多炉及倾动式精炼炉造价高，适于大规模生产，可获得良好的经济技术指标。但此方法基于铅冶炼工业，对于环保装备要求较高，污染控制较为严格。

　　火法冶金处理效率高，但回收过程通常会产生大量尾渣和废气，需要做进一步处理。通过引进、消化、吸收国外先进冶炼技术和装备，并逐步研发符合我国国情的国产化技术和装备。

7.2.4　热解回收技术

　　热解是指有机物在隔氧或缺氧的条件下加热分解成小分子化合物气体有机物，实现塑料与无机物的分离，是目前研究电子废弃物中有机物回收的一个热点[20]。自 20 世纪 70 年代，热解技术应用于固废的资源化处理，其优点是可以回收部分能源，减少焚烧造成的二次污染和需要填埋处置的废物量，是回收废塑料等有机物的较佳办法，同时也能够从废弃物中回收富集体金属。热解是一个受传热、传质与化学反应共同影响的过程，影响线路板热解过程的主要因素有温度、升温速率、压力、反应气氛、热解时间、物料特性、反应介质及催化剂等，其中温度是控制反应的主要因素。根据热解时反应气氛、反应压力、反应介质及催化剂的不同可将其分为常压惰性气体热解、真空热解、熔融盐热解、催化热解等[21]。

　　常压惰性气体热解是废旧线路板在惰性气体中进行热解，并以惰性气体为载体，将反应产生的热解气体带出反应器，以减少再次裂解反应的发生。

　　真空热解是将废旧线路板在真空的密闭容器中完成热解反应。真空热解在轮胎资源化中的应用比较成熟。彭绍洪等研究了混合废旧电路板在真空下的热解特性、热解动力学以及热解条件对热解产物产率的影响，比较了真空和氮气条件下线路板热解的差异。实验结果表明真空降低了线路板热解的表观活化能，提高了热解产物的挥发性，减少了二次裂解反应，因而真空有利于提高液体产品的产率。

　　熔融盐热解技术是 1965 年洛克韦尔国际公司提出的一种热解工艺，通过利用熔融盐作为传热媒介，对有机物增强氧化性和高热传导率，使得废弃物迅速裂解。近年来，该技术在国外研究较多，以熔融盐为传热媒介和催化剂，在热解过程中可以高效分解有机废弃物，反应过程中释放的 HCl、HBr、H_2S 等酸性气体可以被熔融盐吸收，同时它还可以将其他无机物和金属保留在熔盐内，因此，可以有效解决废旧线路板对环境危害严重的含溴阻燃剂分解和重金属问题。

催化热解是指在热解工艺中加入催化剂，并在热解过程中与废旧线路板反应。近年来，催化热解技术应用于有机废弃物处理得到了学术界的关注，如王文选等用 $FeCl_3$、$NiCl_2$、$CuCl_2$、$CoCl_2$、Cr_2O_3、TiO_2作为催化剂热解废弃轮胎，研究表明 $NiCl_2$的催化效果最好。采用催化热解方法主要的目的是降低裂解温度，从而减少能耗；提高目的产品的产量和质量。然而目前关于催化热解印刷线路板热解过程和热解产物的研究较少，因此，对这种方法的机理及其产品特性的研究具有非常的意义。

热解回收技术存在的主要问题有：（1）利用该技术处理废印刷线路板的非金属分离物主要是用来回收热解油，固相残渣作为一种废物或低级填充物，得不到较好的回收利用。（2）线路板在热解时会生成较多的遮蔽性烟雾、单质溴和溴化物、二噁英和二苯并呋喃等有毒有害物质，这些物质不仅污染环境，腐蚀处理设备，还会降低所得燃油的品质[22]。目前，热解法主要应用在破碎分选后非金属组分的处理，即通过热解将塑料部分转化为气体或液体燃料。热解技术是一种较新应用于电子废弃物回收金属的方法，目前多处在实验室阶段，还没有得到工业化应用。

7.2.5 生物浸出回收技术

生物冶金（Bio-hydrometallurgy）也称微生物（细菌）浸出或生物淋滤（Bio-leaching），是利用某些微生物或其代谢产物对某些矿物（主要为硫化矿物）和元素所具有的氧化、还原、溶解、吸收（吸附）等作用，溶浸金属或从水中回收金属的冶金过程。由于生物冶金具有成本低、能耗少、无污染、操作简单等优点，该方法日益受到人们的重视。生物冶金已成为从处理低品位、难处理矿石，逐渐应用到再生资源领域。

微生物浸出的基本原理在于利用细菌（主要为氧化亚铁硫杆菌和氧化硫硫杆菌）的生物氧化作用及产生的低 pH 值环境使难溶性形态存在的重金属进入液相，实现固液分离。目前，微生物浸出机理主要有间接浸出、直接浸出、协作浸出。

影响浸出效率的关键因素主要分为两大类，即工艺因素和生物因素。工艺因素主要包括预处理、温度、pH 值、气氛、菌种浓度、表面活性剂以及抑制因子等，生物因素主要是菌种的选择。

生物法处理废旧电路板是一个新兴的研究方向，主要包括生物浸出和生物吸附两个方面。生物浸出利用酸性条件下生物的催化氧化作用使金属被氧化进入溶液，而生物吸附法主要是利用生物对废旧线路板浸出液中的贵金属离子的吸附作用[23]。生物法主要应用于回收贵金属，且目前吸附理论与吸附模型仍不成熟，该方法还在初期探索之中，还没进行产业化[24]。

7.2.6　超临界 CO₂流体回收技术

超临界流体（Supercritical fluid）是温度和压力超过物质的临界温度及临界压力时处于气态和液态之间的中间状态的物质。超临界流体兼有液体和气体的优点，即密度大、扩散系数大、黏度小，具有良好的溶解和传质特性，且在临界点附近对温度和压力非常敏感。超临界流体技术是利用超临界流体的特性以超临界流体为溶剂、反溶剂或反应物而发展起来的新技术，现已在萃取、印染、材料制备等方面取得显著成果。

用作超临界流体的介质有很多，如 CO_2、乙醇、乙烷、甲醇、N_2O、NH_3、SF_6 和水等。由于 CO_2 的临界温度（$T_c = 31.26℃$）非常接近室温，临界压力（$P_c = 7.39×10^3 kPa$）也很容易达到，操作比较安全，并且是一种绿色溶剂（无毒、无污染、不燃烧），含量丰富，价格便宜，可循环利用，易从产物中去除又不污染产品；此外，在临界点附近，对温度及压力进行微小的变动都会使超临界 CO_2 的溶解特性，如黏度、密度、扩散系数、介电常数等发生显著的变化，很容易通过温度和压力对超临界 CO_2 溶解力进行连续性调控。因此，超临界 CO_2 最常被用作超临界状态的反应介质或反应物。

线路板是以覆铜层压板为基础，通过叠板、压合、钻孔、镀金属（铜、锡、金等）等工序制成，即线路板是由多层材料叠加、压合制成的，其主要材料铜箔和增强材料是通过树脂黏结材料连接在一起的。而在一定条件下，如果将树脂材料去除或者将其黏结特性破坏，就会非常容易地将其他各层材料分开，从而方便地实现线路板中各种材料的回收，尤其是金属和增强材料。根据超临界流体的特点、线路板的结构，利用超临界流体回收线路板就是将线路中的树脂材料去除或将其黏结特性破坏，从而实现线路板中不同材料的分离。

Hongtao Wang 等从减少废旧线路板中溴化物对环境污染的角度出发，对超临界流体萃取线路板中溴化阻燃剂进行了研究。结果表明，溴化环氧树脂在超临界环境下会发生分解，产生小分子量的物质，其中一部分分解产物可以被超临界流体溶解并萃取出。

对废弃高分子塑料材料的超临界流体回收研究表明：超临界流体对高分子聚合物具有分解、溶解的能力。超临界流体技术与传统的热分解方法和介质分解方法相比，超临界流体可实现废弃塑料的快速、有效地分解。超临界流体技术应用于废旧线路板回收的工艺及方法，相对目前的线路板机械物理回收工艺、焚烧热解回收工艺、化学溶剂法回收工艺具有一定优势。由于回收过程没有破碎、焚烧、化学溶解等过程，只是通过超临界流体破坏线路板中的树脂黏结材料层，因此经过超临界回收工艺处理后分离得到的铜箔和其他强化材料保持各自的原始形状，简化了后续的回收工艺，具有很高的资源再利用效率。同时，由于所使用的超临界流体 CO_2 和 H_2O 都是环境友好的物质，整条工艺无有害物质的产生和排放，超临界流体可以循环使用，具有很高的环境性能。因此，深入系统地研究基于超临界流体技术的废旧线路板回收处理理论与方法，对探索和开发一条新的回收工艺具有重要的学术价值和现实意义。

超临界 CO_2 流体技术也存在着一些不足之处，例如：（1）操作过程要在高压下进行，设备一次性投资大；（2）萃取釜无法连续操作，造成装置的时空产率较低；（3）能耗高。

7.3 废电池处理和资源化技术

7.3.1 概述

废旧电池的回收和处理问题也日益凸显，如废旧电池的随意丢弃、无序回收、简单填埋和低值利用等，不仅浪费资源，而且污染环境，给人们的生活带来了严重的危害。

电池种类繁多，根据使用性质可分为一次干电池（普通干电池，如锌锰电池等）、二次电池（可充电电池，如镍氢电池、镍镉电池、锂电池等）和铅酸蓄电池三大类。不同种类的废旧电池所含的有害物质也不同，通常含有汞、镉、铅、镍等多种重金属以及酸碱等有害物质。表 7-5 为常见几种电池中所含有的有害物质。

表 7-5　常见电池中所含的有害物质

电池种类	所含主要物质	主要有害物质
锌锰电池	Zn、MnO_2、NH_4Cl、$ZnCl_2$	Hg
碱性锌锰电池	Zn、MnO_2	KOH、Hg
镍镉电池	Cd、Ni、KOH	Cd、Ni、KOH
镍氢电池	Ni、KOH	Ni、KOH
锂离子电池	Li、Co、Ni、Mn	Ni、有机电解质
铅蓄电池	Pb、H_2SO_4	Pb、H_2SO_4、$PbSO_4$

根据 1997 年 12 月 31 日颁布的《关于限制电池产品汞含量的规定》，自 2001 年 1 月 1 日起，禁止在国内生产各类汞含量大于电池重量 0.025% 的电池；自 2005 年 1 月 1 日起，禁止在国内生产汞含量大于电池重量 0.001% 的碱性锌锰电池；自 2006 年 1 月 1 日起，禁止在国内经销汞含量大于电池重量 0.001% 的碱性锌锰电池。可以看出，有些电池如碱性干电池几乎不含汞，对环境污染比较小。

而镍镉电池和铅蓄电池，因含有重金属镉和铅，环境风险极高。

我国对土壤和地表水的重金属含量有明确控制（见表7-6）。废旧电池如不当处置极易造成土壤和水的污染，危及环境和人类健康。

表 7-6   土壤和地表水重金属含量标准

元素	土壤环境质量标准 （GB 15618—2008）/mg·kg⁻¹				地表水环境质量标准 （GB 3838—2002）/mg·L⁻¹				
	农业	居住	商业	工业	I	II	III	IV	V
Zn	150	500	700	700	0.05	1.0	1.0	2.0	2.0
Mn	—	—	—	—	—	—	—	—	—
Cu	50	300	500	500	0.01	0.01	1.0	1.0	1.0
Ni	60	150	200	200	—	—	—	—	—
Cd	0.25	10	20	20	0.001	0.005	0.005	0.005	0.01

此外，废旧电池是宝贵的二次资源。我国每年废旧电池约236亿只，其中废锂离子电池、镍氢电池、镉镍电池等二次电池30多亿只，一次电池约200亿只。一节干电池含二氧化锰20%、锌25%、碳10%、铁10%、电解液20%、塑料10%，其他材料5%。废干电池按每节以25克计，每年废弃量达到50万吨。如果这些一次电池全部回收，折合二氧化锰10万吨、锌12.5万吨、铁5万吨、塑料5万吨。对二次电池而言，镍镉电池含镍24%、镉12%，每年废弃镉镍电池约8750t，折合镍2012.5t、镉约1006t；镍氢电池含镍23%、贮氢合金34%、氧化亚钴2%，每年废弃氢镍电池产出量约为1.4万吨，折合镍3220t、贮氢材料4760t、氧化亚钴280t、泡沫镍840t。由此可见，废旧电池回收利用，不仅可以避免环境污染，还能节约矿产资源，符合我国可持续发展战略要求。

因资源和环境约束性，废旧电池资源化技术日益得到重视。与发达国家相比，我国废旧电池的回收处理尽管起步晚，但技术进步显著。格林美作为中国废旧电池回收利用的发动单位和国家循环经济试点企业，先后在深圳、武汉、南昌、内蒙古、广州、中山等20多个城市和地区建立了废旧电池回收网络，布置了15000多个废旧电池回收箱，辐射10万平方公里、覆盖1000万人群。每年回收废旧电池3300t以上，使中国小型废旧电池回收率从2006年的不到1%提升到现在的5%以上。荆门市格林美新材料有限公司通过产学研用合作突破了废弃电池与废弃镍钴资源循环利用关键技术，建立了中国废旧电池回收利用自主知识产权的核心技术体系。每年处理废旧电池和各类废弃钴镍资源的能力达到30000t以上，再生超细钴镍粉末3300t以上，成为世界采用废旧电池和废弃钴镍资源循环利用的先进企业和中国最大的超细钴镍粉末制造商。再生超细钴镍粉末均成功替代以原矿为资源的产品和进口产品，支撑中国钴粉市场的20%以上，再生钴资源占中国原矿开采量的 30%以上，对缓解中国稀缺钴资源的供给状况具有重要意义。广东邦普循环科技有限公司、上海新金桥环保有限公司、深圳市泰力废旧电池回收技术有限公司、湖南红太阳电源新材料股份有限公司等高新技术企业也形成了独具特色的技术优势。

7.3.2 锌锰干电池回收利用技术

7.3.2.1 锌锰电池的组成和结构

锌锰电池主要有糊式和碱性两种。糊式电池由于其性能差和不利于环保等缺点正逐步被淘汰，但国内市场上还大量存在这种电池。碱性电池则以其优异的放电性能受到人们的欢迎，是电池行业中最有发展前景的产品之一。

糊式电池的主要成分有锌皮、二氧化锰粉、碳棒、NH_4Cl-$ZnCl_2$ 电解液、纸、沥青，以及正负极铜帽、铁片、热塑工艺的塑料包装皮等。碱性电池的主要成分为镀镍铁皮、二氧化锰—石墨正极环、锌粉、铜铟合金负极集流体、KOH 电解液和隔膜以及 PVC 不干胶包装膜等。放电完毕后，电池中部分有效成分发生化学反应，二氧化锰转化为更低价的氧化物，其中最主要是 +3 价的 $MnO(OH)$，单质锌转变为 ZnO[25]。传统碱性电池为了减缓锌片（粉）的腐蚀，延长电池的寿命，通常添加少量汞使锌片（粉）汞齐化；在糊式电池制造过程中，为了防止电解液载体糊不变质，需要添加一定量的氯化汞起到防腐作用。目前，我国生产的干电池已经实现无汞化，汞的含量严格控制在 0.001%以下。

废旧锌锰电池的回收利用主要包括破碎预处理、回收及高值化利用。破碎方法主要链式、锤式、颚式破碎，回收利用主要有干法、湿法、干湿法及生物法等，高值化利用主要是直接制备相关产品，如制备锌锰铁氧体。

7.3.2.2 火法冶金回收技术

火法回收处理是在高温下将废旧电池的金属及其化合物氧化、还原、分解、挥发和冷凝的过程，能有效地处理并回收电池中的 Hg。按照回收工艺的不同，干法回收利用技术又可以分为常压冶金法和真空冶金法。火法工艺流程如图 7-13 所示[26]。

传统的常压冶金法有两种途径，一种是在较低的温度下加热废旧电池，使其中的汞挥发，然后在较高的温度条件下回收 Zn 及其他重金属；另一种是采用竖炉高温焙烧废旧电池，使其中易挥发的金属及其氧化物挥发，残留物作为冶金中间产物回收利用。竖炉分为三个部分，分别为氧化层、还原层和熔融层。废旧电池在竖炉中焙烧时采用焦炭加热，其中汞在氧化层中挥发为气相，锌高温下在还原层被还原挥发，然后汞和锌分别在不同的冷凝装置内进行回收，废旧电池中大量的铁、锰在熔融层被还原生成锰铁合金。

目前，瑞士、日本、瑞典、美国等国家均采用此法从废干电池中回收有价物

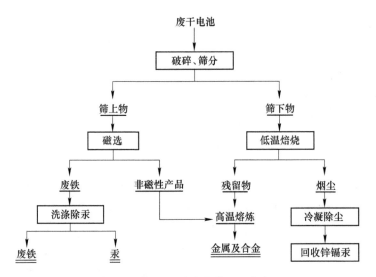

图 7-13　锌锰电池火法处理工艺流程

质。1999 年 Krebs Andreas 提出的废干电池回收利用方法为：将废干电池在滚筒炉中加热至 700℃蒸发汞和有机物等物质，然后在熔融炉中加热至 1500℃使金属还原，此时铁、锰等金属处于熔融状态，锌等金属处于气态，气态金属通过喷射冷凝器冷凝回收。此法不产生新的有害物质，瑞士应用该技术建造了一个处理厂，年处理废干电池 3200t。

日本 TDK 公司和 Nomura Kohsan 公司使用废干电池再生料作为生产偏转线圈磁芯原料。在此工艺中，废干电池中的 Fe、Mn、Zn 不是变成金属，而是变成 $ZnMn_2O_4$、$ZnFeO_3$、ZnO 等氧化物。通过磁性分离、焙烧和筛分方法减少杂质含量，尤其是采用多次焙烧法可有效地降低杂质含量，得到的再生料可用作偏转线圈磁芯的原料[27]。

传统的常压冶金法存在工艺流程长，生产成本高，能耗相对较高等。真空冶金法基于不同组分在相同温度下具有不同的蒸气压的原理，使组成废旧电池的各种组分在真空环境下通过蒸发与冷凝，使具有不同蒸气压的组分分别在不同的温度下一一分离，从而实现废旧电池综合回收利用的目的。蒸发时，蒸气压高的组分进入蒸气，蒸气压低的组分则留在残液或残渣内；冷凝时，蒸气在温度较低处凝结为液体或固体。

何德文等[28]采用真空冶金法处理锌锰电池，研究了真空度、温度、加热时间对汞和镉的回收率的影响。结果表明：在真空度低于 91.99kPa 时，Hg 和 Cd 的回收率较低；但当真空度为 91.99~98.66kPa 时，两种金属的回收率显著上升；超过 98.66kPa 时，Hg 和 Cd 的回收率几乎保持不变；且随着温度的增加和加热时间的延长，Hg 和 Cd 的回收率也增加。当温度达到一定值和加热时间超过

2.5h 时，Hg 和 Cd 的回收率接近 95%。

丘克强等[29]分析了废锌锰电池中锌的存在形态及它们在真空下的行为，提出了废锌锰电池锌的真空回收方法。在真空条件下，温度为 1073 K，加入 CaO 粉末将 $ZnCl_2$ 转化为 ZnO 并直接还原成 Zn，从而将废锌锰电池中各种形态的锌都以金属锌回收。并从热力学角度计算和分析了氧化钙将 $ZnCl_2$ 转化成 ZnO 以及 ZnO 的碳真空还原机理和可行性，结果表明：真空降低了氧化锌还原的吉布斯自由能，真空有利于废锌锰电池中锌的还原和提高金属锌的回收率。

真空冶金法优点是不引进新的杂质、回收产品纯度较高、除汞效果好、对环境的污染小。由于真空冶金法处理无需对电池解体，能耗小，流程短，对环境污染少，经济性好，有较大的优越性，是处理废旧电池前途比较好的方法。

7.3.2.3 湿法冶金回收技术

湿法回收过程中，主要是通过酸性溶液将粉碎后的电池溶解，使金属元素以离子形式存在，再经化学或电化学方法获得金属单质、氧化物或盐等产品。目前国内的研究以直接酸浸和焙烧酸浸为主。

（1）直接酸浸。该法是将废旧电池破碎、筛分、洗涤后，直接用酸浸出 Zn、Mn 等金属成分，经过滤、净化后，从滤液中提取金属并生产化工产品。在直接浸出法中，浸取液及尾液处理是关键，直接影响回收率、成本和环保。浸取液多为酸（HCl、H_2SO_4、HNO_3）和铵盐 [（NH_4）$_2CO_3$、（NH_4）$_2SO_4$]，尾液处理因浸取液的不同而异。若用盐酸作为浸取液，则浸出过程发生的反应见表 7-7。

表 7-7 直接酸浸回收 Zn 和 Mn 的反应过程

回收物	浸出液	浸出反应	回收反应	回收产品
Mn	HCl	$MnO_2+4HCl = MnCl_2+Cl_2+2H_2O$ $MnO+2HCl = MnCl_2+H_2O$ $Mn_2O_3+6HCl = 2MnCl_2+Cl_2+3H_2O$	$MnCl_2+2NaOH = Mn(OH)_2+2NaCl$ $Mn(OH)_2+氧化剂 = MnO_2+2HCl$	MnO_2
Zn	HCl	$Zn+2HCl = ZnCl_2+H_2$	$Zn^{2+}+2OH^- = Zn(OH)_2$（胶体） $Zn(OH)_2 = ZnO$（晶体）$+H_2O$	ZnO

（2）焙烧浸出。焙烧浸出法分两步，先将废旧电池焙烧，电池中的 NH_4Cl、Hg_2Cl_2 等挥发成气相并通过冷凝装置回收。废气经过严格的净化处理，将汞含量降至最低。在焙烧过程中，电池中的碳将高价金属氧化物还原成低价氧化物，焙烧产物用酸浸出，用电解法从浸出液中回收金属。所发生的反应见表 7-8。

湿法回收利用技术具有设备投资少、操作费用低、利润高、工艺简单等优点，不足之处在于产品纯度较低、回收流程长、有害成分（Hg、Cd、Pb 等）回收不完全，尾液处理量大等。

表 7-8 焙烧酸浸回收 Zn 和 Mn 的反应过程

回收物	焙烧反应	浸出反应	电解反应	回收产品
Mn、Zn	MeO+C══Me+CO A(s)→A(g)	Me+2H$^+$══Me^{2+}+H$_2$ MeO+2H$^+$══Me^{2+}+H$_2$O	Me^{2+}+2e══Me	Mn、Zn

7.3.2.4 干湿法回收技术

在废旧电池回收处理过程中，有时将干法和湿法结合起来使用，形成一种新的工艺——干湿法回收技术，也称焙烧—电积法。其操作过程是将废旧电池经破碎、筛选、分类、磁选除铁后，送入电热回转窑内进行焙烧，温度控制在850℃左右，最高不应超过900℃。在焙烧过程中，MnO$_2$ 被电池中的乙炔黑和石墨还原成 MnO，锌壳将以蒸气形式进入烟气，经冷却用布袋除尘器回收 Zn。焙烧物冷却后，将铜帽、碳棒等杂质除去后，在温度为80℃条件下，按照固液比为 1∶5 的比例，用 H$_2$SO$_4$ 溶液（浓度小于 200g/L）浸取 1h，残余 Zn 全部进入溶液，Mn(MnO) 的浸出率大于95%。硫酸浸取液中含有 Fe、Cu、Co 和 Ni 等杂质，在电积前必须将溶液净化，除去这些杂质。用电积法同时回收 Mn、Zn 是一个双电积过程，阴阳两极的电积条件不同，必须合理调整两极的工作状态。电解 MnO$_2$ 的电流密度最好在 1.0A/m^2 以下，而电解 Zn 的电流密度最好达到 1000A/m^2，可以通过调节电极面积及选择不同材质的电极达到这一要求。电解温度对 MnO$_2$ 的影响较大，而对 Zn 的影响较小，一般情况下温度控制在 85～90℃ 比较合适。

7.3.2.5 废旧锌锰电池回收其他产品技术

A 氯化铵的回收

氯化铵在糊式干电池中是以溶液的形式存在于电糊中，在纸板式干电池中，氯化铵以溶液的形式浸入纸板中。废弃的普通锌锰干电池中，氯化铵主要存在于内部粉状物质中。氯化铵在废旧普通锌锰干电池中的另一种电化学反应产物是 Zn(NH$_3$)$_2$Cl$_2$，它存在于内部粉状物质中。

氯化铵的回收可以利用它的易挥发性，在加热蒸发过程中将其回收。由机械装置将废电池外层物质剥离，经筛选后将中心物质（包括包装纸、塑料、纤维、黑色粉末、电解液、锌粉、碳棒、铜棒、铜帽等）送入真空设备进行加热，蒸馏分离，冷凝回收氯化铵。电池剥离物经筛选后，将外层物质另送真空设备，进行蒸馏分离，冷凝回收氯化铵[30]。

Zn(NH$_3$)Cl$_2$ 在真空加热时容易分解：

$$Zn(NH_3)_2Cl_2 ══ ZnCl_2 + 2NH_3 \uparrow$$

对分解后产生的 NH$_3$，在真空设备中也被回收处理。

氯化铵常温下容易挥发，在真空中稍微加热蒸发便可送入氯化铵冷凝器冷凝回收。氯化铵的饱和蒸气压决定回收效率，饱和蒸气压 p 与温度之间的关系为：

$$\lg p = 9.3557 - 3703.7 / (T + 232)$$

式中　p——饱和蒸气压，Pa；

　　　T——回收温度，℃。

经计算：

$T = 100$℃时，$p = 0.159$Pa；

$T = 200$℃时，$p = 808.075$Pa；

$T = 300$℃时，$p = 33025$Pa。

常压下，氯化铵加热至 100℃时开始显著挥发，加热至 350℃升华。低真空（700~800Pa）下，在 200℃，氯化铵被蒸发分离完毕。$Zn(NH_3)_2Cl_2$ 中分解的 NH_3 用水吸收得到氨水。

B　锰及其化合物的回收

MnO_2 是锌锰干电池正极的活性物质，以粉末状态存在锌锰干电池中，参加电化学反应产生电能。锌锰干电池经过放电后，含有 Mn_2O_3、MnO_2、Mn_3O_4、$MnOOH$、MnO 等锰化合物。

(1) 制备硫酸锰。在还原剂的作用下，可以将 MnO_2 还原得到 $MnSO_4$。刘西德等[31]将经过预处理的炭黑粉加一定量 40%硫酸溶液，在 90℃水浴中加热，不断搅拌下分批加入还原性铁粉，反应 4h，经过滤分离、浓缩结晶、干燥等处理过程，得到硫酸锰（$MnSO_4 \cdot nH_2O$）工业产品。其反应方程式为：

$$2Fe + 3MnO_2 + 6H_2SO_4 =\!=\!= 3MnSO_4 + Fe_2(SO_4)_3 + 6H_2O$$

赵东江等[32]采用焙烧浸出法，利用废旧锌锰电池中的炭粉和乙炔黑为还原剂，将经提取氯化铵后剩余的黑色固体物质（主要是炭粉、乙炔黑和 MnO_2 等）在马弗炉中加热到 600℃保温 1h，使碳包中的碳充分燃烧尽，将二氧化锰还原成 Mn_2O_3，然后用 1.5mol/L 热硫酸浸取 1h，过滤溶液并多次洗涤滤渣，将滤液蒸发得到硫酸锰。同时，将滤渣在 100~110℃温度下烘干，可得活性二氧化锰。反应方程式如下：

$$Mn_2O_3 + H_2SO_4 =\!=\!= MnSO_4 + MnO_2 + H_2O$$

(2) 制备碳酸锰。李朋恺等[33]采用预处理还原焙烧酸浸工艺制备高纯 $MnCO_3$。经预处理后的锰粉，利用其中所含的碳粉、乙炔黑以及锌皮浸取产生的 H_2，在 800~850℃还原焙烧 2~3h，使其中 MnO_2、Mn_2O_3 大部分转化为 MnO，用硫酸溶解 MnO 制取 $MnSO_4$。在温度 50~55℃、pH 值为 6.5 条件下，用 NH_4HCO_3 溶液处理 $MnSO_4$ 净化液，可以得到高纯 $MnCO_3$，其产品质量符合 GB 10503—89 标准。上述过程的主要化学反应如下：

$$MnO_2 + H_2 \rightleftharpoons MnO + H_2O$$

$$MnO_2 + C \rightleftharpoons MnO + CO$$

$$MnSO_4 + 2NH_4HCO_3 \rightleftharpoons (NH_4)_2SO_4 + MnCO_3 \downarrow + H_2O + CO_2$$

（3）提纯 MnO_2。杨培霞等[34]采用干湿法回收工艺，将焙烧后的废锰粉用热硫酸搅拌浸取 2h，发生了溶解和歧化反应，得到的棕黑色沉淀，经洗涤、烘干，可得纯度 55%左右的活性 MnO_2。滤液常温下用次氯酸钠溶液处理 24h，控制反应终点 pH 值为 2，沉淀经洗涤、烘干，可得纯度 85%以上的 MnO_2。

C 锌及其化合物的回收

（1）制备锌盐。利用废旧锌锰电池可以制备各种锌盐，如硫酸锌、氯化锌、碳酸锌等。将废电池的锌皮剥下破碎，按质量比 1:20 加入水，煮沸、洗涤、干燥后，在马弗炉中加热至 500℃ 左右，冷却后用稀硫酸再次清洗外层杂质后，再溶于硫酸中，经过滤、浓缩、结晶制得 $ZnSO_4 \cdot 7H_2O$ 产品，若与盐酸反应，则制得 $ZnCl_2^{[31, 34]}$。

（2）制备氧化锌。薛笑莉等[35]将废电池中的锌熔化制成锌粒，除去其中的杂质，再用硝酸溶解锌粒，用氨水将 Fe^{3+} 沉淀以 $Fe(OH)_3$ 形式去除，Zn^{2+} 形成锌氨络合物留在滤液中，然后向滤液中加硝酸破坏锌氨络合物，反应式如下：

$$Zn[(NH_3)_4](OH)_2 + 6HNO_3 \rightleftharpoons Zn(NO_3)_2 + 4NH_4NO_3 + 2H_2O$$

在此溶液中加入碳酸钠，控制 pH 值为 8，使 Zn^{2+} 转化为 $ZnCO_3$ 沉淀过滤得到 $ZnCO_3$，最后在 800℃ 下煅烧制得 ZnO。

（3）制备金属锌。将从废电池回收的锌壳用热水洗净后，加热至 500℃ 左右（锌的熔点为 419℃）熔化，除去上层浮渣，将锌熔液以细流倒在一个有小孔的铁瓢中并不断地来回振荡铁瓢，液锌穿过小孔流入盛有冷水的缸中水淬得到锌粒[36]。

7.3.2.6 制备锰锌铁氧体技术

上述锌锰电池资源化技术均是将铁、锌、锰相互分离回收，工艺复杂、流程长、产品附加值偏低。锌锰电池含有大量的锰、锌和铁，是制备锰锌软磁铁氧体的主要原料。锰锌铁氧体因具有高磁导率、高饱和磁化强度和低功率损耗等特性，被广泛应用于通信、传感、电视机、开关电源和磁头等电子工业中。废旧锌锰电池制备锰锌铁氧体的研究正日益受到国内外学者的广泛关注。

张深根、胡平等以废旧碱性锌锰电池为原料制备锰锌铁氧体，提出一种综合转化法技术，工艺流程如图 7-14 所示。

将废旧锌锰电池拆解、分离、水洗得到含锰锌的混合料渣，然后将混合料渣进行破碎、硝酸酸浸转化为锰锌硝酸盐。

用酸硫酸（或者盐酸）溶解废旧锌锰电池拆解得到的含铁废料，转化为硫

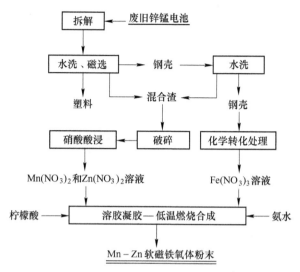

图 7-14 废旧碱性锌锰电池制备锰锌铁氧体工艺流程图

酸亚铁（或者氯化亚铁），然后氢氧化钠沉淀硫酸亚铁（或者氯化亚铁），过滤烘干，氧化得到氧化铁，硝酸溶解得到硝酸铁。

以柠檬酸为螯合剂、氨水为还原剂、锌锰铁硝酸盐为氧化剂，采用溶胶凝胶—低温燃烧合成法制备锰锌铁氧体粉末[37]。采用综合转化法制备 $Mn_{0.5}Zn_{0.5}Fe_2O_4$ 的反应表达式如下：

$$Mn(NO_3)_2 + Zn(NO_3)_2 + Fe(NO_3)_3 + C_6H_8O_7 \cdot H_2O +$$
$$NH_3 \cdot H_2O \longrightarrow Mn_{0.5}Zn_{0.5}Fe_2O_4$$

制备的样品 XRD 为锰锌铁氧体相，如图 7-15 所示，其晶粒形貌和大小如图 7-16所示。可以看出：Mn-Zn 铁氧体的晶粒为均匀近球形、平均尺寸 25nm，衍射环明显，结晶完整。

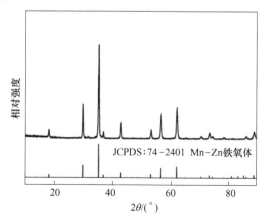

图 7-15 Mn-Zn 铁氧体 XRD

图 7-16　Mn-Zn 铁氧体 TEM 及衍射图

制备的 $Mn_{0.5}Zn_{0.5}Fe_2O_4$ 铁氧体粉末室温测量磁滞回线如图 7-17 所示。左上方的小图为磁场在 $-7957.8A/m$（$-100Oe$）到 $7957.8A/m$（$100Oe$）情况下的磁滞回线，放大性地示出了零场周围的磁化情况，能较直观地观察到样品的剩余磁化强度和矫顽力特性。由图 7-17 可见，采用综合转化法制备的 Mn-Zn 铁氧体粉末具有优良的软磁性能，饱和磁化强度 M_s 为 $60.48Am^2/kg$，剩余磁化强度 M_r 为 $16.74Am^2/kg$，矫顽力 H_c 为 $7002.9A/m$（$88Oe$）。其磁性能均优于使用其他方法制备的具有相同组成的 Mn-Zn 铁氧体的磁性能[38, 39]。

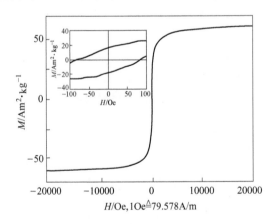

图 7-17　Mn-Zn 铁氧体的磁滞回线

磁性材料的磁化由两部分组成：磁矩转动和畴壁位移。对于多畴颗粒而言，磁化以畴壁位移为主。利用废旧锌锰电池制备的锰锌铁氧体的结晶完全，结晶度高，晶粒尺寸稍大于纯料制备的铁氧体，有利于畴壁位移。

席国喜等[40]以硝酸溶解废旧碱性锌锰电池所得的溶液为原料，以酒石酸为凝胶剂，采用溶胶—凝胶法制备出了具有尖晶石结构的 Mn_2Zn 铁氧体。其研究表明，当酒石酸与总金属离子的摩尔比为 1.4 时，酒石酸根离子与金属离子结合形成络合物，能阻止晶粒的长大；当酒石酸与总金属离子的摩尔比小于 1.4 时，酒石酸根离子与金属离子未能充分络合；当酒石酸与总金属离子的摩尔比大于 1.4 时，过多的酒石酸根将强烈干扰晶核的结晶过程，生成结晶度较差的晶核粒子。

周闯等[41]以废旧锌锰电池为原料，用溶胶—凝胶自蔓延燃烧—水热耦合法成功制备出了锰锌铁氧体。结果表明：干凝胶自蔓延燃烧后 200℃ 水热反应 4h，制备的锰锌铁氧体的磁性能参数为饱和磁化强度为 58.490Am²/kg，矫顽力为 5535.366A/m，剩余磁化强度为 7.8311Am²/kg。

张晓东等[42]利用钛白废硫酸浸出破碎的废干电池，通过硫化使汞形成硫化汞沉淀，然后筛分过滤，滤液通过氧化加热、置换、水解、氟化等工序净化，净化渣洗涤后回收有价元素，净化液调整配比后用碳酸铵进行共沉淀，沉淀经洗涤烘干煅烧得到锰锌铁氧体。结果表明：废干电池不经焙烧直接全溶，锰、锌、铁的浸出率达 98% 以上。产品初始磁导率达 8000H/m 以上，达到高档锰锌铁氧体产品的要求。该工艺采取以废治废，废物中的主要成分不需相互分离即可制取高附加值的锰锌铁氧体，少量的杂质元素可通过净化脱除并进行处置。

7.3.3 铅酸蓄电池回收利用技术

近年来，我国铅酸蓄电池快速发展，已成为其生产、消费和出口大国。2015年，我国废铅蓄电池量超 330 万吨，但正规回收比例不到 30%。由于废铅酸蓄电池中含有大量有毒有害物质，不规范的回收导致大量废铅酸蓄电池被随意拆解处置，引发严重的重金属污染等问题。另一方面，废铅酸蓄电池具有很高的回收利用价值，其中的板栅、PbO_2、$PbSO_4$ 等是再生铅的主要来源，占再生铅原料的 85% 以上。因此，从废铅酸蓄电池中回收铅对中国的铅工业可持续发展具有重要意义。

7.3.3.1 铅酸蓄电池组成及特点

蓄电池主要由极板、电解液、格板、电极、壳体等部分组成。在整个废铅酸蓄电池中约含有 60% 的铅，其中铅连接板占 8.3%、板栅占 22.9%、填料占 28.8%。从板栅上清洗下来的填料（又称铅膏），铅品位约 70%~80%，其余为硫和氧。

铅酸蓄电池是以 PbO_2 作正极材料，金属铅作负极材料，硫酸溶液作电解液，通过铅与硫酸的化学反应实现充电、放电的一种蓄电池。其化学反应方程式如下：

阳极：$Pb(s) + SO_4^{2-}(aq) = PbSO_4(s) + 2e^-$；

阴极：$PbO_2(s) + SO_4^{2-}(aq) + 4H^+ + 2e^- = PbSO_4(s) + 2H_2O(l)$

总反应为：$Pb(s) + PbO_2(s) + H_2SO_4(aq) \Longrightarrow 2PbSO_4(s) + 2H_2O(l)$

铅酸蓄电池经过一定使用期限后，或者由于使用不当导致损坏，铅酸蓄电池无法正常进行充放电工作，这时就报废了。常见的报废原因有极板硫酸盐化、板栅腐蚀、极板上活性物质软化脱落等。极板硫酸盐化是在极板上生成白色坚硬的硫酸铅晶体斑点，充电时又非常难以转化为活性物质，达不到正常充电的目的。

废铅酸蓄电池是一种含铅量极高、成分简单、杂质含量很少的、以金属铅和硫酸铅为主的含铅物料，包括少量的金属锑、氧化铅，硫含量约为 3%~4%。

7.3.3.2　废铅酸蓄电池预处理技术

在废铅酸蓄电池处理工艺中，目前较为先进的熔炼工厂都采用全机械自动化回收系统。废铅酸蓄电池经过拆卸、碾压和重力作用后，依次转化为废酸性电解液、细粒与电极糊、金属颗粒等。为了分离电池的各种成分，废铅酸蓄电池必须被破碎成足够小的碎片。

废铅酸蓄电池在拆解过程中会产生有害的气体，危害人的身体健康。因此，废铅酸蓄电池要尽可能地通过自动传送带或封闭管道传送到打开的容器中，经过锤式研磨机或其他破碎工具破碎成碎片。为了确保铅酸蓄电池中的所有组分，如铅板、连接器、塑料盒等在后续的步骤中易分离，还需要对组分进一步破碎，尽可能地减小原料的粒径。废铅酸蓄电池中的金属主要包括铅板、格栅、连接件等；有机物主要包括塑料盒（聚氯乙烯或硬橡胶），有机物中的聚氯乙烯隔离物可以通过水力分选分离出来。

根据密度不同，利用水力分选装置可以将电池碎片分离成三个部分：一是比较轻的有机物；二是含铅的氧化物和硫酸盐颗粒；三是较重的铅板和连接器等。该方法需要采取过滤步骤，并将有机物清洗干净回收铅化合物。在分离步骤完成之后，有机物进一步被分离为聚丙烯废料、重有机物和硬橡胶。为了减少环境污染，对废电解液通常采用中和方法处理，经过沉淀、过滤回收铅。

7.3.3.3　铅膏脱硫技术

硫酸铅是废铅酸蓄电池铅膏的主要组成部分，其完全分解温度在 1000℃ 以上，因此，火法冶金回收铅需要消耗大量能源和还原剂，并产生大量的 SO_2 及铅尘。湿法冶金或干湿联合法一般都需要先进行脱硫处理，然后电积或是火法冶炼。脱硫工艺是减少铅粉尘和 SO_2 污染的有效途径，同时也是提高资源利用率的有效方法。目前，主要的脱硫方法有碳酸盐脱硫、柠檬酸脱硫、尿素与醋酸脱硫、氯化脱硫和生物法脱硫等[43]。

（1）碳酸盐脱硫。将硫酸铅转化为碳酸铅，降低火法熔炼的温度，节省能耗，同时减少烟尘、SO_2 排放量。根据铅化合物的电位—pH 图，在 pH = 6 ~ 10 时，碳酸铅的溶度积比硫酸铅的溶度积小 6 个数量级。因此，在 pH = 6 ~ 10 条件下，硫酸铅能发生向碳酸铅的转化，反应原理为：

$$PbSO_4 + Na_2CO_3 = PbCO_3 \downarrow + Na_2SO_4$$

（2）柠檬酸脱硫。Sonmez 等[44]发现，将柠檬酸三钠、柠檬酸与硫酸铅按一定比例在合适的温度下反应一段时间，能有效回收硫酸铅，得到类似柠檬酸铅的白色晶体，同步完成脱硫转化并得到副产物硫酸钠。根据 SEM 和 TG-DSC 等分析结果，推测出其反应式为：

$$3PbSO_4 + 2[Na_3C_6H_5O_7 \cdot 2H_2O] = [3Pb \cdot 2(C_6H_5O_7)] \cdot 3H_2O + 3Na_2SO_4 + H_2O$$

朱新锋等[45]用分析纯的硫酸铅为原料，与柠檬酸/柠檬酸钠混合溶液反应，也得到了鳞片状结构的类似柠檬酸铅的白色晶体，对此产物进行焙烧，分析发现焙烧后的产物主要为 PbO。采用此种方法可直接制备电池极板的活性物质超细 PbO 粉体，这为废旧铅蓄电池的回收提供了新思路。Yang 等[46]在柠檬酸体系中加入乙二醇，以硫酸铅为起始原料，合成出纳米级活性材料氧化铅，通过热重分析可以看到，加了乙二醇的柠檬酸铅更具耐热性，这可能与乙二醇自身合并使得聚合物链更加稳定有关。

（3）尿素与醋酸脱硫。由于硫酸铅能溶于乙酸铵，根据这一特性，将尿素与醋酸混合，得到含有乙酸铵的混合溶液，将铅膏加入到此溶液中，可以得到难溶的醋酸铅，同步完成脱硫转化，生成硫酸铵。纯的乙酸铵在水溶液中呈中性，而此反应后续处理需要用铁作置换剂，所以 pH 值需维持在一个较低的值，以防生成氢氧化铁影响后续处理。但反应的 pH 值又不能低于 3，因为在脱硫反应过程中需要维持自由醋酸根离子在一个较高的浓度。因此，以尿素及醋酸为脱硫剂时，pH 值的调整尤为重要。其脱硫反应式如下：

$$PbSO_4 + 2Ac^- = Pb(Ac)_2 + SO_4^{2-}$$

铁置换反应式：

$$Pb(Ac)_2 + Fe = Fe(Ac)_2 + Pb$$

（4）氯盐脱硫。用盐酸浸出铅膏时，铅膏中 PbSO_4 不与酸反应，其他含铅组分均可转化成 PbCl_2，同时这两种铅盐在水中的溶解度都很小，严重影响铅膏中铅的浸出。但这两种盐在热的 NaCl 溶液中都有较高的溶解度，所以在较高温度下，向氯化钠水溶液中加入适量盐酸，使铅膏中硫酸铅溶解于氯化钠溶液中，金属铅及铅的氧化物在盐酸与氯化钠溶液的作用下转化为氯化铅从铅膏中浸出。与此同时，向其中加入一定量的 CaCl_2，使其与 SO_4^{2-} 作用产生 CaSO_4 沉淀，生成的 NaCl 补充了其在浸出过程的消耗。王玉等[47]对此法进行了研究，结果表明：该工艺效果较好，产物纯度较高，工艺清洁无污染，具有较好的环境效益和经济效益。

（5）生物法脱硫。生物法脱硫是指引入一种脱硫细菌（硫酸盐还原菌），将铅膏中的铅化合物转化为硫化铅，再用 Fe(BF_4)_3 氧化浸出 PbS，把 S^{2-} 氧化为单质 S，或通过碱法炼铅，将 PbS 还原成 Pb。Weijma J 等[48]研究了生物法脱硫工艺，在实验过程中，需要添加硫单质或硫酸盐作为补充，若缺少硫源，还原菌会由于 pH 值的降低而失去活性。此外，还需要氢气作为还原过程中的电子供体。其研究表明：经处理后的铅膏，PbS 的质量分数达 96% 以上，还含有少量的 Pb 和 PbO_2。脱硫细菌处理铅膏的硫化速率能稳定在 17kg/(m^3·d) 以上。生物转化反应式为：

$$SO_4^{2-} + 4H_2 + H^+ \Longrightarrow HS^- + 4H_2O$$

$$PbSO_4 + HS^- \Longrightarrow PbS + H^+ + SO_4^{2-}$$

7.3.3.4　火法冶金回收技术

废旧铅蓄电池回收铅主要有火法和湿法两大类，火法炼铅已经工业化应用主流工艺，湿法工艺尚处于研发阶段。火法炼铅主要有沉淀熔炼法、氧化—还原熔炼法、反应熔炼法、碱性熔炼法和脱硫转化熔炼法等工艺[49]。

A　沉淀熔炼法

借鉴铅精矿的沉淀熔炼法或铅冰铜的反射炉冶炼技术，采用炉顶加料的间断熔炼反射炉，加铁屑的沉淀熔炼，每次加铅料几吨到 15 吨，铅料以极板组形式入炉，铁屑用量为铅料的 8%~18%（质量分数），燃煤用量约 5%（质量分数），冶炼周期为几小时到 16h，渣、铅一次放出。每吨再生铅约需铁屑 150kg，耗燃煤约 500kg，产渣（包括冰铜）300kg。铅回收率约 85%~90%，渣含铅高于 11%。

有些工厂的反射炉熔炼有所改进，如扩大反射炉的炉床面积、加深熔池、改变铅和渣的放出方式、在炉侧的加料口用机械分两次进料、减少铁屑用量、增加布袋收尘和提高收尘效率、选用更好的耐火材料、使用煤气燃烧供热等。鼓风炉直接熔炼铅料，虽可以减少铁屑用量，但要使用冶金焦炭，而且产出一定数量的铅冰铜；冲天炉冶炼更是频繁地开停炉，铅损失较多。

B　氧化—还原熔炼法

氧化—还原熔炼法一般分为氧化熔炼和还原熔炼两个过程。氧化熔炼时产出含低硫[$w(S)<0.5$%]的粗铅，约有 40%~50% 铅进入粗铅，氧化渣含铅 45%~50%；还原熔炼时从渣中还原出金属铅，同时产出低铅 [$w(Pb)<2.5$%] 炉渣。经过氧化和还原两段熔炼过程，铅回收率达 97%~99%。氧化熔炼时烟气中 SO_2 浓度为 15%~60%，硫利用率大于 99%。

废铅酸蓄电池的氧化—还原熔炼法有反射炉—鼓风炉熔炼法、反射炉两段熔炼法，或者短窑与鼓风炉、反射炉等配合使用等几种形式。

（1）反射炉—鼓风炉熔炼法。美国 17 家铅冶炼厂有 9 家拥有反射炉—鼓风炉、5 家只拥有反射炉、3 家只拥有鼓风炉。反射炉—鼓风炉年生产能力一般为 4 万~7.5 万吨；1 台 21.8m^2 反射炉年产能 4 万吨；1 台 0.92m^2 鼓风炉年产能 1

万吨以上。反射炉—鼓风炉采用燃油或燃气加热，流程为废蓄电池的收集、破碎、重介质选别、反射炉熔炼、反射炉渣和精炼炉渣加入鼓风炉再熔炼。

反射炉熔炼时炉料中不配入还原剂，铅料中的铅大约有45%左右进入粗（软）铅，渣的成分以氧化铅为主，合金元素进入氧化铅渣；反射炉渣配入焦炭、石灰石、铁屑、石英砂等，在鼓风炉进行第二段还原熔炼，产出铅锑合金。两段熔炼适合废旧铅酸蓄电池。

（2）反射炉熔炼法。铅原料投入反射炉中进行初炼，软铅投入精炼炉中进行二次冶炼，成品铅纯度高达99.99%。氧化铅炉渣则循环投入反射炉冶炼贫化，废渣交由厂商固化后掩埋。

C 反应熔炼法

奥地利铅矿山联合公司的加伊利茨冶炼厂采用旋转环形坩埚熔炼法（即BBU法），用于高品位铅精矿（含铅质量分数应不小于70%，不含银和铋）和废铅酸蓄电池的冶炼。

废铅酸蓄电池经破碎、分选，分类回收金属铅、填充糊、塑料隔板和外壳材料。铅膏在旋转环形炉中采用与精矿完全相同的焙烧反应法熔炼；分选出的金属铅在短窑中熔炼。

D 碱性熔炼法

碱性熔炼是无污染冶炼方法，采用电炉或反射炉进行铅冶炼。碱性熔炼铅直收率很高，渣和钠冰铜经水浸和碳酸化处理，碳酸钠再生可回收耗碱量的88%~95%。对浸出液蒸发浓缩结晶，可回收91%的钠（Na_2S、$NaOH$ 和 Na_2SO_3），可作为选矿厂的浮选药剂使用，烟气中的 SO_2 浓度低。

英国马诺尔炼铅厂对废铅酸蓄电池的极板（6%~7%）再配入焦炭、铁屑和 Na_2CO_3（2%~4%）进行1100~1150℃回转炉熔炼，辅料用量也比较少，铅直收率可以达到94%以上，炉渣含铅一般为2%，生成的 Na_2S 可经水浸浓缩产出硫化钠产品。

E 脱硫转化熔炼法

废铅酸蓄电池进行破碎分选、综合回收，铅膏脱硫转化再用短窑或反射炉熔炼。德国布劳巴赫冶炼厂的短窑熔炼：废铅酸蓄电池进入破碎分选预处理工序，叶片式回转圆筒洗涤分离出来的泥浆送中和槽，用 Na_2CO_3 处理，使 $PbSO_4$ 转变为 $PbCO_3$，脱硫率大约90%。泥浆再送板框压滤机，滤渣（称之为"铅膏"）和碎铅片送短窑熔炼。熔炼时加入适量的 Na_2CO_3、铁屑、木灰、石英。短窑密封性好，无污染。铅的总回收率达98.5%~99.0%，熔炼铅的直收率为97%。滤液经蒸发结晶生产硫酸钠，可作为洗涤剂出售；残酸可与洗水一起送中和槽生产硫酸钠。

7.3.3.5　湿法冶金回收技术

常用湿法冶炼有固相电解法、直接浸出—电解沉积法及脱硫转化—还原浸出—电解沉积法三种。固相电解法即直接将铅膏置于电解槽中电解回收。采用"固相电解处理废铅蓄电池"技术，经多年实践，铅回收率达到95%，产品纯度达到99.99%，吨铅电耗600kW·h。直接浸出—电解沉积法代表性工艺为 Placid 工艺，直接使用热 HCl-NaCl 为浸出剂，将铅膏中硫酸铅转化为可溶 $PbCl_2$，所得溶液直接电解沉积，在阴极室得到的铅平均纯度高达 99.995%，且铅回收率达到99.5%。Placid 工艺废铅酸电池的缺点是能耗高（吨铅耗能130kW·h）。脱硫转化—还原浸出—电解沉积法研究最多、发展最好。

脱硫转化—还原浸出—电解沉积法代表性的是 Prengmann 和 McDonald 发明的 RSR 工艺[50]。该工艺用（NH_4）$_2CO_3$ 作为脱硫剂，通入 SO_2 或亚硫酸盐还原铅膏中的 PbO_2，生成的 $PbCO_3$ 与 PbO 沉淀，再用质量分数为 20% 的 H_2SiF_4 或 HBF_4 溶液浸出，制成含铅的电解液。电解时在阴极上析出金属铅，在阳极上主要进行析出 O_2，而且有部分 Pb^{2+} 在阳极上电化学氧化生成 PbO_2。为了减少阳极上析出 PbO_2，必须降低氧析出电位或向电解液中添加某些变价元素（如 P、As、Co）。RSR 工艺的主要化学反应如下：

脱硫转化反应　　　　$PbSO_4 + (NH_4)_2CO_3 = PbCO_3 + (NH_4)_2SO_4$

还原转化反应　　　　$PbO_2 + Na_2SO_3 = PbO + Na_2SO_4$

溶解浸出反应　　　　$PbO + H_2SiF_4 = PbSiF_4 + H_2O$

溶解浸出反应　　　　$PbCO_3 + H_2SiF_4 = PbSiF_4 + CO_2 + H_2O$

电积法阴极反应　　　　$Pb^{2+} + 2e = Pb$

电积法阳极反应　　　　$H_2O = 2H^+ + 1/2O_2 + 2e$

CX-EW 工艺[51]类似于 RSR 工艺，不同的是以 Na_2CO_3 为脱硫剂，以 H_2O_2 和铅粉为还原剂还原 PbO_2，可以归纳为 Na_2CO_3-H_2O_2-H_2SiF_6/HBF_4 三段式湿法电积工艺，相应还原反应为：

$$PbO_2 + H_2O_2 = PbO + H_2O + O_2$$
$$Pb + PbO_2 = 2PbO$$

这两种典型工艺存在的问题包括：（1）阳极析出副产物 PbO_2 不能彻底抑制；（2）流程多、用时长、电耗高、消耗化学试剂多，造成成本增加；（3）电解废液中残留铅离子浓度较高，对设备腐蚀性强，且对环境危害大。

陈维平等[52]研制了与 RSR 技术路线相似的铅膏湿法冶金工艺。该工艺用强碱 NaOH 溶液作为脱硫剂，$FeSO_4$ 作为还原剂，用 $KNaC_4H_4O_6$ 作为电解前溶解浸出试剂。湿法冶金回收工艺，解决了铅膏火法冶炼工艺中的 SO_2 排放以及高温下铅的挥发问题。然而，该工艺投资大，只适合于建造大规模的回收工厂，而且 1kg 铅能耗约 12kW·h，甚至比传统火法冶金工艺还要高。因此，高能耗的问题仍然有待解决。

潘军青等[53]发明的湿法固液两相电解还原回收铅方法，将含铅废料粉末与含 $SnSO_4$ 的硫酸溶液反应，以 $SnSO_4$ 为反应催化剂，相应氧化还原反应为：

$$Pb + PbO_2 + 2H_2SO_4 \Longrightarrow 2PbSO_4 + 2H_2O$$

所得固形物用 20%~45% NaOH 溶液络合，络合萃取过程达到饱和后，过滤并固液分离，残留固形物可继续与 NaOH 溶液络合。相应络合反应为：

$$PbSO_4 + 2NaOH \Longrightarrow Na_2SO_4 + Pb(OH)_2$$
$$Pb(OH)_2 + 2NaOH \Longrightarrow Na_2[Pb(OH)_4]$$
$$PbO + 2NaOH + H_2O \Longrightarrow Na_2[Pb(OH)_4]$$

再向络合产生的含铅电解液加入电沉积添加剂并电解，通过建立封闭电解液循环体系，利用活化剂活化含铅物料和高效阳极催化析氧作用，实现一步还原废旧铅酸蓄电池或含铅废料，从而回收金属铅，阴极所得铅纯度为 99.9% 以上，阳极所得致密 α-PbO_2 磨细后可直接用作铅酸蓄电池正极原料或添加剂。该方法用于废旧铅酸蓄电池单次铅的回收率达 98.6% 以上。

7.3.3.6 含铅废水处理技术研究

铅酸蓄电池的制造与回收工艺过程中会产生大量的含铅废水，如未经处理或处理不当，将造成严重的环境污染。含铅废水的常用处理方法主要分为化学处理法、物理化学法、生物法及其新型复合法。

（1）化学处理法。化学处理法主要是通过与废水中的铅离子发生化学沉淀或电化学反应以除去铅离子，主要包括化学沉淀法、电解法等。化学沉淀法设备简单、操作方便，但费用较高，污泥量大，容易导致二次污染的发生。电解法处理含铅废水产生污泥量少，是理想的较清洁处理方法，但其电流效率低，处理量小，是一种具有较大的改进空间的传统而又全新的方法。

化学沉淀法原理是加入沉淀剂使含铅废水中溶解态的铅离子转变成难溶盐而沉淀下来。根据沉淀类型的不同，化学沉淀法可分为中和沉淀法、难溶盐沉淀法和铁氧体法。中和沉淀法通过与铅离子发生中和反应形成氢氧化物沉淀而去除，工艺简单，适合处理酸性含铅废水，但沉渣量大，出水硬度高，会使土壤、水体碱化，导致二次污染。难溶盐沉淀法包括硫化物沉淀法、碳酸盐沉淀法和磷酸盐沉淀法等。在含铅废水的处理中较常用的是硫化物沉淀法，即通过硫化剂中的 S^{2-} 与铅离子形成硫化物沉淀而去除铅。但硫化物本身有毒，在处理过程中可能产生 H_2S 气体。铁氧体法[54]的原理是通过铁盐与各种金属离子形成磁性复合铁氧体晶粒一起沉淀析出，进而去除废水中的重金属离子。此方法能同时处理含多种重金属离子的废水，化学性质比较稳定，一般不会造成二次污染，但其在形成铁氧体过程中一般需要加热，能耗较高。

电解法的原理是在电解池中铅离子在阴极得到电子而被还原为金属铅。但单纯的电解法只适用于处理高浓度的含铅废水，在稀溶液中电解时，由于Pb^{2+}的电极电位较负，电解过程中氢气的析出将导致金属铅沉积速度慢、电流效率低、难以实现深度净化等问题。针对电解法在处理含铅废水时出现的问题，研究人员提出了三维电解的思路。三维电极增大了电极表面积，在低电流密度的情况下仍然能进行电解过程，减小了浓差极化，因而大大提高了电流效率。

（2）物理化学法。物理化学法是不改变废水中重金属离子化学形态，采用吸附浓缩方法分离，包括吸附法、离子交换法、膜分离法等。用此类方法处理含铅废水时，还需要对富集之后的铅作进一步处理，防止造成二次污染。

吸附法主要利用吸附剂对废水中铅离子进行吸附。吸附剂主要有活性炭、沸石、黏土矿物等天然物质。其中活性炭对重金属的吸附能力优异，但价格较贵，再生能力差。

离子交换法利用离子交换剂分离含铅废水中的有害元素，从而达到处理废水的效果。浓度差和功能基对离子的亲和能力是离子交换的推动力。常用的离子交换树脂有阴、阳离子交换树脂、螯合树脂和腐殖酸树脂等[55]。离子交换法处理铅离子是较为理想的方法之一，但对其再生能力的研究不够成熟，且一次性投资较大。

膜分离法利用一种特殊的具有选择性透过的薄膜，在外界压力的推动下，实现溶质和溶剂的分离和浓缩，而溶液的化学形态不变。目前在废水处理中常见的膜分离技术有电渗析、反渗透、纳滤、超滤、微滤和液膜等。采用此技术对含铅废水进行彻底处理，既可解决排放超标的问题，同时还能实现废水处理后的综合利用，实现废水零排放。要充分发挥膜技术的优势，必须将其与其他技术联用，这也是膜技术在处理重金属废水的一个发展趋势。一些主要膜分离过程的特性见表 7-9。

表 7-9 膜分离技术一览表

膜分离技术	分离动力	主要功能
电渗析	电位差	溶液中酸、碱、盐的脱除
反渗透	压力差	水溶液中溶解盐的脱除
超滤		滤出 5~100nm 颗粒
微滤		滤除 50nm 的颗粒
液膜	浓度差及化学反应	盐生理活性物质的分离

（3）生物法。生物法是利用生物体及其衍生物对金属离子的吸附作用去除废水中的重金属离子。生物吸附剂主要有菌类、淀粉、纤维及藻类等。利用生物法处理和回收含铅废水的技术具有操作简单、经济的优点，与传统吸附剂相比，其具有适应性广、选择性高、金属离子浓度影响小、对有机物耐受性好以及再生能力强等优点，在重金属废水的净化处理方面具有广阔的发展前景。

（4）新型复合法。在含铅废水的处理工艺中，往往单一的某种处理技术难以满足要求，为了达到更好的处理效果以及实现铅离子的充分回收，需要将几种工艺组合起来，即现代处理工艺中的新型复合法，与其他处理工艺相结合，互相取长补短，构成新工艺，以强化废水处理效果。高永等[56]采用化学沉淀—微滤膜工艺处理铅蓄电池生产废水，研究了影响反应器混合液污泥（MLSS）特性以及膜比通量的因素。沙昊雷等[57]研究了混凝沉淀—膜处理组合工艺在处理蓄电池生产废水的效果，经过半年以上的实际运行表明，此工艺可有效去除废水中的重金属离子，出水水质达到《污水综合排放标准》（GB 8978—1996）的一级标准。

7.3.4 镍镉电池回收利用技术

镍镉电池可充放电 500 次，经济耐用，内阻很小，充电速度快，大电流放电，电压稳定，是一种重要的二次电池。2013 年，由于锂离子迅猛发展，我国镍镉电池产量为 3.47 亿只，同比减少 10%。

镍镉电池含有镉、镍等金属元素及碱性电解液（pH 值为 12.9~13.5），对人体健康和生态环境造成危害，已被许多国家列入危险废物。

7.3.4.1 镍镉电池结构及工作原理

镍镉电池的正极材料为氢氧化亚镍和石墨粉的混合物，负极材料为海绵状镉粉和氧化镉粉，电解液通常为氢氧化钠或氢氧化钾溶液。镍镉电池充电后，正极板上的活性物质变为氢氧化镍，负极板上的活性物质变为金属镉；镍镉电池放电后，正极板上的活性物质变为氢氧化亚镍，负极板上的活性物质变为氢氧化镉。其放电过程反应方程式为：

正极 $$NiOOH + H_2O + e \Longrightarrow Ni(OH)_2 + OH^-$$

负极 $$Cd + 2OH^- \Longrightarrow Cd(OH)_2 + 2e^-$$

废旧镍镉电池处于电量放完状态，因此，镍、镉主要以氢氧化物形式存在。

7.3.4.2 预处理技术

对废镍镉电池进行机械或焙烧等预处理，先分选出电极、金属外壳、纸、塑料，增加解离度和分离率，能提高回收金属的品质，回收率达到 99% 以上。

废镍镉电池的残余电压 1.6~1.7V，机械法拆解前用水浸电池，可避免破碎中机械强力使电池放电而带来的危险。机械预处理包括粉碎、筛分、磁选、细碎等工序，富集镍镉电极。单转子锤式破碎机适合于破碎镍镉电池，破碎至小于 2mm 后过 0.15mm 筛，能较好地分离金属外壳与隔板[58]。除镉外，镍镉电池中的铁、钴、镍均为磁性物质，采用磁选铁、镍和钴的回收率分别达 99.2%、96.1% 和 86.4%，从而减轻处理负荷，提高效率。

镍镉的氢氧化物电极经焙烧转变成氧化物、有机物等减容显著。通过控制焙烧温度、时间和净化尾气，防止二次污染，一般在 500~700℃ 焙烧 1~2h[59]。根据《大气污染物综合排放标准》(GB 16297—2004) 的要求，镉、镍及其化合物尾气禁止排放。因此，必须进行严格的烟气净化处理。

废旧镍镉电池回收技术主要包括湿法冶金、火法冶金、机械回收、生物冶金等方法。

7.3.4.3　湿法冶金回收技术

湿法冶金的原理是基于废旧镍镉电池中的金属及其化合物能溶解于酸性、碱性溶液或某种溶剂，形成溶液，然后通过处理，如选择性浸出、化学沉淀、电化学沉积、溶剂萃取、置换等使其中的有价金属得到回收。镍和镉的浸出热力学及动力学有较大差异，镉在稀硫酸溶液中浸出快，而镍必须在较高温度和较浓的硫酸溶液中才浸出。因此，应加强研究选择性浸出工艺，通过控制浸出条件（如硫酸溶液的酸度、温度等），使镉和镍能分别浸出，达到在浸出阶段实现镍镉初步分离的目的。

在 pH 值为 4.5~5.0 的条件下，加入过量的碳酸氢铵将镉浸出溶液选择性地沉淀得到碳酸镉，剩余溶液加入氢氧化钠和碳酸钠沉淀得到氢氧化镍。Kanamori等[60]采用化学沉淀法处理废旧镍氢电池，其工艺流程如图 7-18 所示。研究结果表明：室温下采用盐酸、氢氧化钠溶液和氨水可依次将废旧镍氢电池中的氧化镍、二氧化铈和钴酸镧有效分离，且氧化镍的纯度达到 97% 以上。

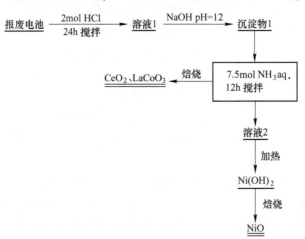

图 7-18　废旧镍氢电池湿法冶金分离流程

电化学沉积法是利用镉与镍的电极电位差异，通过电解使镉在负极电沉积。酸性溶液中镍、镉电位分别为 -0.246V 和 -0.403V，二者虽有差异但比较接近。因此，电化学沉积法要求较低的电流密度，且必须严格控制电压。电化学沉积法可获得纯度 99% 以上的镉，但效率低，成本较高。

采用湿法回收工艺，原则上可以使废旧镍镉电池的各组分均得到有效回收，处理所得产品的纯度通常较高。但是这种采用纯湿法回收废旧电池的工艺流程往往过于复杂，药剂耗费高，且浸出液及残渣具有腐蚀性及毒性，若处理不当，易引起更为严重的二次污染。而且回收的产品为金属混合物，需要进一步加工，致使回收成本过高，经济效益不显著。

7.3.4.4 火法冶金回收技术

火法冶金法是利用废电池中各种金属的熔沸点差异，通过高温加热将电池中的金属及其化合物氧化、还原、分解、挥发及冷凝。火法冶金又分为常压冶金和真空冶金两种。常压冶金法在大气中进行，真空冶金在密闭的负压环境下进行。

由于镉的沸点远远低于铁、钴、镍的沸点，可将经过预处理的废镍镉电池在还原剂（氢气、焦炭等）存在的条件下，加热至 900～1000℃，将金属镉转化成镉蒸气，通过冷凝回收镉，铁和镍作为铁镍合金进行回收。美国日用电池公司将废弃镍镉电池与焦炭混合；先升温到 200～300℃，经 1～2h 去除自由水等；再向炉中导入氢气，升至 500～800℃，保温 1～2h；最后升温至 900℃以上，保温 2h以上，蒸发的镉导入冷凝室，在模具中凝华[61]。

火法冶金处理废旧镍镉电池工艺简单实用，容易实现工业化，金属回收率高，如镉回收率达 98%，因而被广泛采用。但常压冶金法在大气中进行，空气参与反应，容易造成二次污染，若采用尾气处理装置，则能耗增高。在此背景下，研发出真空蒸馏法。

真空蒸馏法基于不同金属在同一温度下具有不同的蒸气压，在真空中通过蒸发与冷凝，使其分别在不同温度下相互分离从而实现综合利用与回收。由于真空蒸馏法在真空中进行，故减小了污染，克服了湿法冶金与常压挥发冶金的一些缺点，具有高效、短流程、没有二次污染等优点。

李金惠等[62]对镍镉电池的真空高温分解及镉的挥发冷凝的基本规律进行了研究。结果表明：利用真空蒸馏可以实现镍镉电池中镉与其他金属的有效分离，金属镉纯度大于 99%；在真空高温条件下，镍镉电池中的主要可挥发物质为水、有机物和镉；系统真空度为 67MPa 时，镉的有效蒸馏温度区间为 573～1173K；压强为 10Pa，在 773～1173K 之间，温度升高时镉在蒸馏剩余物中含量显著降低；蒸馏温度为 1173K，在 80～20Pa 之间降低压强，蒸馏剩余物中镉含量呈降低趋势；当蒸馏温度为 1173K，压强为 10Pa，蒸馏时间大于 3h 后，剩余物中镉的质量分数小于 0.2%。

许振明等[63, 64]通过磁选和真空蒸馏相结合工艺综合回收镍镉电池中的有价金属。结果表明：辊径为 0.16m 的磁选机在线速度为 0.25～0.5m/s、颗粒粒径在 0.5～2mm 范围内，经过磁选工艺，镍镉电池中磁性物质的回收率超过 98%，其中铁、镍和钴的回收率别为 99.2%、96.1% 和 86.4%，真空蒸馏后的残渣中的磁性物质质量分数由83.2%提高到98.8%。镍氢电池中磁性物质的回收率超过98%，其中铁、镍和钴的回收率分别为97.2%、96.4%和92.9%，真空蒸馏后的残渣中的磁性物质质量分数由61.9%提高到98.2%。回收产物可直接作为生产镍铁合金和不锈钢的原料。

7.3.4.5 生物冶金回收技术

近年来开始用微生物将电池中的有价金属转化为可溶化合物并有选择地溶解出来，实现有价金属与杂质的分离，最终回收有价金属。生物冶金工艺主要包括生物酸化反应和金属沥滤反应，生物酸化反应产生的酸液作为沥滤电池重金属的反应液。酸化液在沥滤反应池的停留时间对沥滤效果有显著影响。Cerruti等[65]用氧化亚铁硫杆菌经93天浸取，使电池的镉、镍和铁的浸出率分别达到100%、96.5%和95.0%。朱南文等[66,67]以废旧镍镉电池作为研究对象，采用城市污水厂污泥制取酸化培养物，同时其自身重金属得到滤出。在20~25g/L污泥固体浓度范围内，金属镉、锰、铜、锌、镁和铝的滤除效率高达98%~100%，钙和铬也分别达到90%和76.36%。铅的去除率最低，约为20%~50%。在其连续运行二阶段批处理废旧镍镉电池工艺中，污泥连续进入酸化池中，制酸产物经过沉淀处理后，上清液流入沥滤池，电池电极材料中含有的重金属在沥滤池中被沥滤溶出，如图7-19所示[68]。

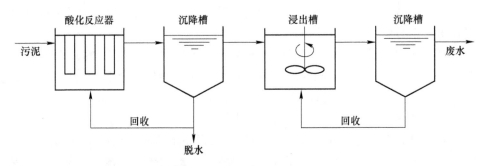

图7-19 废旧镍镉电池连续运行二阶段批处理工艺

7.4 废弃CRT处理和资源化技术

CRT（Cathode Ray Tube）是电脑显示器和电视机中最大的部件，约占设备总质量的2/3。玻璃占CRT总质量的85%，主要包括屏玻璃、锥玻璃、颈玻璃[65]。CRT玻璃中含有铅、钡、锶等重金属，若处理不当会对生态环境和人类健康造成极大危害；同时废弃CRT玻璃也具有资源化利用价值，可作为二次原料用于制备新CRT产品、黏土砖、泡沫玻璃等。因此，废弃CRT玻璃的无害化处理及资源化利用具有重要的意义。

7.4.1 概述

CRT 有黑白和彩色之分，二者均由不同类型的玻璃组成。CRT 玻璃主体结构包括管屏、管锥、管颈。黑白 CRT 玻璃将屏玻璃、锥玻璃、颈玻璃采用火焰熔封方式连接到一起。彩色 CRT 玻璃的屏玻璃内部需要放置荫罩，因此借助低熔点封接玻璃连接屏玻璃和锥玻璃，管锥和管颈直接采取火焰熔封。

颈玻璃构成电子枪的真空密封管，仅占玻璃组分 1%（质量分数），含铅量较高。锥玻璃占玻璃组分 33%（质量分数），构成玻壳的圆锥形结构，其中黑白 CRT 锥玻璃的化学组成与其屏玻璃类似，不含铅，但钡含量较高；彩色 CRT 锥玻璃含铅量略低。屏玻璃是 CRT 中显色成像的部位，占整个玻壳 66%（质量分数）。玻璃中引入重金属是为了避免电子枪产生的 UV 或 X 射线外泄。表 7-10[69] 为 CRT 玻璃各部件的典型化学组成，除了屏玻璃的化学组成中不含有氧化铅，其他玻璃部件均含有相对较多的氧化铅。

表 7-10 黑白和彩色 CRT 玻璃化学成分组成 （$w/\%$）

类型	SiO_2	Sb_2O_3	Al_2O_3	PbO	ZnO	TiO_2	Na_2O	K_2O	Li_2O	CaO	MgO	SrO	BaO
黑白 CRT 玻璃	64~66	0.3~0.6	3~5	2.8~4.4	0~0.1	0.1~0.2	6.5~8	6~7.5	0~0.6	0~1	—	0~2	9~12
彩色屏玻璃	60~63	0.25~0.5	2~3.5	0~3	0~0.6	0.4~0.6	7.8~9	6~7.5	0~0.5	0~2	0~1	6~10	9~11
彩色锥玻璃	52~56	0~0.3	3.5~5	19~23	0~0.1	0~0.1	6~8	7.5~8.5	0~0.1	2~4	1.2~2	0~1	0~2

根据 CRT 玻璃结构和化学组成特点，区别对待含铅玻璃和无铅玻璃。无铅 CRT 玻璃是典型的硅酸盐材料。含铅 CRT 玻璃的锥玻璃和管颈玻璃经过拆解、清洗等预处理可直接再利用于适合的领域。含铅 CRT 玻璃的再利用可分为两类：一类是废弃 CRT 铅玻璃的资源化再利用，包括固化填埋、制备玻璃制品和建筑材料等方面；另一类是废弃 CRT 铅玻璃中铅的回收。

7.4.2 废弃 CRT 铅玻璃资源化技术

7.4.2.1 固化填埋

填埋是废弃 CRT 铅玻璃的主要处理方式。城市固废中金属铅都来源于电子废弃物，而其中近三成就来自于废弃 CRT。Spalvins 等[70]采用美国 EPA 的 TCLP 毒性浸出标准对废弃 CRT 铅玻璃中的铅进行了浸出毒性试验，结果发现其铅浸出浓度远远超过危险废物鉴别标准，认为废弃 CRT 铅玻璃应尽量避免通过填埋方式解决。

固化是常用的固废处理技术,它是用物化方法将有害废物包容在惰性材料中并使其稳定化。水泥混凝土固化工艺比较成熟,已有研究表明,废弃 CRT 铅玻璃可采用水泥混凝土固化后陆地填埋的方法进行处置。但为了避免铅污染以及考虑玻璃及铅等金属资源化,一般不推荐使用固化陆地填埋方法。

7.4.2.2 建材化处理

利用废 CRT 显示器玻璃制备建筑材料,具有成本低、附加值高等优点。将废弃 CRT 显示器玻璃建材化是急需拓展的重要利用途径。建材化处理的方式主要包括将废弃 CRT 显示器玻璃作为泡沫玻璃、烧结型建材制品及玻璃陶瓷原料[71]。

A 泡沫玻璃

泡沫玻璃是性能良好的保温隔热材料,广泛用于建筑工程和工业窑炉的保温,也用于稳定软土地基。德国、英国、瑞士、挪威等西方国家将废弃 CRT 显示器玻璃按一定比例协同其他玻璃制备泡沫玻璃。如将废弃 CRT 显示器屏玻璃粉碎至 10~50mm,与发泡剂等物料混合加热至 700~900℃,发泡剂释放出气体并在玻璃体内形成蜂窝状多孔结构,这种泡沫玻璃可用作轻混凝土的骨料使用。

田英良等[72]考虑到废弃 CRT 显示器玻璃整体回收处理的易操作性,直接以管屏玻璃、管锥玻璃大致质量比 65:35 为依据对玻璃原料进行配比,采用研发的工艺制备出了表观密度较小、吸水率低的泡沫玻璃制品。高淑雅等[73]以废旧阴极射线管为主要原料,以 SiC 为发泡剂、Na_2SiF_6 为助熔剂,采用粉末烧结法制备了泡沫玻璃,发泡温度 820℃下保温 40min,主晶相为 Pb,次晶相为 Pb_3O_4、$Al_6Si_2O_{13}$,泡沫玻璃密度为 $0.653g/cm^3$,抗压强度为 6.28MPa,抗折强度为 2.11MPa。但由于没有考虑到制成的泡沫材料中铅对环境的影响,其应用受到了一定程度的限制。

B 防辐射材料

氧化铅具有较强的 X 射线和 γ 射线吸收能力,因此,可以将 CRT 玻璃作为核电站反应堆防辐射功能的封装建筑材料。目前,商业运转中的核能发电站都是利用裂变来发电的。U235 裂变产生很强的 γ 射线和中子,因此,可以将 CRT 含铅玻璃进行破碎,用作混凝土骨料使用,既可以获得良好的机械强度,又可获得满意的射线吸收作用[74]。我国在建和待建核电站多达 40 座,而每座核电站至少需要 150 万立方米防辐射混凝土,若用 CRT 含铅玻璃替代重晶石、磁铁矿、褐铁矿等射线吸收材料,$1m^3$ 防辐射混凝土将消纳 CRT 含铅玻璃 0.5t,意味每座核电站将需求 75 万吨 CRT 含铅玻璃,CRT 含铅玻璃需求量预计达 3000 万吨,大于我国 CRT 玻璃社会保有量 1000 万吨。因此,核电站建设所需防辐射混凝土不仅解决了 CRT 污染环境的问题,还变废为宝,节约了资源。

废彩色锥玻璃可被用来加工成水晶玻璃，玻璃熔融过程中加入氧化铅以增加其产品的料性、光泽性以及透射度等。以质量分数为 60%~70% 的 CRT 含铅玻璃作为原材料，加入其他适量原材料和着色金属，通过特定烧结工艺可得到水晶玻璃工艺品。

铅、钡、锶重金属氧化物对 X 射线具有很好的吸收作用，见表 7-11。铅元素是所有氧化物中对 X 射线质量吸收系数最大的物质，可将 CRT 含铅玻璃进行再次熔化成形，制成板状透明玻璃制品，用于医院 X 射线室和高射线放射环境的观察窗口。

表 7-11　0.06nm X 射线氧化物质量吸收系数氧化物

氧化物	质量吸收系数	氧化物	质量吸收系数
SiO_2	2.34	SrO	53.41
Al_2O_3	2.11	BaO	25.08
Li_2O	0.55	PbO	82.987
Na_2O	1.69	ZnO	28.54
K_2O	8.45	As_2O_3	33.19
MgO	1.92	Sb_2O_3	18.19
CaO	8.18	ZrO_2	53.54
TiO_2	9.12	CeO_2	25.32

Ling 等[75] 研究了用破碎 CRT 含铅玻璃和破碎的普通玻璃代替沙子（替代体积分别为 0、25%、50%、75% 和 100%）得到水泥混凝土的力学性能（强度和密度）和防辐射性能。结果表明：所有的混凝土的力学强度都高于 30MPa，符合 ASTM C270 建筑用灰浆的标准规范。用普通玻璃制备的灰浆密度和屏蔽性能与用 CRT 含铅玻璃制备的类似。但在防腐蚀性能上，CRT 含铅玻璃有明显的优势，而且具有较好的 X 射线防护作用。

C　微晶玻璃

微晶玻璃又称玻璃陶瓷，是经烧结与晶化制成的由结晶相与玻璃相结合的硅酸盐复合材料，其一般制备工艺流程如图 7-20 所示。

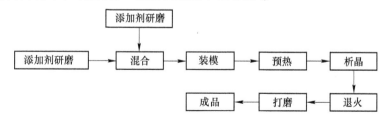

图 7-20　微晶玻璃制备工艺流程

朱建新等[76] 将高温自蔓延反应原理应用于废弃 CRT 含铅玻璃的处理中。高温自蔓延反应技术是利用反应物之间高的化学反应热的自加热和自传导作用来合成材料的一种新技术，该反应一经引燃就不需要对其进一步提供任何能量，在污染物高温无害化处理方面有独特的优势。该技术采用镁和氧化铁作为热剂，利用高温自蔓延反应将废弃 CRT 含铅玻璃合成复合玻璃陶瓷，经背散射电镜图片可知，CRT 含铅玻璃中的铅等重金属仍然以非晶态形式弥散存在于微晶玻璃复合相中，其重金属的浸出量远低于美国环保署和我国环保部相关法规要求，实现了废弃 CRT 含铅玻璃中重金属的固化和稳定化。

7.4.2.3　冶金应用

废弃 CRT 含铅玻璃中所富含的氧化铅是一种宝贵的铅资源。通过分离技术将 CRT 含铅玻璃中的铅从玻璃网络体中解离提取，转化为金属铅，同时也使玻璃中铅的浸出浓度低于浸出毒性标准要求。传统炼铅原料主要为硫化铅精矿和少量块矿。由于 CRT 玻璃属于均相熔融过冷玻璃物质，具有玻璃渐变特性和高温粘弹特性，若使用传统火法冶炼，氧化铅在玻璃结构中被包覆，不能充分实现还原反应，因此，铅转化率相对较低，仅有 50% 左右。相关学者开发了 CRT 含铅玻璃真空碳热还原技术和碱熔碳还原法。真空碳热还原技术是在高于 1000℃ 和压强为 10 Pa 的反应条件下，使玻璃网络结构遭到破坏，利用碳还原出玻璃中的氧化铅生成铅单质。真空碳热还原提取工艺复杂，装备条件苛刻，成本昂贵，很难实现工业化提铅。碱熔碳还原法是利用 KOH 与 CRT 混合（质量配比为 1.7），在 700℃ 反应 40min 能得到大于 95% 的铅提取率。通过以上几种方法提取铅，必将大大减少 CRT 对环境的污染，变废为宝。

CRT 显示器玻璃与冶金助熔剂在化学成分上具有相似性，可用于铅、铜、锌等有色金属冶炼助熔剂。如美国最大的铅冶炼与回收的 Doe Run 公司利用废弃 CRT 显示器玻璃作为冶炼助熔剂。

7.4.3　废弃 CRT 含铅玻璃回收铅技术

CRT 含铅玻璃中含有 19%~23%（质量分数）的氧化铅（见表 7-10），是再生铅重要来源之一。Herat 等[77]采用焙烧—氧化还原方法来降低 CRT 锥管玻璃中的铅含量，但实验结果并不理想，研究表明铅的最大提取量仅为 50%，铅残留量依然较高，因此该方法在技术上并不可行。Miyoshi 等[78]发现含铅玻璃经亚临界水处理后，采用硝酸浸提或超声波辅助酸浸提，铅回收率可达 90% 以上。但此类工艺复杂、持续时间长，且残留在渣中的铅对环境的危害仍然存在。

朱建新等[76]利用高温自蔓延反应技术对废弃 CRT 含铅玻璃的处理做了研究，采用镁和氧化铁作为热剂，将废弃 CRT 含铅玻璃合成复合微晶玻璃。经检测，铅等重金属仍然以非晶态形式分散存在于微晶玻璃复合相中，但其重金属的浸出量远低于我国环保部相关法规要求，实现了废弃 CRT 显示器含铅玻璃中重金属的固化和稳定化。

Shih 等[80]研究了一种通过单质铁从 CRT 玻璃中回收铅的热还原方法。该技术关键突破了在低温下用便宜的还原剂回收金属铅。在 700℃以下，铅回收效率先随温度的升高而增加，当温度高于 700℃时，铅回收效率随温度升高而降低。铅晶粒随着铁的加入量而增大，当铁添加量达到 50%时达到最大。最佳处理时间为 30min，因为随着热处理时间加长，铅会重新返回到玻璃基体中。

陈梦君等[81, 82]则创新性地采用真空碳热还原法无害化处理 CRT 锥玻璃。该研究方法是在真空条件下加入炭粉，通过高温还原分离回收金属铅的方法。结果表明：铅的回收率随着温度升高、压强降低、碳加入量增大、保持时间延长而提高；在温度为 1000℃、压强为 1kPa 条件下，加入 10%的炭粉并保持 4h，铅回收率接近 100%，同时还能对金属钠和钾进行回收，分离效果非常理想。但在工程实践中，达到真空还原条件比较困难，成本昂贵。

李金惠等[83]采用机械活化技术对铅玻璃进行预处理，再结合酸浸工艺回收金属铅。研究表明：机械球磨转速是 CRT 含铅玻璃机械活化效果的首要影响因素。当转速超过 300r/min 时，铅的浸出浓度随着转速的增加而增加；当达到 500r/min 时，铅的浸出浓度达到稳定值，浸出率达到 92.5%。机械活化预处理是提高 CRT 含铅玻璃浸出活性的有效技术，机械球磨转速越高活化能量越高，活化效果越佳。CRT 含铅玻璃表观活化能和反应级数分别为 109.4kJ/mol 和 0.79，经 500r/min 机械活化 2h 后样品的表观活化能和反应级数降至 54.3kJ/mol 和 0.51，即机械活化可降低铅玻璃浸出反应对浸出剂浓度和反应温度的依耐性[84]。张承龙等[85]利用动力化学方法，在机械化学的条件下，利用含铅玻璃可以溶解于碱溶液中的特性来提取金属铅。结果表明：铅的浸出率可达 97%~100%，浸出后经过滤，采用传统的电沉积方法提取金属铅。此工艺简单，成本十分低廉，浸出液可以循环使用，过滤得到的浸出渣则可作为一般工业废物，用于制造泡沫玻璃等再生产品，十分具有市场推广价值。

目前，CRT 已进入报废高峰期，如何实现废弃 CRT 含铅玻璃无害化处理和资源化已成为全球性的重大环境问题。国内外科技工作者已开展了大量研究和探索。废弃 CRT 含铅玻璃资源化利用的途径主要集中在制备玻璃制品和建筑材料等方面，其中建材化利用具有很好的工业应用前景，但还需要政府尽快出台相关标准以指导和规范市场。从废弃 CRT 含铅玻璃中分离提取铅的技术也得到了快速的发展，机械化学法可能成为有效的处理方法。尽管目前已经取得了许多研究成果，但并没有形成一个有规模的产业链，废弃 CRT 含铅玻璃回收再利用现状不容乐观。应继续加强环境友好、经济适宜的资源化技术研究，还需要建立一个合理有效的废弃 CRT 含铅玻璃回收体系，培养人们的环保意识，完善法律制度建设，共同努力来彻底有效地解决废弃 CRT 含铅玻璃绿色资源化问题。

参 考 文 献

［1］ C P Balde, F Wang, R Kuehr, et al. The global e-waste monitor 2014-quantities, flows and resources ［M］. Bonn, Germany: ISA-SCYCLE, 2015.

［2］ 王红梅, 刘茜. 电子废弃物的分类建议 ［J］. 环境科学与管理, 2011, 36 (6): 1-3.

［3］ Yamane L H, De Moraes V T, Espinosa D C, et al. Recycling of WEEE: characterization of spent printed circuit boards from mobile phones and computers ［J］. Waste Management, 2011, 31 (12): 2553-2558.

［4］ Cui J, Zhang L. Metallurgical recovery of metals from electronic waste: A review ［J］. Journal of hazardous materials, 2008, 158 (2): 228-256.

［5］ Khaliq A, Rhamdhani M A, Brooks G, et al. Metal extraction processes for electronic waste and existing industrial routes: a review and Australian perspective ［J］. Resources, 2014, 3 (1): 152-179.

［6］ Guo C, Wang H, Liang W, et al. Liberation characteristic and physical separation of printed circuit board (PCB) ［J］. Waste Management, 2011, 31 (9-10): 2161-2166.

［7］ 马俊伟, 王真真, 李金惠. 电选法回收废印刷线路板中金属 Cu 的研究 ［J］. 环境科学, 2006, 27 (9): 895-900.

［8］ 徐政, 沈志刚. 废线路板的处理技术 ［J］. 中国粉体技术, 2005, 1: 6-9.

［9］ Wu J, Li J, Xu Z. Electrostatic separation for recovering metals and nonmetals from waste printed circuit board: problems and improvements ［J］. Environmental Science & Technology, 2008, 42 (14): 5272-5276.

［10］ Zhou L, Xu Z. Response to waste electrical and electronic equipments in China: legislation, recycling system, and advanced integrated process ［J］. Environmental Science & Technology, 2012, 46 (9): 4713-4724.

［11］ Li J, Lu H, Liu S, et al. Optimizing the operating parameters of corona electrostatic separation for recycling waste scraped printed circuit boards by computer simulation of electric field ［J］. Journal of hazardous materials, 2008, 153 (1): 269-275.

［12］ Zhan L, Xu Z. Separating and recycling metals from mixed metallic particles of crushed electronic wastes by vacuum metallurgy ［J］. Environmental Science & Technology, 2009, 43 (18): 7074-7078.

［13］ Guo J, Tang Y, Xu Z. Wood plastic composite produced by nonmetals from pulverized waste printed circuit boards ［J］. Environmental Science & Technology, 2010, 44 (1): 463-468.

［14］ Tuncuk A, Stazi V, Akcil A, et al. Aqueous metal recovery techniques from e-scrap: hydrometallurgy in recycling ［J］. Minerals Engineering, 2012, 25 (1): 28-37.

［15］ Zhang Shengen, Li Bin, Pan Dean, et al. Complete non-cyanogens wet process for green recycling of waste printed circuit boards ［P］. PCT/CN2010/077935, 2010.

［16］ 张深根, 李彬, 潘德安. 废旧线路板有价金属资源化技术 ［J］. 世界有色金属, 2015, 5:

33-36.

[17] Hidy G M, Alcorn W, Clarke R, et al. Environmental issues and management strategies for waste electronic and electrical equipment [J]. Journal of the Air & Waste Management Association, 2011, 61 (10): 990-995.

[18] Premalatha M, Abbasi T, Abbasi S A. The generation, impact, and management of e-waste: state of the art [J]. Critical Reviews in Environmental Science and Technology, 2014, 44 (14): 1577-1678.

[19] Hagel Ken C. Recycling of electronic scrap at Umicore precious metals [J]. Acta Metallurgica Slovaca, 2006, 12: 111-120.

[20] Yang X, Sun L, Xiang J, et al. Pyrolysis and dehalogenation of plastics from waste electrical and electronic equipment (WEEE): A review [J]. Waste Management, 2013, 33 (2): 462-473.

[21] 李红军, 孙水裕, 邓丰, 等. 热解处理废旧线路板方法的研究进展 [J]. 中国资源综合利用, 2009, 27 (4): 15-18.

[22] Ortu O N, Conesa J A, Molt J, et al. Pollutant emissions during pyrolysis and combustion of waste printed circuit boards, before and after metal removal [J]. Science of The Total Environment, 2014, 499: 27-35.

[23] Das N. Recovery of precious metals through biosorption—A review [J]. Hydrometallurgy, 2010, 103 (1-4): 180-189.

[24] Dobson R S, Burgess J E. Biological treatment of precious metal refinery wastewater: A review [J]. Minerals Engineering, 2007, 20 (6): 519-532.

[25] 张俊喜, 张铃松, 王超君, 等. 废旧锌锰电池回收利用研究进展 [J]. 上海电力学院学报, 2007, 23 (2): 151-156.

[26] 谢生明, 艾萍. 废旧锌锰电池绿色化处理技术新进展 [J]. 云南化工, 2007, 34 (5): 74-78.

[27] 何庆中, 黎俊青, 赵文纯, 等. 废旧锌锰干电池机械分离回收处理技术研究 [J]. 机械设计与制造, 2010, 4: 266-268.

[28] 何德文, 刘蕾, 肖羽堂, 等. 真空冶金回收废旧锌锰电池的汞和镉试验研究 [J]. 中南大学学报 (自然科学版), 2011, 42 (4): 893-896.

[29] 谭艳芝, 李良, 丘克强, 等. 废锌锰电池中真空法回收锌的热力学 [J]. 电源技术, 2006, 2: 133-136.

[30] 黎俊青, 何庆中, 王明超, 等. 基于真空技术的废旧锌锰干电池干湿法综合处理技术 [J]. 环境工程, 2010, 28 (5): 110-114.

[31] 刘西德, 崔培英. 废旧电池综合利用的研究 [J]. 山东化工, 2003, 6: 20-21.

[32] 赵东江, 田喜强. 废旧锌锰电池回收利用的研究 [J]. 应用化工, 2006, 34 (10): 650-652.

[33] 李朋恺, 陈发招. 废电池回收锌, 锰生产出口饲料级一水硫酸锌及碳酸锰工艺的研究 [J]. 中国资源综合利用, 2001, 12: 18-22.

［34］杨培霞，张相育. 废旧电池回收工艺的研究［J］. 化学工程师，2002，2：33-44.

［35］薛笑莉. 利用废干电池中的锌制氧化锌［J］. 山西化工，1997，2：57-58.

［36］吴咏梅，郑忠学，宣启波，等. 废旧电池的回收利用［J］. 化工时刊，2000，5：38-39.

［37］张深根，王华，胡平，等. 一种碳热还原制备四氧化三铁纳米粉末的方法［P］. 中国：ZL200810224148. 8，2010.

［38］Zheng Z G，Zhong X C，Zhang Y H，et al. Synthesis，structure and magnetic properties of nanocrystalline $Zn_x Mn_{1-x} Fe_2 O_4$ prepared by ball milling［J］. Journal of Alloys and Compounds，2008，466：377-382.

［39］Hessien M M，Rashad M M，El-Barawy K，et al. Influence of manganese substitution and annealing temperature on the formation，microstructure and magnetic properties of Mn-Zn ferrites［J］. Journal of Magnetism and Magnetic Materials 2008，320：1615-1621.

［40］席国喜，李伟伟，乔祎，等. 废旧锌锰电池制备锰锌铁氧体的研究［J］. 材料导报，2007，21（7）：145-146.

［41］席国喜，周闯. 废旧电池溶胶—凝胶—水热耦合法制备 Mn-Zn 铁氧体的研究［J］. 硅酸盐通报，2012，6：1535-1538.

［42］张晓东，冷士良，刘兵，等. 废干电池和钛白废酸制取锰锌铁氧体研究［J］. 中国资源综合利用，2013，31（6）：19-21.

［43］汪振忠，柯昌美，王茜. 废铅酸蓄电池铅膏脱硫工艺的研究进展［J］. 无机盐工业，2013，45（1）：60-62.

［44］Sonmez M，Kumar R. Leaching of waste battery paste components. Part 2：leaching and desulphurisation of $PbSO_4$ by citric acid and sodium citrate solution［J］. Hydrometallurgy，2009，95（1）：82-86.

［45］朱新锋，刘万超，杨海玉，等. 以废铅酸电池铅膏制备超细氧化铅粉末［J］. 中国有色金属学报，2010，1：132-136.

［46］Yang J，Zhu X，Kumar R V. Ethylene glycol-mediated synthesis of PbO nanocrystal from $PbSO_4$：A major component of lead paste in spent lead acid battery［J］. Materials Chemistry and Physics，2011，131（1）：336-342.

［47］王玉. 废铅蓄电池铅膏湿法回收制取铅品新工艺研究［D］. 合肥：合肥工业大学，2010.

［48］Weijma J，De Hoop K，Bosma W，et al. Biological conversion of anglesite（$PbSO_4$）and lead waste from spent car batteries to galena（PbS）［J］. Biotechnology progress，2002，18（4）：770-775.

［49］周洪武. 科技园地——废铅酸蓄电池铅料特点和冶炼技术选择［J］. 资源再生，2007，5：18-22.

［50］R. D. Prengaman，H. B. Mcdonald. Process for reducing lead peroxide formation during lead electrowinning［P］. Google Patents，1980.

［51］Olper M，Fracchia P. Hydrometallurgical process for an overall recovery of the components of exhausted lead-acid batteries［P］. Google Patents. 1988.

［52］陈维平. 一种湿法回收废铅蓄电池填料的新技术［J］. 湖南大学学报（自然科学版），

1996, 23（6）：111-116.

［53］潘军青，岳希红，孙艳芝，等. 一种清洁湿法固液两相电解还原回收铅的方法［P］. 中国：101831668A，2010.

［54］金焰，李敦顺，曹阳. 铁氧体沉淀法处理模拟含铅废水［J］. 化学与生物工程，2006，23（7）：45-47.

［55］Srinivasa Rao K, Dash P, Sarangi D, et al. Treatment of wastewater containing Pb and Fe using ion-exchange techniques［J］. Journal of Chemical Technology and Biotechnology, 2005, 80（8）：892-898.

［56］高永，董亚玲，顾平. 化学沉淀—微滤处理含铅废水［J］. 膜科学与技术，2006，25（5）：40-44.

［57］沙昊雷，陈金媛. 混凝沉淀/膜处理组合工艺处理蓄电池生产废水［J］. 中国给水排水，2010，4：74-76.

［58］Huang K, Li J, Xu Z. Characterization and recycling of cadmium from waste nickel-cadmium batteries［J］. Waste management, 2010, 30（11）：2292-2298.

［59］张志梅，杨春晖. 废旧 Cd/Ni 电池回收利用的研究［J］. 电池，2000，30（2）：92-94.

［60］Kanamori T, Matsuda M, Miyake M. Recovery of rare metal compounds from nickel-metal hydride battery waste and their application to CH 4 dry reforming catalyst［J］. Journal of hazardous materials, 2009, 169（1）：240-245.

［61］程俊华，张健，徐新民，等. 废镍镉电池处置和金属回收关键技术研究进展［J］. 环境工程技术学报，2012，2（6）：540-544.

［62］朱建新，聂永丰，李金惠. 废镍镉电池的真空蒸馏回收技术［J］. 清华大学学报（自然科学版），2003，43（6）：858-861.

［63］Huang K, Li J, Xu Z. A Novel Process for Recovering Valuable Metals from Waste Nickel-Cadmium Batteries［J］. Environmental science & technology, 2009, 43（23）：8974-8978.

［64］黄魁. 废旧镍镉，镍氢电池中有价值金属的回收研究［D］. 上海：上海交通大学，2011.

［65］Cerruti C, Curutchet G, Donati E. Bio-dissolution of spent nickel-cadmium batteries using Thiobacillus ferrooxidant［J］. Journal of Biotechnology, 1998, 62（3）：209-219.

［66］Zhao L, Wang X H, Zhu N W. Simultaneous metals leaching and microbial production of sulphuric acid by sewage sludge: effect of sludge solids concentration［J］. Environmental Engineering Science, 2008, 25（8）：1167-1174.

［67］Zhao L, Wang L, Yang D, et al. Bioleaching of spent Ni-Cd batteries and phylogenetic analysis of an acidophilic strain in acidified sludge［J］. Frontiers of Environmental Science & Engineering in China, 2007, 1（4）：459-465.

［68］Zhao L, Yang D, Zhu N W. Bioleaching of spent Ni-Cd batteries by continuous flow system: effect of hydraulic retention time and process load［J］. Journal of hazardous materials, 2008, 160（2）：648-654.

［69］Andreola F, Barbieri L, Corradi A, et al. CRT glass state of the art: A case study: Recycling in ceramic glazes［J］. Journal of the European Ceramic Society, 2007, 27（2-3）：1623-1629.

[70] Spalvins E, Dubey B, Townsend T. Impact of electronic waste disposal on lead concentrations in landfill leachate [J]. Environmental science & technology, 2008, 42 (19): 7452-7458.

[71] 阎利, 郑强, 邓辉. 废弃 CRT 玻璃生产建筑材料若干问题探讨 [J]. 四川建筑科学研究, 2010, 3: 198-200.

[72] 田英良, 张友良, 田晖, 等. 利用废显像管研制泡沫玻璃 [J]. 玻璃与搪瓷, 2004, 31 (4): 44-47.

[73] 高淑雅, 郭宏伟, 董晓锋, 等. 利用废阴极射线管制备泡沫玻璃及其性能研究 [J]. 新型建筑材料, 2007, 9: 44-46.

[74] 刘庆锋. 废弃 CRT 玻璃的新用途 [J]. 科技资讯, 2008, 26: 186-187.

[75] Ling T C, Poon C S, Lam W S, et al. Utilization of recycled cathode ray tubes glass in cement mortar for X-ray radiation-shielding applications [J]. Journal of Hazardous Materials, 2012, 199: 321-327.

[76] 朱建新, 陈梦君, 于波. 废旧阴极射线管玻璃高温自蔓延处理技术 [J]. 稀有金属材料与工程, 2009, S2: 134-137.

[77] Herat S. Recycling of cathode ray tubes (CRTs) in electronic waste [J]. CLEAN-Soil, Air, Water, 2008, 36 (1): 19-24.

[78] Miyoshi H, Chen D, Akai T. A novel process utilizing subcritical water to remove lead from wasted lead silicate glass [J]. Chemistry Letters, 2004, 33 (8): 956-957.

[79] 王昱, 谢毅君, 高雅, 等. CRT 玻璃高温自蔓延反应过程中铅的挥发及纳米晶化规律研究 [J]. 无机材料学报, 2012, 27 (10): 1084-1088.

[80] Lu X, Shih K, Liu C, et al. Extraction of metallic lead from cathode ray tube (CRT) funnel glass by thermal reduction with metallic iron [J]. Environmental Science & Technology, 2013, 47 (17): 9972-9978.

[81] 陈梦君, 朱建新, 于波. 含铅玻璃材料的环境风险及再生利用技术研究 [J]. 人工晶体学报, 2009, S1: 383-386.

[82] 陈梦君, 张付申, 朱建新. 真空碳热还原法无害化处理废弃阴极射线管锥玻璃的研究 [J]. 环境工程学报, 2009, 1: 156-160.

[83] Yuan W, Li J, Zhang Q, et al. Innovated application of mechanical activation to separate lead from scrap cathode ray tube funnel glass [J]. Environmental Science & Technology, 2012, 46 (7): 4109-4114.

[84] 苑文仪, 李金惠, 张承龙, 等. 机械活化对 CRT 锥玻璃浸出动力学的影响 [J]. 环境工程学报, 2014, 8: 3390-3394.

[85] Zhang C, Wang J, Bai J, et al. Recovering lead from cathode ray tube funnel glass by mechano-chemical extraction in alkaline solution [J]. Waste Management & Research, 2013, 31 (7): 759-763.